FLOW FIELD OF THE PUMPING STATION RESEARCH AND APPLICATION OF CFD SIMULATION ANALYSIS

水泵站流场CFD模拟分析研究与应用

于永海 成 斌 朱晓明 张 林 著

河海大学出版社
HOHAI UNIVERSITY PRESS
·南京·

内容提要

CFD方法已成为大中型低扬程泵站水动力学问题的主要分析研究手段。本书内容包括水泵站流场CFD分析的理论基础、CFD软件的基本用法、侧向进水泵站前池整流斜板的参数优化、肘形进水流道两点压差式测流法和泵站箱涵式进水流道内流场CFD分析。

本书可供高等院校水利工程相关专业研究生学习和借鉴，也可供泵站工程技术人员参考。

图书在版编目(CIP)数据

水泵站流场CFD模拟分析研究与应用 / 于永海等著.
南京：河海大学出版社，2025.8. -- ISBN 978-7-5630-9787-6

Ⅰ. TV675

中国国家版本馆CIP数据核字第2025G4Y514号

书　　名	水泵站流场CFD模拟分析研究与应用 SHUIBENGZHAN LIUCHANG CFD MONI FENXI YANJIU YU YINGYONG
书　　号	ISBN 978-7-5630-9787-6
责任编辑	吴　淼
特约校对	丁　甲
封面设计	林云松风
出版发行	河海大学出版社
地　　址	南京市西康路1号(邮编:210098)
电　　话	(025)83737852(总编室)　(025)83722833(营销部)
经　　销	江苏省新华发行集团有限公司
排　　版	南京布克文化发展有限公司
印　　刷	广东虎彩云印刷有限公司
开　　本	787毫米×1092毫米　1/16
印　　张	18.5
字　　数	302千字
版　　次	2025年8月第1版
印　　次	2025年8月第1次印刷
定　　价	98.00元

前言

我国水资源空间分布很不均衡，有必要通过建设一批跨流域或跨区域的长距离引调水工程来实现水资源的空间优化配置。随着我国城市化进程的加快，城市规模不断发展壮大，城市内涝水灾害问题十分突出。为了满足水资源优化配置需求和解决城市内涝问题，我国兴建了南水北调工程、引江济淮工程等跨流域调水工程，以及东深供水工程、引黄济青工程等长距离调水工程，以及大量的城市雨水泵站和排涝泵站，其中多数为大中型低扬程泵站。对于大中型低扬程泵站设计与运行管理阶段水动力学方面的问题，CFD 方法目前已成为主要的分析研究手段，在泵站进水流态改善、大型低扬程水泵流量监测、泵站水力振动故障分析以及高性能低扬程水泵装置研发等方面得到应用。本书是作者多年来开展的大中型低扬程泵站 CFD 分析研究课题内容和成果的凝练和总结，可供高等院校水利工程相关专业研究生学习和借鉴，也可供泵站工程技术人员参考。

全书共分 5 章，第 1 章阐述了水泵站流场 CFD 分析的理论基础；第 2 章介绍了 CFD 软件的基本用法；第 3 章阐述了侧向进水泵站前池整流斜板的参数优化方面的研究内容；第 4 章研究了肘形进水流道两点压差式测流法；第 5 章阐述了泵站箱涵式进水流道内流场 CFD 分析方面的研究内容。

本书由河海大学于永海教授、成斌博士、朱晓明博士与张林博士撰写。第 1 章由于永海与成斌执笔；第 2 章与第 3 章由成斌执笔；第 4 章由朱晓明与成斌执笔；第 5 章由朱晓明与张林执笔。河海大学硕士研究生闫浩迪为本书的成稿作出了贡献。全书由于永海教授负责统稿。

为保证本书出版的高质量，河海大学出版社给予了大力支持，在此表示衷心的感谢！

由于作者水平有限，书中错误与不足之处在所难免，恳请读者不吝批评指正。

作者

2024 年 10 月

目录 CONTENTS

第1章

水泵站流场CFD分析的理论基础

1.1 水流运动控制方程与湍流模型

1.1.1 水流运动控制方程

计算流体动力学(Computational Fluid Dynamics,CFD),是流体力学、计算数学和计算机科学相结合的交叉学科。

水泵站工程中,水流从前池、进水池等进水建筑物和进水流道及进水管道进入水泵,经水泵增压后再流向出水流道、出水管道,最后流入出水建筑物[1],为三维不可压缩湍流,其瞬时控制方程为连续性方程和动量方程。

连续性方程是质量守恒定律的数学表达式。水通常为不可压缩流体,连续性方程[2]为:

$$\frac{\partial u_i}{\partial x_i}=0 \tag{1.1}$$

式中:x_i $(i=1,2,3)$为坐标,在笛卡尔坐标系分别对应 x,y,z 方向;$u_i$$(i=1,2,3)$为速度,在笛卡尔坐标系分别对应三个分量 u,v,w。

动量方程是动量守恒定律的数学表达形式,可根据微小控制体的受力及运动情况推导得到,即为 Navier-Stokes(N-S)方程[2]。

$$\rho\frac{\partial u_i}{\partial t}+\rho\frac{\partial(u_iu_j)}{\partial x_j}=F_i-\frac{\partial p}{\partial x_i}+\mu\frac{\partial^2 u_i}{\partial x_jx_j} \tag{1.2}$$

式中:F_i 为微元体的重力;p 为微元体上的压力;μ 为水的动力黏滞系数;ρ 为水的密度;$j=1,2,3$。

实际湍流的瞬时流动比较复杂,要想准确地描写它随时间与空间的变化十分困难。工程上把湍流瞬时运动看作由时间平均流动与瞬时脉动流动两个流动叠加而成,进而重点关注时间平均流动。

任何物理量的瞬时值 ϕ 、时均值 $\bar{\phi}$ 与脉动值 ϕ' 之间有如下关系:

$$\phi = \bar{\phi} + \phi' \tag{1.3}$$

式中:时均值 $\bar{\phi}$ 采用 Reynolds(雷诺)平均法,定义为:

$$\bar{\phi} = \frac{1}{\Delta t}\int_{t}^{t+\Delta t}\phi \mathrm{d}t \tag{1.4}$$

对式(1.1)与式(1.2)时均化,可以得到:

$$\frac{\partial \overline{u_i}}{\partial x_i} = 0 \tag{1.5}$$

$$\rho \frac{\partial \overline{u_i}}{\partial t} + \rho \overline{u_j}\frac{\partial \overline{u_i}}{\partial x_j} = F_i - \frac{\partial \bar{p}}{\partial x_i} + \frac{\partial}{\partial x_j}\left[\mu\left(\frac{\partial \overline{u_i}}{\partial x_j} + \frac{\partial \overline{u_j}}{\partial x_i}\right) - \rho\overline{u'_i u'_j}\right] \tag{1.6}$$

可以看到,式(1.6)中多出二阶张量项 $-\rho\overline{u'_i u'_j}$,把该项定义为 Reynolds 应力 τ_{ij} ,即

$$\tau_{ij} = -\rho\overline{u'_i u'_j} \tag{1.7}$$

由式(1.5)与式(1.6)构成的方程组三维情形下共有 4 个方程,但有 10 个未知量,包括 3 个时均流速、1 个时均压强和 6 个 Reynolds 应力,因此方程组不封闭,必须引入新的方程(湍流模型)才能使得方程组封闭有解。

1.1.2 湍流模型

目前的湍流数值模拟方法可以分为直接数值模拟方法和非直接数值模拟方法[3]。直接数值模拟方法直接求解式(1.1)与式(1.2),目前还无法用于真正意义上的工程计算。非直接数值模拟方法对湍流做某种程度的近似和简化处理,包括统计平均法、Reynolds 平均法和大涡模拟。其中统计平均法是基于湍流相关函数的统计理论,在工程中应用不多。本节主要介绍 Reynolds 平均法和大涡模拟。

1.1.2.1 Reynolds 平均法

根据对 Reynolds 应力做出的假定或处理方式不同,基于 Reynolds 平均法的湍流模型包括 Reynolds 应力模型和涡黏模型。目前 Reynolds 应力模型在泵

站工程数值模拟中应用少，广泛应用的是涡黏模型。

在涡黏模型中，不直接处理 Reynolds 应力项，而是引入湍动黏度，或称涡黏系数。湍动黏度的提出来源于 Boussinesq 涡黏假设，即用一个假想的涡黏系数和平均速度梯度来计算 Reynolds 应力，从而将 Reynolds 应力的封闭问题转化为涡黏系数的求解问题，即

$$\tau_{ij}=-\rho\overline{u_i'u_j'}=\rho\nu_t\left(\frac{\partial\overline{u_i}}{\partial x_j}+\frac{\partial\overline{u_j}}{\partial x_i}\right)-\frac{2}{3}\rho k\delta_{ij}=\mu_t\left(\frac{\partial\overline{u_i}}{\partial x_j}+\frac{\partial\overline{u_j}}{\partial x_i}\right)-\frac{2}{3}\rho k\delta_{ij} \tag{1.8}$$

式中：ν_t 为涡黏系数；μ_t 为湍动黏度；$\delta_{ij}=\begin{cases}1,i=j\\0,i\neq j\end{cases}$；$k$ 为湍动能，$k=\frac{\overline{u_i'u_j'}}{2}=\frac{1}{2}(\overline{u'^2}+\overline{v'^2}+\overline{w'^2})$。

由上可见，引入 Boussinesq 涡黏假设后，计算湍流流动的关键在于如何确定涡黏系数 ν_t。可以通过涡黏模型建立涡黏系数与湍流时均参数之间的关系，涡黏模型包括零方程模型、一方程模型和两方程模型。目前在工程中应用最广泛的是两方程模型，包括有 $k-\varepsilon$ 湍流模型与 $k-\omega$ 湍流模型，其中 $k-\varepsilon$ 湍流模型，又有标准(Standard) $k-\varepsilon$ 模型、RNG $k-\varepsilon$ 模型和 Realizable $k-\varepsilon$ 模型。

1. 标准 $k-\varepsilon$ 模型

标准 $k-\varepsilon$ 模型是由 Launder 和 Spalding 于 1972 年提出的，在该模型中，湍动能 k 与湍动耗散率 ε 是两个基本未知量。

ε 是湍动耗散率，$\varepsilon=\frac{\mu}{\rho}\overline{\frac{\partial u_i'}{\partial x_k}\frac{\partial u_i'}{\partial x_k}}$。

湍动黏度 μ_t 可表示为 k 与 ε 的函数，即 $\mu_t=\rho C_\mu\frac{k^2}{\varepsilon}$。

泵站水流为不可压缩流体，不考虑使用者自定义的源项，k 与 ε 的输运方程为：

$$\frac{\partial(\rho k)}{\partial t}+\frac{\partial(\rho k\bar{u}_i)}{\partial x_i}=\frac{\partial}{\partial x_j}\left[\left(\mu+\frac{\mu_t}{\sigma_k}\right)\frac{\partial k}{\partial x_j}\right]+G_k-\rho\varepsilon \tag{1.9}$$

$$\frac{\partial(\rho\varepsilon)}{\partial t}+\frac{\partial(\rho\varepsilon\bar{u}_i)}{\partial x_i}=\frac{\partial}{\partial x_j}\left[\left(\mu+\frac{\mu_t}{\sigma_\varepsilon}\right)\frac{\partial\varepsilon}{\partial x_j}\right]+C_{1\varepsilon}\frac{\varepsilon}{k}G_k-C_{2\varepsilon}\rho\frac{\varepsilon^2}{k} \tag{1.10}$$

式中：G_k 是由于平均速度梯度引起的湍动能 k 的产生项，$G_k=\mu_t\left(\frac{\partial\overline{u_i}}{\partial x_j}+\frac{\partial\overline{u_j}}{\partial x_i}\right)\frac{\partial\overline{u_i}}{\partial x_j}$；$C_{1\varepsilon}=1.44$；$C_{2\varepsilon}=1.92$；$C_\mu=0.09$；$\sigma_k=1.0$；$\sigma_\varepsilon=1.3$。

对于标准 $k-\varepsilon$ 模型的适用性，有如下几点需要引起注意：

(1) 模型中的有关系数，主要是根据一些特殊条件下的试验结果而确定的。虽然这些系数取值有较广泛的适用性，但也不能对其适用性估计过高，需要在数值计算过程中针对特定问题，参考相关文献寻求更合理的取值。

(2) 这里的标准 $k-\varepsilon$ 模型是针对高雷诺数（Re）的湍流计算模型。当 Re 较低时，比如近壁区内的流动，湍流发展并不充分，湍流的脉动影响可能不如分子黏性的影响大，因此，对 Re 较低的流动使用这里的标准 $k-\varepsilon$ 模型进行计算就会出现问题，必须采取壁面函数法或低 Re 的 $k-\omega$ 模型处理方式，以解决近壁区内的流动计算及低 Re 的流动计算问题。

(3) 标准 $k-\varepsilon$ 模型在科学研究及工程实际中得到了广泛的检验和成功应用，但用于强旋流、弯曲壁面流动或弯曲流线流动时，会产生一定的失真，原因是弯曲流线情况下，湍流是各向异性的，湍动黏度 μ_t 应该是各向异性的张量，但标准 $k-\varepsilon$ 模型的湍动黏度 μ_t 假定是各向同性的标量。

2. RNG $k-\varepsilon$ 模型

RNG $k-\varepsilon$ 模型是由 Yakhot 及 Orzag 提出的，也称为重正化群 $k-\varepsilon$ 模型。在 RNG $k-\varepsilon$ 模型中，通过在大尺度运动和修正后的黏度项体现小尺度的影响，而使这些小尺度运动系统地从控制方程中去除，湍动能 k 与湍动耗散率 ε 输运方程为：

$$\frac{\partial(\rho k)}{\partial t}+\frac{\partial(\rho k\bar{u}_i)}{\partial x_i}=\frac{\partial}{\partial x_j}\left(\alpha_k\mu_{eff}\frac{\partial k}{\partial x_j}\right)+G_k-\rho\varepsilon \tag{1.11}$$

$$\frac{\partial(\rho\varepsilon)}{\partial t}+\frac{\partial(\rho\varepsilon\bar{u}_i)}{\partial x_i}=\frac{\partial}{\partial x_j}\left(\alpha_\varepsilon\mu_{eff}\frac{\partial\varepsilon}{\partial x_j}\right)+C_{1\varepsilon}^*\frac{\varepsilon}{k}G_k-C_{2\varepsilon}\rho\frac{\varepsilon^2}{k} \tag{1.12}$$

式中：$\mu_{eff}=\mu+\mu_t$；$\mu_t=\rho C_\mu\frac{k^2}{\varepsilon}$；$C_\mu=0.084\ 5$；$\alpha_k=\alpha_\varepsilon=1.39$；$C_{1\varepsilon}^*=C_{1\varepsilon}-\frac{\eta(1-\eta/\eta_0)}{1+\beta\eta^3}$；$C_{1\varepsilon}=1.42$；$C_{2\varepsilon}=1.68$；$\eta=(2E_{ij}\cdot E_{ij})^{1/2}\frac{k}{\varepsilon}$；$E_{ij}=\frac{1}{2}\left(\frac{\partial\overline{u_i}}{\partial x_j}+\frac{\partial\overline{u_j}}{\partial x_i}\right)$；$\eta_0=4.377$；$\beta=0.012$。

与标准 $k-\varepsilon$ 模型比较，RNG $k-\varepsilon$ 模型变化之处有：

(1) 通过修正湍动黏度，考虑了平均流动中的旋转及旋流流动情况。

(2) 在 ε 方程中增加了一项，从而反映了主流的时均应变率 E_{ij}，这样 RNG $k-\varepsilon$ 模型中产生项不仅与流动情况有关，而且在同一问题中还是空间坐标的函数。

(3) RNG $k-\varepsilon$ 模型可以更好地处理高应变率及流线弯曲程度较大的流动。需要注意的是，RNG $k-\varepsilon$ 模型仍是针对充分发展的湍流，即是高 Re 的湍流模型，而对近壁区内的流动及 Re 较低的流动，必须使用壁面函数法或低 Re 的 $k-\omega$ 模型来模拟。

3. Realizable $k-\varepsilon$ 模型

标准 $k-\varepsilon$ 模型用在时均应变率特别大的情形时，有可能导致负的正应力。为了使流动符合湍流的物理定律，需要对正应力进行某种数学约束。为了实现这种约束，将湍动黏度计算式中的系数 C_μ 不取为常数，而是与应变率联系起来，在此基础上，引出了 Realizable $k-\varepsilon$ 模型，即"可实现" $k-\varepsilon$ 模型，湍动能 k 与湍动耗散率 ε 输运方程为：

$$\frac{\partial(\rho k)}{\partial t}+\frac{\partial(\rho k\bar{u}_i)}{\partial x_i}=\frac{\partial}{\partial x_j}\left[\left(\mu+\frac{\mu_t}{\sigma_k}\right)\frac{\partial k}{\partial x_j}\right]+G_k-\rho\varepsilon \tag{1.13}$$

$$\frac{\partial(\rho\varepsilon)}{\partial t}+\frac{\partial(\rho\varepsilon\bar{u}_i)}{\partial x_i}=\frac{\partial}{\partial x_j}\left[\left(\mu+\frac{\mu_t}{\sigma_\varepsilon}\right)\frac{\partial\varepsilon}{\partial x_j}\right]+\rho C_1E\varepsilon-\rho C_2\frac{\varepsilon^2}{k+\sqrt{\nu\varepsilon}} \tag{1.14}$$

式中：$\sigma_k=1.0$；$\sigma_\varepsilon=1.2$；$C_2=1.9$；$C_1=\max\left(0.43,\dfrac{\eta}{\eta+5}\right)$；$\eta=(2E_{ij}\cdot E_{ij})^{1/2}\dfrac{k}{\varepsilon}=E\dfrac{k}{\varepsilon}$；$E_{ij}=\dfrac{1}{2}\left(\dfrac{\partial\bar{u}_i}{\partial x_j}+\dfrac{\partial\bar{u}_j}{\partial x_i}\right)$；$\mu_t=\rho C_\mu\dfrac{k^2}{\varepsilon}$；$C_\mu=\dfrac{1}{A_0+A_SU^*k/\varepsilon}$；$A_0=4.0$；$A_S=\sqrt{6}\cos\phi$；$\phi=\dfrac{1}{3}\arccos(\sqrt{6}W)$；$W=\dfrac{E_{ij}E_{jk}E_{ki}}{\sqrt{E_{ij}E_{ij}}}$；$U^*=\sqrt{E_{ij}E_{ij}+\tilde{\Omega}_{ij}\tilde{\Omega}_{ij}}$；$\tilde{\Omega}_{ij}=\Omega_{ij}-2\varepsilon_{ijk}\omega_k$；$\Omega_{ij}=\overline{\Omega}_{ij}-\varepsilon_{ijk}\omega_k$。这里的 $\overline{\Omega}_{ij}$ 是从角速度 ω_k 参考系中观察到的时均转动速率张量，专门用以表示旋转影响的。

与标准 $k-\varepsilon$ 模型比较，Realizable $k-\varepsilon$ 模型变化之处有：

(1) 湍动黏度计算公式引入了与旋转和曲率有关的内容。

(2) ε 方程发生了很大变化，方程中的产生项不再包含有 k 方程中的产生项

G_k，能更好地表示光谱的能量转换。

(3) ε 方程中的倒数第二项不具有任何奇异性，即使 k 值很小或为 0，分母也不为 0，这与标准 $k-\varepsilon$ 模型和 RNG $k-\varepsilon$ 模型有很大区别。

Realizable $k-\varepsilon$ 模型已被有效地用于各种不同类型的流动模拟，包括旋转均匀剪切流、包含有射流和混合流的自由流动、管道内流动、边界层流动以及带有分离的流动等。

4. SST $k-\omega$ 模型

湍流模型除了 $k-\varepsilon$ 湍流模型外，还有 $k-\omega$ 湍流模型。$k-\varepsilon$ 湍流模型能够较好地模拟远离壁面充分发展的湍流流动，而标准 $k-\omega$ 湍流模型则更为广泛地应用于各种压力梯度下的边界层问题。为了集合两种湍流模型的特点，Mentor 提出了 SST(Shear Stress Transport) $k-\omega$ 湍流模型。SST $k-\omega$ 湍流模型是一种在工程上得到广泛应用的混合模型，在近壁面保留了 $k-\omega$ 湍流模型，在远离壁面的地方应用 $k-\varepsilon$ 湍流模型。

湍动能 k 输运方程：

$$\frac{\partial(\rho k)}{\partial t}+\frac{\partial}{\partial x_j}\left[\rho \overline{u_j} k-(\mu+\sigma_k \mu_t)\frac{\partial k}{\partial x_j}\right]=\widetilde{P}_k-\beta^* \rho\omega k \tag{1.15}$$

湍流比耗散率 ω 方程：

$$\frac{\partial(\rho\omega)}{\partial t}+\frac{\partial}{\partial x_j}\left[\rho \overline{u_j}\omega-(\mu+\sigma_\omega \mu_t)\frac{\partial \omega}{\partial x_j}\right]=a\rho\Omega^2-\beta\rho\omega^2+2(1-F_1)\frac{\rho\sigma_{\omega 2}}{\omega}\frac{\partial k}{\partial x_j}\frac{\partial \omega}{\partial x_j} \tag{1.16}$$

涡黏系数表达式：

$$\nu_t=\frac{\alpha_1 k}{\max(\alpha_1\omega,\Omega F_2)} \tag{1.17}$$

式中：Ω 为涡量；ω 为湍流比耗散率，$\omega=\frac{\varepsilon}{k\beta^*}$；$\beta^*=0.09$；$\widetilde{P}_k=\min(P_k, 10\beta^*\rho k\omega)$，$P_k=\rho\nu_t\frac{\partial\bar{u}_i}{\partial x_j}\left(\frac{\partial\bar{u}_i}{\partial x_j}+\frac{\partial\bar{u}_j}{\partial x_i}\right)$。

混合函数 F_1 为 $F_1=\tanh(\arg_1^4)$，$\arg_1=\min\left[\max\left(\frac{\sqrt{k}}{\beta^*\omega y},\frac{500\nu}{\omega y^2}\right),\frac{4\rho\sigma_{\omega 2}k}{CD_{k\omega}y^2}\right]$，

$CD_{k\omega}=\max\left(2\rho\sigma_{\omega2}\frac{1}{\omega}\frac{\partial k}{\partial x_j}\frac{\partial\omega}{\partial x_j},10^{-10}\right)$。

$F_2=\tanh(\arg_2^2)$，$\arg_2=\max\left(\frac{2\sqrt{k}}{\beta^*\omega y},\frac{500\nu}{y^2\omega}\right)$，$y$ 为距壁面的距离。k 方程与 ε 方程所用常数按 $\varphi=F_1\varphi_1+(1-F_1)\varphi_2$ 计算，φ_1 与 φ_2 分别代表两组常数：$\alpha_1=\frac{5}{9}$，$\beta_1=\frac{3}{40}$，$\sigma_{k1}=0.85$，$\sigma_{\omega1}=0.5$；$\alpha_2=0.44$，$\beta_2=0.0828$，$\sigma_{k2}=1.0$，$\sigma_{\omega2}=0.856$。

1.1.2.2 大涡模拟

大涡模拟(Large Eddy Simulation，LES)，是 Smagorinsky 在 1963 年提出的一种湍流模型方法。该方法的实现过程是，首先通过空间滤波将湍流中的小尺度涡滤掉，然后对剩下的大尺度涡采用动量方程和连续方程直接进行求解，在求解时通过亚格子尺度应力(Subgrid-scale Stress，SGS)模型描述小尺度涡对大尺度涡运动的影响。在上述过程中有两个关键环节：①选择数学滤波函数滤掉小尺度涡，建立描述大尺度涡的求解方程；②选择合适的 SGS 模型来模化小尺度涡对大尺度涡运动的影响。

1. 滤波函数的选择

通过滤波运算将湍流分解为大尺度运动和小尺度运动。从本质上讲，滤波就是在空间域上进行某种平均，在数学上通过一个滤波函数 $G(x-x';\Delta)$ 与空间变量 $\phi(x')$ 进行卷积后再积分，从而消除小波动。滤波算子定义为

$$\bar{\phi}(x)=\int G(x-x';\Delta)\phi(x')\mathrm{d}x' \tag{1.18}$$

式中：Δ 为滤波尺度，即滤波宽度。

经过滤波后，湍流物理量 ϕ 便可分解为大尺度 $\bar{\phi}$ 和小尺度量 ϕ'。

$$\phi'=\phi-\bar{\phi},\Delta=(\Delta_1\Delta_2\Delta_3)^{1/3} \tag{1.19}$$

常用滤波函数有盒式滤波(Box Filter)、高斯滤波(Gaussain Filter)和顶帽滤波(Top-hat Filter)等。

(1) 盒式滤波

$$G(x-x';\Delta)=\begin{cases}1/\Delta^3 & |x_i-x'_i|<\Delta_i/2\\0 & 其他\end{cases} \tag{1.20}$$

式中：Δ_i 为 x_i 方向上的滤波尺度。

(2) 高斯滤波

$$G(x-x';\Delta)=\left(\frac{6}{\pi\Delta^2}\right)^{3/2}\exp[-6|x-x'|^2/\Delta^2] \tag{1.21}$$

(3) 顶帽滤波

$$G(x-x';\Delta)=\begin{cases}1/V & x-x'\in V\\0 & 其他\end{cases} \tag{1.22}$$

上述3种滤波函数中，高斯滤波性能最好，但计算烦琐；盒式滤波相对简单，应用较广；顶帽滤波主要用于非结构化网格，计算精度较高，应用也比较广泛。

2. LES控制方程

将滤波运算施加到连续方程和动量方程，得到LES控制方程，水为不可压缩流体，忽略广义源项：

连续方程：

$$\frac{\partial \bar{u}_i}{\partial x_i}=0, i=1,2,3 \tag{1.23}$$

动量方程：

$$\frac{\partial \bar{u}_i}{\partial t}+\frac{\partial(\bar{u}_i\bar{u}_j)}{\partial x_j}=-\frac{1}{\rho}\frac{\partial \bar{p}}{\partial x_i}+\frac{\partial}{\partial x_j}\left(\nu\frac{\partial \bar{u}_i}{\partial x_j}\right)-\frac{\partial \tau_{ij}}{\partial x_j} \tag{1.24}$$

式中：$\bar{u}_i$ 为滤波后的速度在 x,y,z 方向上的分量；$\bar{p}$ 为滤波后的压力。

经过滤波处理后，方程中增加了与 τ_{ij} 有关的一项，τ_{ij} 称为SGS应力，它反映了小尺度运动对大尺度运动的影响，其定义为

$$\tau_{ij}=\overline{u_iu_j}-\bar{u}_i\bar{u}_j \tag{1.25}$$

τ_{ij} 是一个对称张量，有6个独立未知变量。为了使LES控制方程封闭，需要补充方程，即进行 τ_{ij} 建模，建模方式的不同发展出不同的SGS模型。

3. SGS 模型选择

根据 SGS 应力建模过程中所采用的思想不同，现有 SGS 模型可划分为涡黏模型、尺度相似模型、混合模型和非线性模型等。

涡黏模型依据涡黏性假设而建立，即认为小尺度涡的作用与分子黏性的作用类似，因此，在所建立的 SGS 模型中，将 SGS 应力表达成模型系数（涡黏度）与可解应变率的乘积。这种模型的理论依据是，小尺度涡主要是由于大尺度涡之间的非线性相互作用间接产生的，受平均流动或流场边界形状影响小，接近各向同性，对流场平均运动影响小，只起能量耗散作用。涡黏模型假设能量产生与能量耗散相互平衡，即大尺度涡传递给小尺度涡的能量与小尺度涡耗散的能量处于平衡。依据确定涡黏系数的方法不同，涡黏模型分为代数涡黏模型、单方程模型和双方程模型。代数涡黏模型是最常用的 SGS 模型，其中最典型的是 Smagorinsky 模型和动态 Smagorinsky 模型。单方程模型引入了 SGS 湍动能，双方程模型引入了 SGS 湍动能和耗散率，这两种 SGS 模型在原理上考虑了能量传递的时间效应，显得更加合理。目前 Smagorinsky 模型是应用最广泛的 SGS 模型，该模型在 LES 中能取得成功，其优势在于模型简单、计算量小，能较准确地描述亚格子耗散特性，是一种纯耗散模型，数值稳定性好。但该模型同时存在一定缺陷，为描述近壁区渐近行为，模型使用了壁面衰减函数，从而引入更多的人为因素，需要人为给定一个模型系数，对经验依赖性强，不能反映能量的逆传。

为消除 Smagorinsky 模型中选取经验常数的人为因素，Germano 等提出了动态 Smagorinsky 模型。这是目前使用最为广泛的 SGS 模型之一。该模型的基本思想是通过二次滤波把湍流局部信息引入到 SGS 应力中，进而实现计算过程中模型系数的自动调整。具体过程如下。

式(1.24)是用滤波宽度 $\bar{\Delta}$ 的 LES 滤波算子 $\bar{G}$ 对原始动量方程式(1.2)做滤波得到。此处再用滤波宽度为 $\vec{\Delta}$ 的检验滤波算子 $\vec{G}$ 对式(1.24)做滤波得到：

$$\frac{\partial \overrightarrow{\bar{u}_i}}{\partial t}+\frac{\partial(\overrightarrow{\bar{u}_i}\,\overrightarrow{\bar{u}_j})}{\partial x_j}=-\frac{1}{\rho}\frac{\partial \overrightarrow{\bar{p}}}{\partial x_i}+\frac{\partial}{\partial x_j}\left(\nu\frac{\partial \overrightarrow{\bar{u}_i}}{\partial x_j}\right)-\frac{\partial T_{ij}}{\partial x_j} \tag{1.26}$$

式中：T_{ij} 是复合滤波尺度 $\bar{\vec{\Delta}}$ 上的亚滤波尺度应力，$T_{ij}=\overrightarrow{\overline{u_i u_j}}-\overrightarrow{\bar{u}_i}\,\overrightarrow{\bar{u}_j}$。

令

$$L_{ij}=T_{ij}-\overrightarrow{\tau_{ij}} \tag{1.27}$$

式中：$\overrightarrow{\tau_{ij}}=\overrightarrow{\overline{u_i u_j}}-\overrightarrow{\overline{u_i}\,\overline{u_j}}$，从而有：

$$L_{ij}=\overrightarrow{\overline{u_i}\,\overline{u_j}}-\overrightarrow{\overline{u_i}}\,\overrightarrow{\overline{u_j}} \tag{1.28}$$

式(1.27)与式(1.28)称为 Germano 恒等式。

在检验滤波尺度中应用 Smagorinsky 模型，得

$$T_{ij}-\frac{1}{3}\delta_{ij}T_{kk}=-2(C_s^{\overline{\overline{\Delta}}}\overrightarrow{\overline{\Delta}})^2\,|\overrightarrow{\overline{S}}|\,\overrightarrow{\overline{S_{ij}}} \tag{1.29}$$

对 SGS 应力与涡黏度之间的关系式进行一次检验滤波得

$$\overrightarrow{\tau_{ij}}-\frac{1}{3}\delta_{ij}\overrightarrow{\tau_{kk}}=-2(C_s^{\overline{\Delta}}\overline{\Delta})^2\,\overrightarrow{\overline{|\overline{S}|\overline{S_{ij}}}} \tag{1.30}$$

将式(1.29)和式(1.30)代入式(1.27)得

$$L_{ij}-\frac{1}{3}\delta_{ij}L_{kk}=2(C_s^{\overline{\Delta}}\overline{\Delta})^2\,\overrightarrow{\overline{|\overline{S}|\overline{S_{ij}}}}-2(C_s^{\overline{\overline{\Delta}}}\overrightarrow{\overline{\Delta}})^2\,|\overrightarrow{\overline{S}}|\,\overrightarrow{\overline{S_{ij}}} \tag{1.31}$$

假设格子尺度和滤波尺度模型系数相同 $C_s=C_s^{\overline{\Delta}}=C_s^{\overline{\overline{\Delta}}}$，令

$$C_s^2=C \tag{1.32}$$

可将式(1.31)简化，得

$$L_{ij}-\frac{1}{3}\delta_{ij}L_{kk}=-2C\overline{\Delta}^2 M_{ij} \tag{1.33}$$

式中：$M_{ij}=(\overrightarrow{\overline{\Delta}}/\overline{\Delta})^2\,|\overrightarrow{\overline{S}}|\,\overrightarrow{\overline{S_{ij}}}-\overline{|\overline{S}|\overline{S_{ij}}}$；$\delta_{ij}$ 为 $\delta_{ij}=\begin{cases}1, i=j\\0, i\neq j\end{cases}$；$L_{kk}=T_{kk}-\overrightarrow{\tau_{kk}}$。

由于式(1.33)是超定方程，Lilly 采用最小二乘法确定 C_D，得

$$C_D\overline{\Delta}^2=-\frac{1}{2}\frac{L_{ij}M_{ij}}{M_{kl}M_{kl}} \tag{1.34}$$

动态 Smagorinsky 模型对 Smagorinsky 模型进行了一些改进，具体体现在以下几个方面：模型系数 C_D 由流动参数自动确定，消除了人为因素的影响；能满足近壁区渐近行为，无需引入壁面衰减函数。

1.1.3 壁面函数法

壁面是产生涡旋和湍流的主要来源，它的存在会引起湍流边界层，对于近壁区域的流动，在很薄的壁面边界层中，黏性力占主导地位，在非常接近壁面的区域流动变化是最陡（梯度很大），在非常小的壁面法向距离内速度由相对较大的值降低到与壁面速度相同，于是只有在边界层中使用很密的网格并且采用低雷诺数湍流模型是模拟此处流动最可靠的方法。但对于许多CFD模拟来说，使用非常精细的网格来求解边界层内部的梯度需要耗费大量的计算力。因此，在粗网格上比较精确的近壁建模对于CFD计算模拟就显得很重要。

大量的试验研究表明，固体近壁面区域的流体运动可以分为三层区域，包括黏性底层、过渡层和对数层，光滑壁面附近的近壁区域的流动情况如图1.1所示。

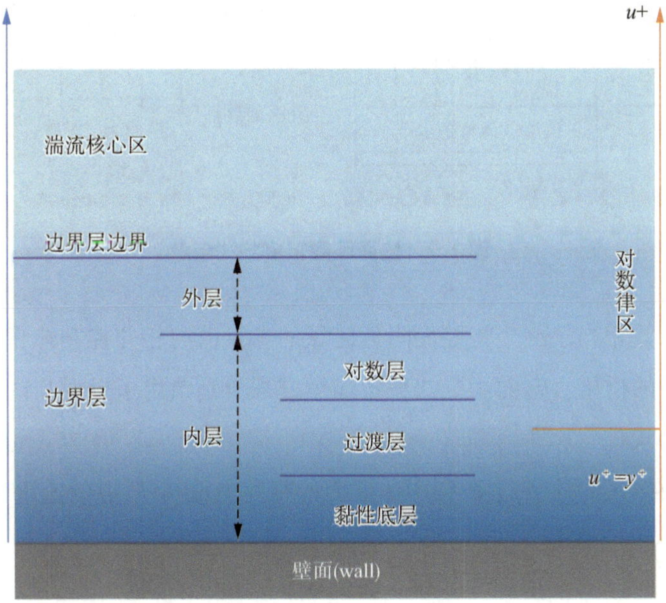

图1.1 近壁区域流动

图1.1中：$u^+=u/u_z$；$y^+=\Delta y\rho u_z/\mu$。其中，u 为近壁流体速度；u_z 为壁面摩擦速度，$u_z=(\tau_w/\rho)^{1/2}$，τ_w 为壁面切应力；Δy 为到壁面的距离；ρ 为流体的密度；μ 为流体的动力黏性系数。

过渡层的流动状况较为复杂，很难仅使用一个公式来描述，又因为过渡层的厚度非常小，所以通常在解决工程问题的计算中不明显单列，而将其纳入对数律区考虑。

若在研究问题中壁面流动对于结果不是非常重要，可以采用壁面函数法对固体边壁附近的流动进行处理，壁面函数法将壁面上的物理量与湍流核心区内需要求解的未知量联系起来，从而不必对壁面区域内（边界层内）的水流流动进行直接数值求解，就可以直接获得与壁面相邻控制体积的节点参量值。在划分网格时只需要确保第一个节点布置在对数律成立的区域内，并不需要对壁面区域进行额外的加密，如图 1.2 所示。图中阴影部分为壁面函数有效的区域，而阴影部分以外的区域则是适用高 Re 湍流模型，如 $k-\varepsilon$ 模型进行求解的区域。

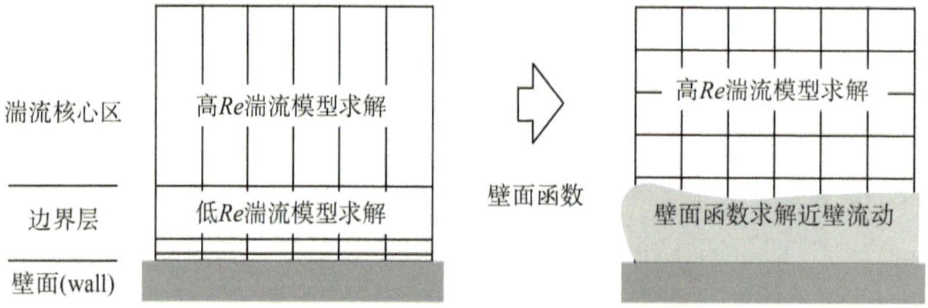

图 1.2 壁面函数求解方式示意

壁面函数相当于一个将壁面附近区域的参量值与相邻控制体积的节点参量值联系起来的桥梁。壁面函数法就各输运方程分别给出了壁面与内节点参量值相联系的公式。

设对数律区内的节点 P 到固体壁面的距离为 y_P，P 点的速度为 u_P，则：

$$\begin{cases} u^+=\dfrac{1}{\kappa}\ln(Ey^+)-\Delta B & y^+\geqslant 11.225 \\ u^+=y^+ & y^+\leqslant 11.225 \end{cases} \tag{1.35}$$

式中：

$$u^+\equiv\frac{u_P C_\mu^{1/4} k_P^{1/2}}{\tau_w/\rho} \tag{1.36}$$

$$y^+ \equiv \frac{\rho C_\mu^{1/4} k_P^{1/2} y_P}{\mu} \tag{1.37}$$

$$\begin{cases} \Delta B = 0 & K_s^+ \leqslant 2.25 \\ \Delta B = \dfrac{1}{\kappa}\ln\left[\dfrac{K_s^+ - 2.25}{87.25} + C_{K_s} K_s^+\right] \times & \\ \quad \sin[0.4258(\ln K_s^+ - 0.811)] & 2.25 < K_s^+ < 90 \\ \Delta B = \dfrac{1}{\kappa}\ln(1 + C_{K_s} K_s^+) & K_s^+ \geqslant 90 \end{cases} \tag{1.38}$$

$$K_s^+ = \frac{\rho K_s C_\mu^{1/4} k_P^{1/2}}{\mu} \tag{1.39}$$

$$\frac{\partial k}{\partial n} = 0 \tag{1.40}$$

$$\varepsilon = \frac{C_\mu^{3/4} k_P^{3/2}}{\kappa y_P} \tag{1.41}$$

式中：$\kappa = 0.42$；$E = 9.81$；$C_\mu = 0.09$；u_p 为 P 点的流体平均速度；k_p 为 P 点的紊流动能；y_p 为 P 点到壁面的距离；K_s 为物理粗糙高度，水池表面 $K_s \approx 0.7$ mm，水管表面 $K_s \approx 0$；C_{Ks} 为粗糙常数，对于均匀粗糙表面，$C_{K_s} = 0.5$。

1.1.4 VOF 法

VOF(Volume of Fluid)法是 Hirt 和 Nichols 提出的一种处理自由表面的有效方法。该方法引入单流体模型来处理多相流问题。对于水气两相流流场，该理论假设在同一单元中的水、气或者二者的混合体具有相同的速度，即服从同一组动量方程，但它们的体积函数在整个流场中都作为单独变量。在每个单元中水和气的体积分数之和均为 1。在一个单元中，如果 α_w 表示水的体积分数，则气体的体积分数为 $1-\alpha_w$。

α_w 有三种情况：$\alpha_w = 0$；$0 < \alpha_w < 1$；$\alpha_w = 1$，分别表示该单元内充满气、包含水气界面、充满水。其他水气共有的变量如流速、流量、压力都可用体积函数的加权平均值来表示。水气界面的追踪可通过式(1.42)来实现。

$$\frac{\partial \alpha_w}{\partial t}+u_i\frac{\partial \alpha_w}{\partial x_i}=0 \tag{1.42}$$

式中：t 为时间(s)；u_i 为速度分量(m/s)；x_i 为坐标分量(m)。

在引入 VOF 法后，连续性方程、动量方程以及所选的湍流模型方程中的 ρ 和 μ 不再是常量，而是与流体体积函数有关的变量，其表达式为：

$$\rho=\alpha_w\rho_w+(1-\alpha_w)\rho_a \tag{1.43}$$

$$\mu=\alpha_w\mu_w+(1-\alpha_w)\mu_a \tag{1.44}$$

式中：ρ_w 和 ρ_a 分别为水、气两种流体的密度(kg/m^3)；μ_w 和 μ_a 分别为水、气两种流体的动力黏滞系数(N·s/m^2)。

1.2 基于有限体积法的控制方程离散

在对指定问题进行 CFD 计算之前，首先要将计算区域离散化，即把空间上连续的计算区域划分成许多个子区域，并确定每个子区域的节点，从而生成网格，然后将控制方程在网格上离散，将微分格式的控制方程转化为各个节点上的代数方程组，求解代数方程组即可得到问题的解。有限体积法物理意义明确，是目前 CFD 领域广泛使用的离散化方法。

1.2.1 有限体积法

有限体积法(Finite Volume Method，FVM)，是将计算区域划分为一系列控制体积，每个控制体积以一个中心节点作代表，通过将控制方程对控制体积作积分推导出离散方程的方法。在推导过程中，需要对控制体积界面上的积分量按照离散格式建立与中心节点的联系，从而构成以中心节点参量为未知量的代数方程组，由此可知，有限体积法的主要步骤是计算区域的离散和控制方程的离散。

1.2.1.1 计算区域的离散

所谓计算区域的离散就是用一组有限个离散的点代替原来的连续空间。计算区域离散后，得到以下四种几何要素。

（1）节点：需要求解的未知量的几何位置。

（2）控制体积：应用控制方程的最小几何单位。

（3）界面：与各节点相对应的控制体积的边界位置。

（4）网格线：连接相邻两节点而形成的曲线簇。

把节点看成是控制体积的代表。在离散过程中，将一个控制体积上的物理量定义并存储在该节点处。图 1.3 是一维问题的有限体积法计算网格；图 1.4 是二维问题的有限体积法计算网格。

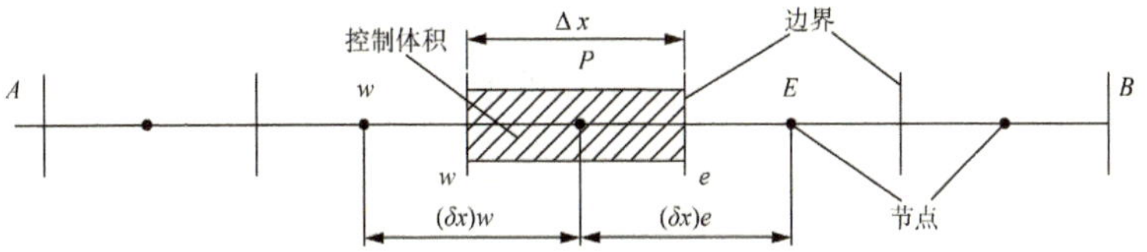

图 1.3　一维问题的有限体积法计算网格

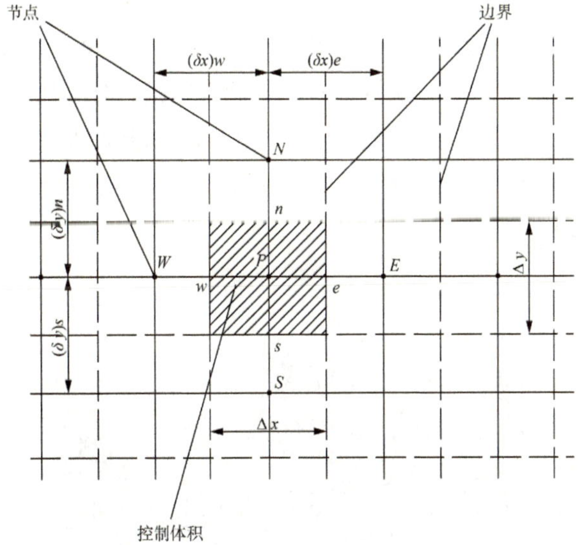

图 1.4　二维问题的有限体积法计算网格

1. 网格类型

计算区域离散的网格有两类：结构化网格和非结构化网格。

节点排列有序，即当给出一个节点的编号后，即可得出其相邻节点的编号，所有内部节点周围的网格数目相等。这种网格称为结构化网格，如图 1.5 所示。

结构化网格具有实现容易、生成速度快、网格质量好、数据结构简单的优点，但不能实现复杂边界区域的离散。

图 1.5　结构化网格示例

如图 1.6 所示，非结构化网格是指网格区域内的网格点没有统一的编号规则，每个网格单元都有独立的编号，并且需要通过附加的全场总编号来确定网格之间的关系。非结构化网格的优点是对复杂几何形状的适应性好，能够更准确地描述边界形状和流动特征。但是，它的数据结构复杂，存储空间大，计算效率相比结构化网格较低。

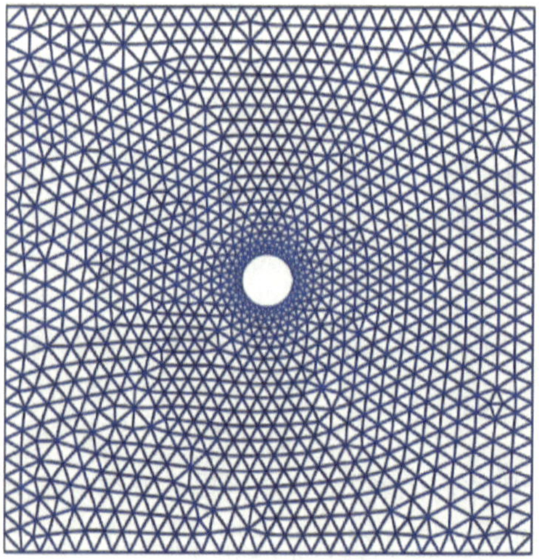

图 1.6　非结构化网格示例

2. 网格单元的分类

网格单元是构成网格的基本元素。在结构化网格中，常用的二维网格单元是四边形单元，三维网格单元是六面体单元。在非结构性网格中，常用的二维网格单元是三角形单元，三维网格单元是四面体单元和五面体单元，其中五面体单元又可分为棱锥形单元和金字塔形单元。图1.7是常用的结构化网格单元，图1.8是常用的非结构化网格单元。

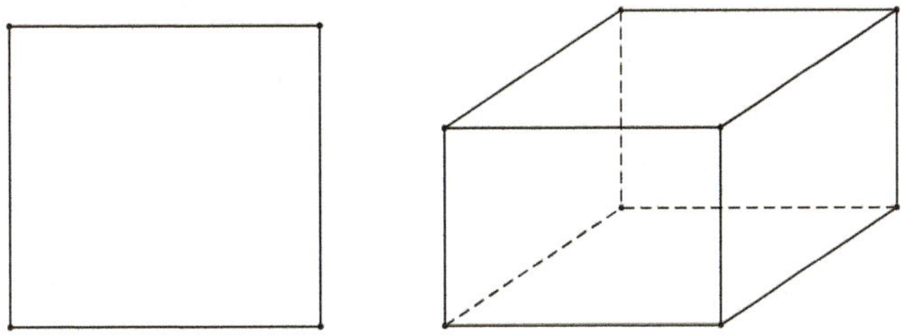
(a) 四边形　(b) 六面体

图1.7　常用的结构化网格单元

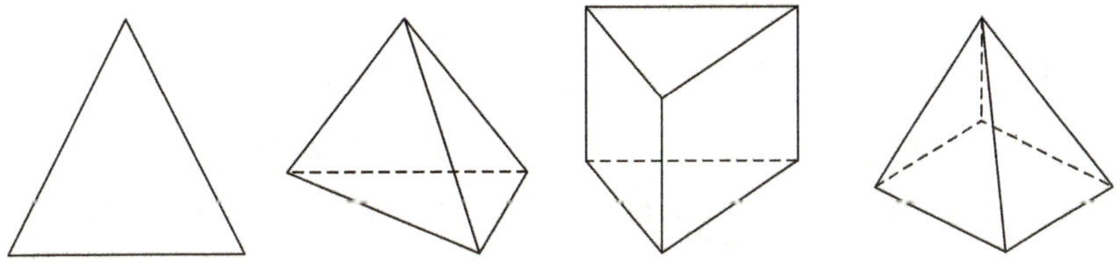
(a) 三角形　(b) 四面体　(c) 五面体(棱锥形)　(d) 五面体(金字塔形)

图1.8　常用的非结构化网格单元

3. 网格生成过程与方法

无论是结构化网格还是非结构化网格，都需要按下列过程生成网格：

(1) 建立几何模型。几何模型是网格和边界的载体。对于二维问题，几何模型是二维平面图；对于三维问题，几何模型是三维实体。

(2) 划分网格。在生成的几何模型上应用特定的网格类型、网格单元和网格密度对面或体进行划分，获得网格。

(3) 指定边界区域。为几何模型的每个区域指定名称和类型，为后续给定模型的物理属性、边界条件和初始条件做好准备。

目前生成网格工具有多种商品化的专业网格生成软件，如GAMBIT、

TurboGrid、ICEM CFD、Workbench Meshing 等。对于复杂的三维实体造型，可以用 AutoCAD、Pro/E 等 CAD 软件生成几何模型，然后再导入专业网格生成软件中进行网格划分。

专业网格生成软件中，结构化网格一般采用贴体坐标法生成，非结构化网格一般采用 Delaunay 三角形化方法或前沿推进法生成。

1.2.1.2 控制方程的离散

为便于编程计算，把连续性方程式(1.1)与动量方程式(1.2)写成通用形式：

$$\frac{\partial(\rho\phi)}{\partial t}+\mathrm{div}(\rho u\phi)=\mathrm{div}(\Gamma \mathrm{grad}\phi)+S \tag{1.45}$$

其展开形式为：

$$\begin{aligned}&\frac{\partial(\rho\phi)}{\partial t}+\frac{\partial(\rho u\phi)}{\partial x}+\frac{\partial(\rho v\phi)}{\partial y}+\frac{\partial(\rho w\phi)}{\partial z}\\&=\frac{\partial}{\partial x}\left(\Gamma\frac{\partial\phi}{\partial x}\right)+\frac{\partial}{\partial y}\left(\Gamma\frac{\partial\phi}{\partial y}\right)+\frac{\partial}{\partial z}\left(\Gamma\frac{\partial\phi}{\partial z}\right)+S\end{aligned} \tag{1.46}$$

式中：ϕ 为通用变量；Γ 为广义扩散系数；S 为广义源项。

式(1.45)中各项依次为瞬态项、对流项、扩散项和源项。

表 1.1 给出了 ϕ 、Γ 和 S 三个符号与连续性方程式(1.1)、动量方程式(1.2)对应关系。

表 1.1 通用方程中各符号的具体形式

方程符号	ϕ	Γ	S
连续性方程	1	0	0
动量方程	u_i	μ	$-\frac{\partial p}{\partial x_i}+F_i$

1. 一维稳态问题

对于一维稳态问题，其控制方程为：

$$\frac{\mathrm{d}(\rho u\phi)}{\mathrm{d}x}=\frac{\mathrm{d}}{\mathrm{d}x}\left(\Gamma\frac{\mathrm{d}\phi}{\mathrm{d}x}\right)+S \tag{1.47}$$

式中：u 为流体流速；ϕ 为广义变量，可以为温度、浓度等未知物理量，在图 1.3

中边界点 A 和 B 的量值已知。

对式(1.47)，在图 1.3 所示的控制体积 P 上作积分，有：

$$\int_{\Delta V}\frac{\mathrm{d}(\rho u\phi)}{\mathrm{d}x}\mathrm{d}V=\int_{\Delta V}\frac{\mathrm{d}}{\mathrm{d}x}\left(\Gamma\frac{\mathrm{d}\phi}{\mathrm{d}x}\right)\mathrm{d}V+\int_{\Delta V}S\mathrm{d}V \tag{1.48}$$

式中：ΔV 为控制体积的体积，$\Delta V=\Delta x\cdot A$，A 为控制体积的面积。

从而有：

$$(\rho u\phi A)_e-(\rho u\phi A)_w=\left(\Gamma A\frac{\mathrm{d}\phi}{\mathrm{d}x}\right)_e-\left(\Gamma A\frac{\mathrm{d}\phi}{\mathrm{d}x}\right)_w+S\Delta V \tag{1.49}$$

从式(1.49)可以看出，对流项与扩散项均已转化为控制体积界面上的值，而需要求解的未知值是节点值，因此需要设定界面值与节点值之间的关系。设定对流项采用中心差分离散格式，扩散项一般都采用中心差分离散格式，则有：

$$\begin{cases}(\rho u\phi A)_e=(\rho u)_eA_e\dfrac{\phi_P+\phi_E}{2}\\[2ex](\rho u\phi A)_w=(\rho u)_wA_w\dfrac{\phi_W+\phi_P}{2}\end{cases} \tag{1.50}$$

$$\begin{cases}\left(\Gamma A\dfrac{\mathrm{d}\phi}{\mathrm{d}x}\right)_e=\Gamma_eA_e\dfrac{\phi_E-\phi_P}{(\delta x)_e}\\[2ex]\left(\Gamma A\dfrac{\mathrm{d}\phi}{\mathrm{d}x}\right)_w=\Gamma_wA_w\dfrac{\phi_P-\phi_W}{(\delta x)_w}\end{cases} \tag{1.51}$$

源项 S 通常是时间和物理量 ϕ 的函数，将其线性化，则有：

$$S=S_C+S_P\phi_P \tag{1.52}$$

式中：S_C 是常数，S_P 是随时间和物理量 ϕ 变化的项。

将式(1.50)、式(1.51)与式(1.52)代入到式(1.49)，则有：

$$\begin{aligned}&(\rho u)_eA_e\frac{\phi_P+\phi_E}{2}-(\rho u)_wA_w\frac{\phi_W+\phi_P}{2}\\&=\Gamma_eA_e\left[\frac{\phi_E-\phi_P}{(\delta x)_e}\right]-\Gamma_wA_w\left[\frac{\phi_P-\phi_W}{(\delta x)_w}\right]+(S_C+S_P\phi_P)\Delta V\end{aligned} \tag{1.53}$$

对式(1.53)整理后得：

$$\left[\frac{\Gamma_e}{(\delta x)_e}A_e+\frac{\Gamma_w}{(\delta x)_w}A_w+\frac{(\rho u)_e}{2}A_e-\frac{(\rho u)_w}{2}A_w-S_P\Delta V\right]\phi_P$$
$$=\left[\frac{\Gamma_w}{(\delta x)_w}A_w+\frac{(\rho u)_w}{2}A_w\right]\phi_W+\left[\frac{\Gamma_e}{(\delta x)_e}A_e-\frac{(\rho u)_e}{2}A_e\right]\phi_E+S_C\Delta V \tag{1.54}$$

对于一维问题,控制体积界面 e 和 w 处面积 A_e 与 A_w 均为 A,不妨设为 1。从而有 $\Delta V=\Delta x$。把式(1.54)记为:

$$a_P\phi_P=a_W\phi_W+a_E\phi_E+b=\sum a_{nb}\phi_{nb}+b \tag{1.55}$$

式中:下标 nb 表示相邻节点。

$$\begin{cases}a_W=\dfrac{\Gamma_w}{(\delta x)_w}+\dfrac{(\rho u)_w}{2}\\ a_E=\dfrac{\Gamma_e}{(\delta x)_e}-\dfrac{(\rho u)_e}{2}\\ a_P=a_E+a_W+F_e-F_w-S_P\Delta x\\ b=S_C\Delta x\end{cases}$$

定义两个物理量:

$$\begin{cases}F=\rho u\\ D=\dfrac{\Gamma}{\delta x}\end{cases} \tag{1.56}$$

式中:F 表示通过界面上单位面积的对流质量通量;D 表示界面的扩散传导性。

定义 Peclet 数 $Pe=\dfrac{F}{D}=\dfrac{\rho u}{\Gamma/\delta x}$,表示对流与扩散的强度之比。当 $Pe=0$ 时,则为纯扩散问题;当 Pe 非常大时,则为纯对流问题。

将式(1.56)代入式(1.55)中的系数,则有:

$$\begin{cases}a_W=D_w+\dfrac{F_w}{2}\\ a_E=D_e-\dfrac{F_e}{2}\\ a_P=a_E+a_W+F_e-F_w-S_P\Delta x\\ b=S_C\Delta x\end{cases} \tag{1.57}$$

由上可以看出，只有各系数均大于0，才有物理意义，那么 $a_E>0$，则有 $Pe<2$。也就是说，当对流项采用中心差分格式时，Peclet 数要小于2，才有物理意义。而一般的水流流动问题的 Peclet 数都会比2大得多，此时需寻求其他离散格式，比如一阶迎风格式。

一维、稳态、无源项的对流-扩散问题的通用控制方程为：

$$\frac{\mathrm{d}(\rho u\phi)}{\mathrm{d}x}=\frac{\mathrm{d}}{\mathrm{d}x}\left(\Gamma\frac{\mathrm{d}\phi}{\mathrm{d}x}\right) \tag{1.58}$$

一阶迎风格式规定：因对流造成的界面上的 ϕ 值被认为等于上游节点的 ϕ 值。于是，当流动是沿着正方向，即 $u_e>0,u_w>0$，即有 $F_e>0,F_w>0$ 时，有 $\phi_w=\phi_W,\phi_e=\phi_P$，此时离散方程为：

$$F_e\phi_P-F_w\phi_W=D_e(\phi_E-\phi_P)-D_w(\phi_P-\phi_W) \tag{1.59}$$

对式(1.59)整理得：

$$[(D_w+F_w)+D_e+(F_e-F_w)]\phi_P=(D_w+F_w)\phi_W+D_e\phi_E \tag{1.60}$$

当流动是沿着负方向，即 $u_e<0,u_w<0$，即有 $F_e<0,F_w<0$ 时，有 $\phi_w=\phi_P,\phi_e=\phi_E$，此时离散方程为：

$$F_e\phi_E-F_w\phi_P=D_e(\phi_E-\phi_P)-D_w(\phi_P-\phi_W) \tag{1.61}$$

对式(1.61)整理得：

$$[D_w+(D_e-F_e)+(F_e-F_w)]\phi_P=D_w\phi_W+(D_e-F_e)\phi_E \tag{1.62}$$

综合式(1.60)与式(1.62)，可得一阶迎风格式的对流扩散方程的离散方程：

$$a_P\phi_P=a_W\phi_W+a_E\phi_E=\sum a_{nb}\phi_{nb} \tag{1.63}$$

式中：$\begin{cases}a_W=D_w+\max(F_w,0)\\a_E=D_e+\max(0,-F_e)\\a_P=a_E+a_W+(F_e-F_w)\end{cases}$

2. 一维瞬态问题

一维瞬态问题的控制方程如下：

$$\frac{\partial(\rho\phi)}{\partial t}+\frac{\partial(\rho u\phi)}{\partial x}=\frac{\partial}{\partial x}\left(\Gamma\frac{\partial\phi}{\partial x}\right)+S \tag{1.64}$$

将式(1.64)在一维计算网格上对时间和控制体积进行二重积分，则有

$$\begin{aligned}&\int_{t}^{t+\Delta t}\int_{\Delta V}\frac{\partial(\rho\phi)}{\partial t}\mathrm{d}V\mathrm{d}t+\int_{t}^{t+\Delta t}\int_{\Delta V}\frac{\partial(\rho u\phi)}{\partial x}\mathrm{d}V\mathrm{d}t\\&=\int_{t}^{t+\Delta t}\int_{\Delta V}\frac{\partial}{\partial x}\left(\Gamma\frac{\partial\phi}{\partial x}\right)\mathrm{d}V\mathrm{d}t+\int_{t}^{t+\Delta t}\int_{\Delta V}S\mathrm{d}V\mathrm{d}t\end{aligned} \tag{1.65}$$

将瞬态项积分交换次序，对流项、扩散项和源项对控制体积进行积分，可以得到：

$$\begin{aligned}&\int_{\Delta V}\left[\int_{t}^{t+\Delta t}\frac{\partial(\rho\phi)}{\partial t}\mathrm{d}t\right]\mathrm{d}V+\int_{t}^{t+\Delta t}\left[(\rho u\phi A)_e-(\rho u\phi A)_w\right]\mathrm{d}t\\&=\int_{t}^{t+\Delta t}\left[\left(\Gamma A\frac{\partial\phi}{\partial x}\right)_e-\left(\Gamma A\frac{\partial\phi}{\partial x}\right)_w\right]\mathrm{d}t+\int_{t}^{t+\Delta t}S\Delta V\mathrm{d}t\end{aligned} \tag{1.66}$$

对瞬态项，令 $\frac{\partial\phi}{\partial t}=\frac{\phi_P-\phi_P^0}{\Delta t}$，上标0代表 t 时刻。对流项与扩散项均按中心差分格式离散，源项按式(1.52)处理，则有：

$$\begin{aligned}&\rho(\phi_P-\phi_P^0)\Delta V+\int_{t}^{t+\Delta t}\left[(\rho u)_e A_e\frac{\phi_P+\phi_E}{2}-(\rho u)_w A_w\frac{\phi_W+\phi_P}{2}\right]\mathrm{d}t\\&=\int_{t}^{t+\Delta t}\left\{\Gamma_e A_e\left[\frac{\phi_E-\phi_P}{(\delta x)_e}\right]-\Gamma_w A_w\left[\frac{\phi_P-\phi_W}{(\delta x)_w}\right]\right\}\mathrm{d}t+\int_{t}^{t+\Delta t}(S_C+S_P\phi_P)\Delta V\mathrm{d}t\end{aligned} \tag{1.67}$$

假定变量 ϕ_P 对时间的积分为：

$$\int_{t}^{t+\Delta t}\phi_P\mathrm{d}t=\left[f\phi_P-(1-f)\phi_P^0\right]\Delta t \tag{1.68}$$

式中：f 为加权因子，$0\leqslant f\leqslant 1$。$f=0$，为显式时间积分，具有一阶截差精度，条件稳定，时间步长受到限制；$f=1$，为全隐式时间积分，无条件稳定，无论采取多大的时间步长，都不会出现解的振荡，但在时间域上只有一阶精度，因此需要采用较小的时间步长，以获得精度较高的解。由于全隐式时间积分算法健壮且

绝对稳定，从而得到广泛应用。当 $f=1/2$ 时，为 Crank-Nicolson 时间积分，具有二阶截差精度。

对 ϕ_P 对时间的积分采用全隐格式，则有：

$$\rho(\phi_P-\phi_P^0)\frac{\Delta V}{\Delta t}+(\rho u)_e A_e\frac{\phi_P+\phi_E}{2}-(\rho u)_w A_w\frac{\phi_W+\phi_P}{2}$$

$$=\Gamma_e A_e\left[\frac{\phi_E-\phi_P}{(\delta x)_e}\right]-\Gamma_w A_w\left[\frac{\phi_P-\phi_W}{(\delta x)_w}\right]+(S_C+S_P\phi_P)\Delta V \tag{1.69}$$

对于一维问题，控制体积界面 e 和 w 处面积 A_e 与 A_w 均为 A，不妨设为 1，并利用式(1.56)定义的 F 与 D 两个物理量，对式(1.69)整理后得到：

$$a_P\phi_P=a_W\phi_W+a_E\phi_E+b=\sum a_{nb}\phi_{nb}+b \tag{1.70}$$

式中：

$$\begin{cases}a_W=D_w+\dfrac{F_w}{2}\\ a_E=D_e-\dfrac{F_e}{2}\\ a_P=a_E+a_W+F_e-F_w-S_P\Delta x+\rho\dfrac{\Delta x}{\Delta t}\\ b=S_C\Delta x+\rho\dfrac{\Delta x}{\Delta t}\phi_P^0\end{cases} \tag{1.71}$$

3. 二维问题的离散方程

二维瞬态对流-扩散方程的通用形式为式(1.45)，其常规形式为：

$$\frac{\partial(\rho\phi)}{\partial t}+\frac{\partial(\rho u\phi)}{\partial x}+\frac{\partial(\rho v\phi)}{\partial y}=\frac{\partial}{\partial x}\left(\Gamma\frac{\partial\phi}{\partial x}\right)+\frac{\partial}{\partial y}\left(\Gamma\frac{\partial\phi}{\partial y}\right)+S \tag{1.72}$$

二维问题的控制体积如图 1.4 所示。针对图 1.4 所示的计算网格，在控制体积 P 及时间段 Δt（从 t 到 $t+\Delta t$）上积分控制方程（式 1.45），可以得到：

$$\int_t^{t+\Delta t}\int_{\Delta V}\frac{\partial(\rho\phi)}{\partial t}\mathrm{d}V\mathrm{d}t+\int_t^{t+\Delta t}\int_{\Delta V}\mathrm{div}(\rho u\phi)\mathrm{d}V\mathrm{d}t$$

$$=\int_t^{t+\Delta t}\int_{\Delta V}\mathrm{div}(\Gamma\mathrm{grad}\phi)\mathrm{d}V\mathrm{d}t+\int_t^{t+\Delta t}\int_{\Delta V}S\mathrm{d}V\mathrm{d}t \tag{1.73}$$

式(1.73)中的瞬态项与源项的积分计算方法与一维问题相同。对于对流项与扩散项的积分，则需要应用Gauss散度定理，将体积分转化为面积分。Gauss散度定理为：

$$\int_{\Delta V} \mathrm{div}\boldsymbol{a}\,\mathrm{d}V = \int_{\Delta S} \boldsymbol{u}\cdot\boldsymbol{a}\,\mathrm{d}S = \int_{\Delta S} u_i a_i\,\mathrm{d}S \tag{1.74}$$

式中：ΔV为三维积分域；ΔS是与ΔV对应的闭合边界面；$\boldsymbol{a}$是任意矢量；$\boldsymbol{u}$是积分体的面元$\mathrm{d}S$的表面外法线单位矢量；a_i和u_i是矢量$\boldsymbol{a}$和$\boldsymbol{u}$的分量。

式(1.74)写成常规形式有：

$$\int_{\Delta V}\left(\frac{\partial a_x}{\partial x}+\frac{\partial a_y}{\partial y}+\frac{\partial a_z}{\partial z}\right)\mathrm{d}V = \int_{\Delta S}(a_x u_x + a_y u_y + a_z u_z)\mathrm{d}S \tag{1.75}$$

对瞬态项进行积分，可得：

$$\int_t^{t+\Delta t}\int_{\Delta V}\frac{\partial(\rho\phi)}{\partial t}\mathrm{d}V\mathrm{d}t = \int_{\Delta V}\left(\int_t^{t+\Delta t}\rho\frac{\partial\phi}{\partial t}\mathrm{d}t\right)\mathrm{d}V = \rho_P^0(\phi_P - \phi_P^0)\Delta V \tag{1.76}$$

式中：假定物理量ϕ在整个控制体积P上均具有节点处的值ϕ_P；密度ρ在时间段Δt上的变化量极小；上标0表示物理量在时刻t的值；下标P表示物理量在控制体积的节点P处取值。

对源项进行积分，可得：

$$\int_t^{t+\Delta t}\int_{\Delta V} S\mathrm{d}V\mathrm{d}t = \int_t^{t+\Delta t} S\Delta V\mathrm{d}t = \int_t^{t+\Delta t}(S_C + S_P\phi_P)\Delta V\mathrm{d}t \tag{1.77}$$

应用Gauss散度定理，进行对流项的积分，可以得到：

$$\begin{aligned}\int_t^{t+\Delta t}\int_{\Delta V}\mathrm{div}(\rho u\phi)\mathrm{d}V\mathrm{d}t &= \int_t^{t+\Delta t}[(\rho u\phi A)_e - (\rho u\phi A)_w + (\rho v\phi A)_n - (\rho v\phi A)_s]\mathrm{d}t \\ &= \int_t^{t+\Delta t}[(\rho u)_e A_e\phi_e - (\rho u)_w A_w\phi_w + (\rho v)_n A_n\phi_n - (\rho v)_s A_s\phi_s]\mathrm{d}t\end{aligned} \tag{1.78}$$

应用Gauss散度定理，进行扩散项的积分，采用中心差分格式离散，可以得到：

$$\int_{t}^{t+\Delta t}\int_{\Delta V}\mathrm{div}(\Gamma grad\phi)\mathrm{d}V\mathrm{d}t$$

$$=\int_{t}^{t+\Delta t}\left[\left(\Gamma\frac{\partial\phi}{\partial x}A\right)_{e}-\left(\Gamma\frac{\partial\phi}{\partial x}A\right)_{w}+\left(\Gamma\frac{\partial\phi}{\partial y}A\right)_{n}-\left(\Gamma\frac{\partial\phi}{\partial y}A\right)_{s}\right]\mathrm{d}t$$

$$=\int_{t}^{t+\Delta t}\left[\Gamma_{e}A_{e}\frac{\phi_{E}-\phi_{P}}{(\delta x)_{e}}-\Gamma_{w}A_{w}\frac{\phi_{P}-\phi_{W}}{(\delta x)_{w}}+\Gamma_{n}A_{n}\frac{\phi_{N}-\phi_{P}}{(\delta y)_{n}}-\Gamma_{s}A_{s}\frac{\phi_{P}-\phi_{S}}{(\delta y)_{s}}\right]\mathrm{d}t \tag{1.79}$$

在对流项中应用一阶迎风格式进行离散，在对流项、扩散项和源项中采用全隐时间积分，则可以得到二维问题离散方程为：

$$a_{P}\phi_{P}=a_{W}\phi_{W}+a_{E}\phi_{E}+a_{S}\phi_{S}+a_{N}\phi_{N}+b=\sum a_{nb}\phi_{nb}+b \tag{1.80}$$

式中：

$$\begin{cases}a_{W}=D_{w}+\max(F_{w},0)\\ a_{E}=D_{e}+\max(0,-F_{e})\\ a_{S}=D_{s}+\max(F_{s},0)\\ a_{N}=D_{n}+\max(0,-F_{n})\\ a_{P}=a_{E}+a_{W}+a_{N}+a_{S}+(F_{e}-F_{w})+(F_{n}-F_{s})\\ \qquad +\dfrac{\rho_{P}^{0}\Delta V}{\Delta t}-S_{P}\Delta V\\ b=S_{C}\Delta V+\dfrac{\rho_{P}^{0}\Delta V}{\Delta t}\phi_{P}^{0}\end{cases} \tag{1.81}$$

4. 三维问题的离散方程

三维瞬态对流-扩散方程的常规形式为：

$$\frac{\partial(\rho\phi)}{\partial t}+\frac{\partial(\rho u\phi)}{\partial x}+\frac{\partial(\rho v\phi)}{\partial y}+\frac{\partial(\rho w\phi)}{\partial z}$$

$$=\frac{\partial}{\partial x}\left(\Gamma\frac{\partial\phi}{\partial x}\right)+\frac{\partial}{\partial y}\left(\Gamma\frac{\partial\phi}{\partial y}\right)+\frac{\partial}{\partial z}\left(\Gamma\frac{\partial\phi}{\partial z}\right)+S \tag{1.82}$$

三维问题的控制体积为立方体，比二维问题增加了两个界面，分别用 t 与 b 表示，相应的节点用 T 和 B 表示。在扩散项中采用中心差分格式离散，在对流项中应用一阶迎风格式进行离散，在对流项、扩散项和源项中采用全隐时间积分，则可以得到三维问题离散方程为：

$$a_P\phi_P = a_W\phi_W + a_E\phi_E + a_S\phi_S + a_N\phi_N + a_B\phi_B + a_T\phi_T + b \tag{1.83}$$

式中：$a_W = D_w + \max(F_w, 0)$

$a_E = D_e + \max(0, -F_e)$

$a_S = D_s + \max(F_s, 0)$

$a_N = D_n + \max(0, -F_n)$

$a_B = D_b + \max(F_b, 0)$

$a_T = D_t + \max(0, -F_t)$

$$a_P = a_E + a_W + a_N + a_S + a_B + a_T + (F_e - F_w) + (F_n - F_s) + (F_t - F_b) + \frac{\rho_P^0 \Delta V}{\Delta t} - S_P \Delta V$$

$$b = S_C \Delta V + \frac{\rho_P^0 \Delta V}{\Delta t}\phi_P^0$$

1.2.2 常用的离散格式

有限体积法常用的一阶离散格式有：中心差分格式、一阶迎风格式、混合格式、指数格式、乘方格式；高阶离散格式有二阶迎风格式与对流项的二阶迎风插值(QUICK)格式。

1.2.2.1 一维问题

各种一阶离散格式对一维、稳态、无源项的对流-扩散问题的通用控制方程式(1.58)均能得到式(1.84)。对于高阶情形则如式(1.85)所示。

$$a_P\phi_P = a_W\phi_W + a_E\phi_E \tag{1.84}$$

$$a_P\phi_P = a_W\phi_W + a_{WW}\phi_{WW} + a_E\phi_E + a_{EE}\phi_{EE} \tag{1.85}$$

式中：对于一阶情形，即式(1.84)，$a_P = a_W + a_E + (F_e - F_w)$；对于高阶情形，即式(1.85)，$a_P = a_W + a_E + a_{WW} + a_{EE} + (F_e - F_w)$；其中的系数 a_W、a_E、a_{WW}、a_{EE} 取决于所使用的离散格式。一阶情形中心差分格式、一阶迎风格式和混合格式

的系数计算公式汇总于表 1.2 中；一阶情形指数格式和乘方格式的系数计算公式汇总于表 1.3 中；高阶情形不同离散格式的系数计算公式汇总于表 1.4 中。

表 1.2 一维问题中心差分格式、一阶迎风格式和混合格式的系数计算公式

系数	中心差分格式	一阶迎风格式	混合格式
a_W	$D_w+\frac{F_w}{2}$	$D_w+\max(F_w,0)$	$\max\left[F_w,\left(D_w+\frac{F_w}{2}\right),0\right]$
a_E	$D_e-\frac{F_e}{2}$	$D_e+\max(0,-F_e)$	$\max\left[-F_e,\left(D_e-\frac{F_e}{2}\right),0\right]$

表 1.3 一维问题指数格式和乘方格式的系数计算公式

系数	指数格式	乘方格式
a_W	$\frac{F_w\exp(F_w/D_w)}{\exp(F_w/D_w)-1}$	$D_w\max[0,(1-0.1\lvert F_w/D_w\rvert)^3]+\max[F_w,0]$
a_E	$\frac{F_e}{\exp(F_e/D_e)-1}$	$D_e\max[0,(1-0.1\lvert F_e/D_e\rvert)^3]+\max[-F_e,0]$

表 1.4 一维问题高阶情形不同离散格式下系数计算公式

系数	二阶迎风格式 （当 $F_w>0,\alpha=1$；当 $F_e>0,\alpha=1$； 当 $F_w<0,\alpha=0$；当 $F_e<0,\alpha=0$）	QUICK 格式 （当 $F_w>0,\alpha_w=1$；当 $F_e>0,\alpha_e=1$； 当 $F_w<0,\alpha_w=0$；当 $F_e<0,\alpha_e=0$）
a_W	$D_w+\frac{3}{2}\alpha F_w+\frac{1}{2}\alpha F_e$	$D_w+\frac{6}{8}\alpha_w F_w+\frac{1}{8}\alpha_w F_e+\frac{3}{8}(1-\alpha_w)F_w$
a_{WW}	$-\frac{1}{2}\alpha F_w$	$-\frac{1}{8}\alpha_w F_w$
a_E	$D_e-\frac{3}{2}(1-\alpha)F_e-\frac{1}{2}(1-\alpha)F_w$	$D_e-\frac{3}{8}\alpha_e F_e-\frac{6}{8}(1-\alpha_e)F_e-\frac{1}{8}(1-\alpha_e)F_e$
a_{EE}	$\frac{1}{2}(1-\alpha)F_e$	$\frac{1}{8}(1-\alpha_e)F_e$

1.2.2.2 二维问题

各种一阶离散格式对二维、稳态、无源项的对流—扩散问题的通用控制方程式(1.58)均能得到式(1.86)。对于高阶情形则如式(1.87)所示。

$$a_P\phi_P=a_W\phi_W+a_E\phi_E+a_S\phi_S+a_N\phi_N \tag{1.86}$$

$$\begin{aligned}a_P\phi_P=&a_W\phi_W+a_{WW}\phi_{WW}+a_E\phi_E+a_{EE}\phi_{EE}\\&+a_S\phi_S+a_{SS}\phi_{SS}+a_N\phi_N+a_{NN}\phi_{NN}\end{aligned} \tag{1.87}$$

式中：对于一阶情形，$a_P=a_W+a_E+a_S+a_N+(F_e-F_w)+(F_n-F_s)$；对于高阶情形，$a_P=a_W+a_E+a_{WW}+a_{EE}+a_S+a_N+a_{SS}+a_{NN}+(F_e-F_w)+(F_n-F_s)$；其中的系数 a_W、a_E、a_S、a_N、a_{WW}、a_{EE}、a_{SS}、a_{NN} 取决于所使用的离散格式。二维问题中心差分格式、一阶迎风格式和混合格式的系数计算公式汇总于表 1.5 中；二维问题指数格式和乘方格式的系数计算公式汇总于表 1.6 中；二维问题高阶情形不同离散格式的系数计算公式汇总于表 1.7 中。

表 1.5　二维问题中心差分格式、一阶迎风格式和混合格式的系数计算公式

系数	中心差分格式	一阶迎风格式	混合格式
a_W	$D_w+\frac{F_w}{2}$	$D_w+\max(F_w,0)$	$\max\left[F_w,\left(D_w+\frac{F_w}{2}\right),0\right]$
a_E	$D_e-\frac{F_e}{2}$	$D_e+\max(0,-F_e)$	$\max\left[-F_e,\left(D_e-\frac{F_e}{2}\right),0\right]$
a_S	$D_s+\frac{F_s}{2}$	$D_s+\max(F_s,0)$	$\max\left[F_s,\left(D_s+\frac{F_s}{2}\right),0\right]$
a_N	$D_n-\frac{F_n}{2}$	$D_n+\max(0,-F_n)$	$\max\left[-F_n,\left(D_n-\frac{F_n}{2}\right),0\right]$

表 1.6　二维问题指数格式和乘方格式的系数计算公式

系数	指数格式	乘方格式
a_W	$\frac{F_w\exp(F_w/D_w)}{\exp(F_w/D_w)-1}$	$D_w\max[0,(1-0.1\lvert F_w/D_w\rvert)^3]+\max[F_w,0]$
a_E	$\frac{F_e}{\exp(F_e/D_e)-1}$	$D_e\max[0,(1-0.1\lvert F_e/D_e\rvert)^3]+\max[-F_e,0]$
a_S	$\frac{F_s\exp(F_s/D_s)}{\exp(F_s/D_s)-1}$	$D_s\max[0,(1-0.1\lvert F_s/D_s\rvert)^3]+\max[F_s,0]$
a_N	$\frac{F_n}{\exp(F_n/D_n)-1}$	$D_n\max[0,(1-0.1\lvert F_n/D_n\rvert)^3]+\max[-F_n,0]$

表 1.7　二维问题高阶情形不同离散格式下系数计算公式

系数	二阶迎风格式 （当 $F_w>0,\alpha=1$；当 $F_e>0,\alpha=1$； 当 $F_w<0,\alpha=0$；当 $F_e<0,\alpha=0$； 当 $F_s>0,\alpha=1$；当 $F_n>0,\alpha=1$； 当 $F_s<0,\alpha=0$；当 $F_n<0,\alpha=0$）	QUICK 格式 （当 $F_w>0,\alpha_w=1$；当 $F_e>0,\alpha_e=1$； 当 $F_w<0,\alpha_w=0$；当 $F_e<0,\alpha_e=0$； 当 $F_s>0,\alpha_s=1$；当 $F_n>0,\alpha_n=1$； 当 $F_s<0,\alpha_s=0$；当 $F_n<0,\alpha_n=0$）
a_W	$D_w+\frac{3}{2}\alpha F_w+\frac{1}{2}\alpha F_e$	$D_w+\frac{6}{8}\alpha_w F_w+\frac{1}{8}\alpha_w F_e+\frac{3}{8}(1-\alpha_w)F_w$

续表

系数	二阶迎风格式 (当 $F_w>0,\alpha=1$; 当 $F_e>0,\alpha=1$; 当 $F_w<0,\alpha=0$; 当 $F_e<0,\alpha=0$; 当 $F_s>0,\alpha=1$; 当 $F_n>0,\alpha=1$; 当 $F_s<0,\alpha=0$; 当 $F_n<0,\alpha=0$)	QUICK 格式 (当 $F_w>0,\alpha_w=1$; 当 $F_e>0,\alpha_e=1$; 当 $F_w<0,\alpha_w=0$; 当 $F_e<0,\alpha_e=0$; 当 $F_s>0,\alpha_s=1$; 当 $F_n>0,\alpha_n=1$; 当 $F_s<0,\alpha_s=0$; 当 $F_n<0,\alpha_n=0$)
a_{WW}	$-\frac{1}{2}\alpha F_w$	$-\frac{1}{8}\alpha_w F_w$
a_E	$D_e-\frac{3}{2}(1-\alpha)F_e-\frac{1}{2}(1-\alpha)F_w$	$D_e-\frac{3}{8}\alpha_e F_e-\frac{6}{8}(1-\alpha_e)F_e-\frac{1}{8}(1-\alpha_e)F_w$
a_{EE}	$\frac{1}{2}(1-\alpha)F_e$	$\frac{1}{8}(1-\alpha_e)F_e$
a_S	$D_s+\frac{3}{2}\alpha F_s+\frac{1}{2}\alpha F_s$	$D_s+\frac{6}{8}\alpha_s F_s+\frac{1}{8}\alpha_s F_n+\frac{3}{8}(1-\alpha_s)F_s$
a_{SS}	$-\frac{1}{2}\alpha F_s$	$-\frac{1}{8}\alpha_s F_s$
a_N	$D_n-\frac{3}{2}(1-\alpha)F_n-\frac{1}{2}(1-\alpha)F_s$	$D_n-\frac{3}{8}\alpha_n F_n-\frac{6}{8}(1-\alpha_n)F_n-\frac{1}{8}(1-\alpha_n)F_s$
a_{NN}	$\frac{1}{2}(1-\alpha)F_n$	$\frac{1}{8}(1-\alpha_n)F_n$

1.2.2.3 三维问题

各种一阶离散格式对三维、稳态、无源项的对流—扩散问题的通用控制方程均能得到式(1.88)。对于高阶情形则如式(1.89)所示。

$$a_P\phi_P=a_W\phi_W+a_E\phi_E+a_S\phi_S+a_N\phi_N+a_B\phi_B+a_T\phi_T \tag{1.88}$$

$$\begin{aligned}a_P\phi_P=&a_W\phi_W+a_{WW}\phi_{WW}+a_E\phi_E+a_{EE}\phi_{EE}+a_S\phi_S+a_{SS}\phi_{SS}\\&+a_N\phi_N+a_{NN}\phi_{NN}+a_B\phi_B+a_{BB}\phi_{BB}+a_T\phi_T+a_{TT}\phi_{TT}\end{aligned} \tag{1.89}$$

式中:对于一阶情形,

$a_P=a_W+a_E+a_S+a_N+a_B+a_T+(F_e-F_w)+(F_n-F_s)+(F_t-F_b)$;

对于高阶情形, $a_P=a_W+a_E+a_{WW}+a_{EE}+a_S+a_N+a_{SS}+a_{NN}+a_B+a_T+a_{BB}+a_{TT}+(F_e-F_w)+(F_n-F_s)+(F_t-F_b)$;

其中的系数 a_W、a_E、a_S、a_N、a_B、a_T、a_{WW}、a_{EE}、a_{SS}、a_{NN}、a_{BB}、a_{TT} 取决于所使用的离散格式。三维问题中心差分格式、一阶迎风格式和混合格式的系数

计算公式汇总于表1.8中；三维问题指数格式和乘方格式的系数计算公式汇总于表1.9中；三维问题高阶情形不同离散格式的系数计算公式汇总于表1.10中。

表1.8　三维问题中心差分格式、一阶迎风格式和混合格式的系数计算公式

系数	中心差分格式	一阶迎风格式	混合格式
a_W	$D_w+\frac{F_w}{2}$	$D_w+\max(F_w,0)$	$\max\left[F_w,\left(D_w+\frac{F_w}{2}\right),0\right]$
a_E	$D_e-\frac{F_e}{2}$	$D_e+\max(0,-F_e)$	$\max\left[-F_e,\left(D_e-\frac{F_e}{2}\right),0\right]$
a_S	$D_s+\frac{F_s}{2}$	$D_s+\max(F_s,0)$	$\max\left[F_s,\left(D_s+\frac{F_s}{2}\right),0\right]$
a_N	$D_n-\frac{F_n}{2}$	$D_n+\max(0,-F_n)$	$\max\left[-F_n,\left(D_n-\frac{F_n}{2}\right),0\right]$
a_B	$D_b+\frac{F_b}{2}$	$D_b+\max(F_b,0)$	$\max\left[F_b,\left(D_b+\frac{F_b}{2}\right),0\right]$
a_T	$D_t-\frac{F_t}{2}$	$D_t+\max(0,-F_t)$	$\max\left[-F_t,\left(D_t-\frac{F_t}{2}\right),0\right]$

表1.9　三维问题指数格式和乘方格式的系数计算公式

系数	指数格式	乘方格式
a_W	$\frac{F_w\exp(F_w/D_w)}{\exp(F_w/D_w)-1}$	$D_w\max[0,(1-0.1\|F_w/D_w\|)^3]+\max[F_w,0]$
a_E	$\frac{F_e}{\exp(F_e/D_e)-1}$	$D_e\max[0,(1-0.1\|F_e/D_e\|)^3]+\max[-F_e,0]$
a_S	$\frac{F_s\exp(F_s/D_s)}{\exp(F_s/D_s)-1}$	$D_s\max[0,(1-0.1\|F_s/D_s\|)^3]+\max[F_s,0]$
a_N	$\frac{F_n}{\exp(F_n/D_n)-1}$	$D_n\max[0,(1-0.1\|F_n/D_n\|)^3]+\max[-F_n,0]$
a_B	$\frac{F_b\exp(F_b/D_b)}{\exp(F_b/D_b)-1}$	$D_b\max[0,(1-0.1\|F_b/D_b\|)^3]+\max[F_b,0]$
a_T	$\frac{F_t}{\exp(F_t/D_t)-1}$	$D_t\max[0,(1-0.1\|F_t/D_t\|)^3]+\max[-F_t,0]$

表 1.10 三维问题高阶情形不同离散格式下系数的计算公式

系数	二阶迎风格式（当 $F_w>0,\alpha=1$；当 $F_e>0,\alpha=1$；当 $F_w<0,\alpha=0$；当 $F_e<0,\alpha=0$；当 $F_s>0,\alpha=1$；当 $F_n>0,\alpha=1$；当 $F_s<0,\alpha=0$；当 $F_n<0,\alpha=0$；当 $F_b>0,\alpha=1$；当 $F_t>0,\alpha=1$；当 $F_b<0,\alpha=0$；当 $F_t<0,\alpha=0$）	QUICK 格式（当 $F_w>0,\alpha_w=1$；当 $F_e>0,\alpha_e=1$；当 $F_w<0,\alpha_w=0$；当 $F_e<0,\alpha_e=0$；当 $F_s>0,\alpha_s=1$；当 $F_n>0,\alpha_n=1$；当 $F_s<0,\alpha_s=0$；当 $F_n<0,\alpha_n=0$；当 $F_b>0,\alpha_b=1$；当 $F_t>0,\alpha_t=1$；当 $F_b<0,\alpha_b=0$；当 $F_t<0,\alpha_t=0$）
a_W	$D_w+\frac{3}{2}\alpha F_w+\frac{1}{2}\alpha F_e$	$D_w+\frac{6}{8}\alpha_w F_w+\frac{1}{8}\alpha_w F_e+\frac{3}{8}(1-\alpha_w)F_w$
a_{WW}	$-\frac{1}{2}\alpha F_w$	$-\frac{1}{8}\alpha_w F_w$
a_E	$D_e-\frac{3}{2}(1-\alpha)F_e-\frac{1}{2}(1-\alpha)F_w$	$D_e-\frac{3}{8}\alpha_e F_e-\frac{6}{8}(1-\alpha_e)F_e-\frac{1}{8}(1-\alpha_e)F_w$
a_{EE}	$\frac{1}{2}(1-\alpha)F_e$	$\frac{1}{8}(1-\alpha_e)F_e$
a_S	$D_s+\frac{3}{2}\alpha F_s+\frac{1}{2}\alpha F_s$	$D_s+\frac{6}{8}\alpha_s F_s+\frac{1}{8}\alpha_s F_n+\frac{3}{8}(1-\alpha_s)F_s$
a_{SS}	$-\frac{1}{2}\alpha F_s$	$-\frac{1}{8}\alpha_s F_s$
a_N	$D_n-\frac{3}{2}(1-\alpha)F_n-\frac{1}{2}(1-\alpha)F_s$	$D_n-\frac{3}{8}\alpha_n F_n-\frac{6}{8}(1-\alpha_n)F_n-\frac{1}{8}(1-\alpha_n)F_s$
a_{NN}	$\frac{1}{2}(1-\alpha)F_n$	$\frac{1}{8}(1-\alpha_n)F_n$
a_B	$D_b+\frac{3}{2}\alpha F_b+\frac{1}{2}\alpha F_b$	$D_b+\frac{6}{8}\alpha_b F_b+\frac{1}{8}\alpha_b F_t+\frac{3}{8}(1-\alpha_b)F_b$
a_{BB}	$-\frac{1}{2}\alpha F_b$	$-\frac{1}{8}\alpha_b F_b$
a_T	$D_t-\frac{3}{2}(1-\alpha)F_t-\frac{1}{2}(1-\alpha)F_b$	$D_t-\frac{3}{8}\alpha_t F_t-\frac{6}{8}(1-\alpha_t)F_t-\frac{1}{8}(1-\alpha_t)F_b$
a_{TT}	$\frac{1}{2}(1-\alpha)F_t$	$\frac{1}{8}(1-\alpha_t)F_t$

1.2.3 建立离散方程应遵循的原则

在利用有限体积法建立离散方程时，必须遵守以下四条基本原则。

1.2.3.1 控制体积界面上的连续性原则

当一个面为相邻的两个控制体积所共有时，在这两个控制体积的离散方程中，通过该界面的通量（包括质量通量、动量通量）的表达式必须相同。即通过某特定界面从一个控制体积所流出的通量，必须等于通过该界面进入相邻控制体积的通量，否则总体平衡就不能得到满足。把通量看作是交界面本身属性，而不是属于特定控制体积，就能避免出现同一界面通量不一致的情况。

1.2.3.2 正系数原则

中心节点系数与相邻节点系数必须恒为正值。该原则是求得合理解的重要保证。当违背这一原则，结果往往是得到物理上不真实的解。例如，如果相邻节点的系数为负值，就可能出现边界温度增加引起的相邻节点温度降低，这是不可能的。

1.2.3.3 源项的负斜率线性化原则

源项斜率为负可以保证正系数原则。从式(1.57)中可以看出，当相邻节点的系数皆为正值，当有源项 S_P 的存在，中心节点系数仍有可能为负值。当 $S_P \leqslant 0$，便可以确保中心节点系数 a_P 为正值。

1.2.3.4 中心节点系数等于相邻节点系数之和原则

当源项为 0 或常数时，中心节点系数就等于相邻节点系数之和，这一原则自然满足。而当源项不为 0 或常数时，各系数不遵守该原则。但是，不能认为这种情况是对该原则的违背，而应该看成是该原则对这种情况不适用。这种情况下，可以设想一种特殊情况来应用该原则，即取 S_P 为 0 时，该原则就可以应用了。

1.3 流场数值计算的 SIMPLE 算法

由连续性方程式(1.1)与动量方程式(1.2)可以写出二维不可压缩层流稳定运动的基本控制方程。

连续性方程：

$$\frac{\partial \rho}{\partial t}+\frac{\partial(\rho u)}{\partial x}+\frac{\partial(\rho v)}{\partial y}=0 \tag{1.90}$$

x 方向动量方程

$$\frac{\partial(\rho u)}{\partial t}+\frac{\partial(\rho u u)}{\partial x}+\frac{\partial(\rho u v)}{\partial y}=F_x-\frac{\partial p}{\partial x}+\mu \frac{\partial^2 u}{\partial x^2}+\mu \frac{\partial^2 u}{\partial y^2} \tag{1.91}$$

y 方向动量方程

$$\frac{\partial(\rho v)}{\partial t}+\frac{\partial(\rho v u)}{\partial x}+\frac{\partial(\rho v v)}{\partial y}=F_y-\frac{\partial p}{\partial y}+\mu \frac{\partial^2 v}{\partial x^2}+\mu \frac{\partial^2 v}{\partial y^2} \tag{1.92}$$

从式(1.90)、式(1.91)与式(1.92)可以看出，动量方程中包含非线性项。每个速度分量既出现在动量方程中，也出现在连续性方程中。压强出现在动量方程中，而在连续性方程中没有出现。因此，求解该基本方程组比较困难。目前广泛采用的是求解原始变量 u、v、p 的分离式解法，顺序地、逐个地求解各变量代数方程组，而不是联立求解方程组的耦合式解法。

原始变量的分离式解法常用的有压力泊松方程法、人为压缩法和压力修正法。目前工程上使用最为广泛的流场数值计算方法是压力修正法。压力修正法的实质是迭代法。在每一时间步长的运算中，先给出压强场的初始猜测值，据此求出猜测的速度场。再求解根据连续性方程导出的压强修正方程，对猜测的压强场和速度场进行修正。如此循环往复，可得出压强场和速度场的收敛解。

压力修正法有多种实现形式，其中 Patankar 和 Spalding 于 1972 年提出的求解压强耦合方程组的半隐式方法(Semi-Implicit Method for Pressure-Linked Equations，SIMPLE)算法应用最为广泛，也是各种商用 CFD 软件普遍采纳的算法。在这种算法中，流过每个单元面上的对流通量是根据所谓的“猜测”速度来估算的。首先使用一个猜测的压强场来解动量方程，得到速度场；接着求解通过连续性方程所建立的压强修正方程，得到压强场的修正值；然后利用压强修正值更新速度场和压强场；最后检查结果是否收敛，若不收敛，以得到的压强场作为新的猜测压强场，重复该过程。为了启动该迭代过程，需要提出初始的、带有猜测性的压强场和速度场。随着迭代的进行，这些猜测的压强场和速度场不断改善，所得到的压强与速度值逐渐逼近真解。

1.3.1 交错网格

所谓交错网格，是指将速度分量与压强在不同的网格系统上离散。交错网格是 SIMPLE 算法实现的基础。表面上看，将速度与压强这个标量在同一空间位置进行定义和存储是可行的，但是对于任意给定的一个控制体积，如果将速度与压强在同样的节点上定义和存储，即把 u、v、w、p 存储于同一套网格节点上，则有可能出现这样的情况：一个高度非均匀的压强场（如棋盘形压强场）在离散后的动量方程中的作用，与均匀压强场的作用一致，因此，有必要将速度与压强存储在不同的网格系统中。

应用交错网格，将标量（如压强、温度等）在正常的网格节点上存储和计算，而将速度的各分量分别在错位后的网格上存储和计算，错位网格的中心位于原控制体积的界面上。对于二维问题，就有三套不同的网格系统，分别用于存储 p、u、v；而对于三维问题，就有四套不同的网格系统，分别用于存储 p、u、v、w。

二维流动计算交错网格下的控制体积如图 1.9 所示。主控制体积为求解压强 p 的控制体积，称为标量控制体积或 p 控制体积。主控制体积的节点 P 称为主节点或标量节点，如图 1.9(a)所示。速度 u 在主控制体积的界面 e 和 w 上定义和存储，速度 v 在主控制体积的界面 s 和 n 上定义和存储，u 和 v 各自的控制体积则分别以速度所在位置（界面 e 和 n）为中心，分别称为 u 控制体积和 v 控制体积，如图 1.9(b)和 1.9(c)所示。可以看出，u 控制体积和 v 控制体积与主控制体积不一致，u 控制体积与主控制体积在 x 方向上有半个网格步长的错位，而 v 控制体积与主控制体积在 y 方向上有半个网格步长的错位。

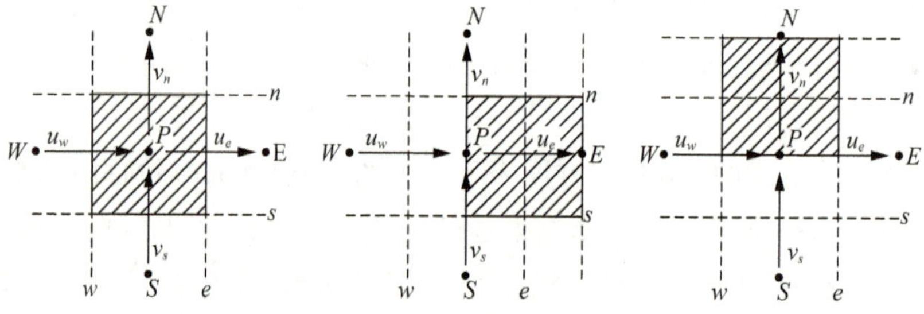

(a) 主控制体符号　(b) u 控制体积　(c) v 控制体积

图 1.9　二维流动计算交错网格下的控制体积

1.3.2 二维稳态问题动量方程的离散

基于图 1.10 所示的交错网格说明二维稳态问题动量方程的离散过程。

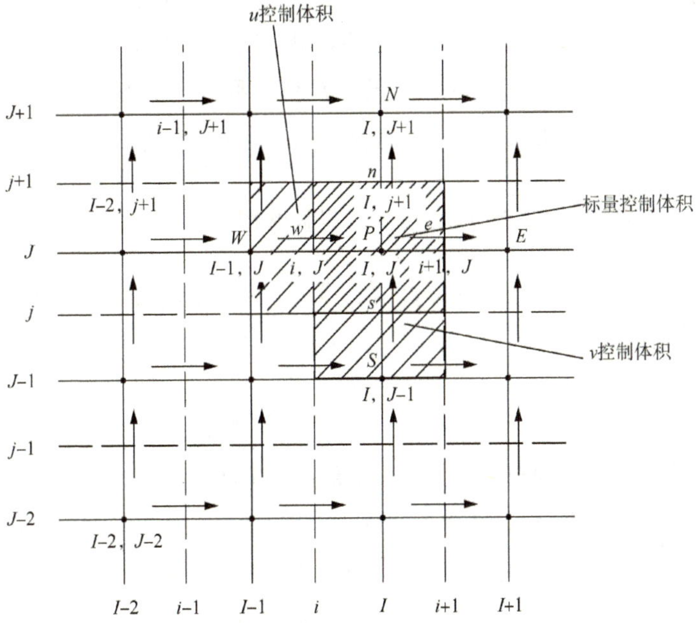

图 1.10 交错网格及其编码系统

在图 1.10 中，实线表示原始的计算网格线，实心小圆点表示计算节点(即主控制体积的中心)，虚线表示主控制体积的界面。实线所表示的网格线用大写字母标识，如在 x 方向上各条实竖线的号码分别是…，$I-1, I, I+1$，…，在 y 方向上各条实竖线的号码分别是…，$J-1, J, J+1$，…。用于限定各标量控制体积界面的虚线用小写字母标识，如在 x 方向上各条虚竖线的号码分别是…，$i-1, i, i+1$，…，在 y 方向上各条虚竖线的号码分别是…，$j-1, j, j+1$，…。这样就可以准确地表示任何一个网格节点和控制体积界面地位置。用于存储标量的节点，是两条网格线(实线)的交点，用两个大写字母表示，如图 1.10 中的 P 点就可用(I,J)表示。在标量节点(I,J)上定义并存储压强 $p_{I,J}$，包围标量节点(I,J)的矩形区域是标量控制体积。u 速度存储在标量控制体积的 e 界面和 w 界面上，这些位置是标量控制体积界面线与网格线的交点，称该位置为 u 速度节点，由一小写字母和一大写字母组合来表示，包围 u 速度节点 (i,J) 的矩形区域为 u 控制体积。同样，v 速度存储位置为 v 速度节点，由一大写字母和一小写字母组合来表示，包围 v 速度节点 (I,j) 的矩形区域为 v 控制体积。

图 1.10 所示的均匀网格是向后错位的，因为 u 速度的 i 位置到标量节点 (I,J) 的距离是 $-1/2\delta x_u$；同样，v 速度的 j 位置到标量节点 (I,J) 的距离是 $-1/2\delta y_v$。实际上也可以使用向前错位，如图 1.9 所示。

在使用交错网格后，生成 u 和 v 两个动量方程的离散方程时，主要的变化是积分用的控制体积不再是原来的主控制体积，而是 u 控制体积和 v 控制体积，同时压强梯度项从源项中分离出来。对 u 控制体积，该项积分为 $\int_{y_j}^{y_{j+1}}\int_{x_{I-1}}^{x_I} -\frac{\partial p}{\partial x}\mathrm{d}x\mathrm{d}y \cong (p_{I-1,J}-p_{I,J})A_{i,J}$。从而可写出在位置 (i,J) 处的关于速度 $ux_{i,J}$ 动量方程的离散形式：

$$a_{i,J}u_{i,J}=\sum a_{nb}u_{nb}+(p_{I-1,J}-p_{I,J})A_{i,J}+b_{i,J} \tag{1.93}$$

式中：$A_{i,J}$ 是 u 控制体积的界面 e 或界面 w 的面积，在二维问题中就是 $A_{i,J}=\Delta y=y_{j+1-}\ y_j$；$b_{i,J}$ 为 u 动量方程的源项部分（不包括压强），对于稳态问题，基于式(1.91)中源项 F_x 进行线性化处理 $F_x=F_{xC}+F_{xP}u_P$，则有 $b_{i,J}=F_{xC}\Delta V_u$，其中 ΔV_u 为 u 控制体积，$a_{i,J}=\sum a_{nb}+(F_e-F_w)+(F_n-F_s)+F_{xP}\Delta V_u$。

$\sum a_{nb}u_{nb}$ 包含的四个邻点是 $(i-1,J)$、$(i+1,J)$、$(i,J+1)$ 和 $(i,J-1)$，如图 1.11 所示。图 1.11 中 u 控制体积与图 1.10 是一致的，但是图 1.11 中 u 控制体积的中心也用 P 标记，其界面也用 e、w、n、s 来标记，与图 1.10 中的同名标记并不是同一位置。系数 a_{nb} 取决于所采用的离散格式，表 1.5、表 1.6 给出了与不同的一阶离散格式相对应的系数 a_W、a_E、a_S、a_N 的计算式，其中对流质量流量 F 与扩散传导性 D 的计算式按照本节编号系统应为：

$$F_w=(\rho u)_w=\frac{F_{i,J}+F_{i-1,J}}{2}=\frac{1}{2}\left(\frac{\rho_{I,J}+\rho_{I-1,J}}{2}u_{i,J}+\frac{\rho_{I-1,J}+\rho_{I-2,J}}{2}u_{i-1,J}\right) \tag{1.94a}$$

$$F_e=(\rho u)_e=\frac{F_{i+1,J}+F_{i,J}}{2}=\frac{1}{2}\left(\frac{\rho_{I+1,J}+\rho_{I,J}}{2}u_{i+1,J}+\frac{\rho_{I,J}+\rho_{I-1,J}}{2}u_{i,J}\right) \tag{1.94b}$$

$$F_s = (\rho v)_s = \frac{F_{I,j} + F_{I-1,j}}{2} = \frac{1}{2}\left(\frac{\rho_{I,J} + \rho_{I,J-1}}{2} v_{I,j} + \frac{\rho_{I-1,J} + \rho_{I-1,J-1}}{2} v_{I-1,j}\right) \tag{1.94c}$$

$$F_n = (\rho v)_n = \frac{F_{I,j+1} + F_{I-1,j+1}}{2} = \frac{1}{2}\left(\frac{\rho_{I,J+1} + \rho_{I,J}}{2} v_{I,j+1} + \frac{\rho_{I-1,J+1} + \rho_{I-1,J}}{2} v_{I-1,j+1}\right) \tag{1.94d}$$

$$D_w = \frac{\Gamma_{I-1,J}}{x_i - x_{i-1}} \tag{1.94e}$$

$$D_e = \frac{\Gamma_{I,J}}{x_{i+1} - x_i} \tag{1.94f}$$

$$D_s = \frac{\Gamma_{I-1,J} + \Gamma_{I,J} + \Gamma_{I-1,J-1} + \Gamma_{I,J-1}}{4(y_J - y_{J-1})} \tag{1.94g}$$

$$D_n = \frac{\Gamma_{I-1,J+1} + \Gamma_{I,J+1} + \Gamma_{I-1,J} + \Gamma_{I,J}}{4(y_{J+1} - y_J)} \tag{1.94h}$$

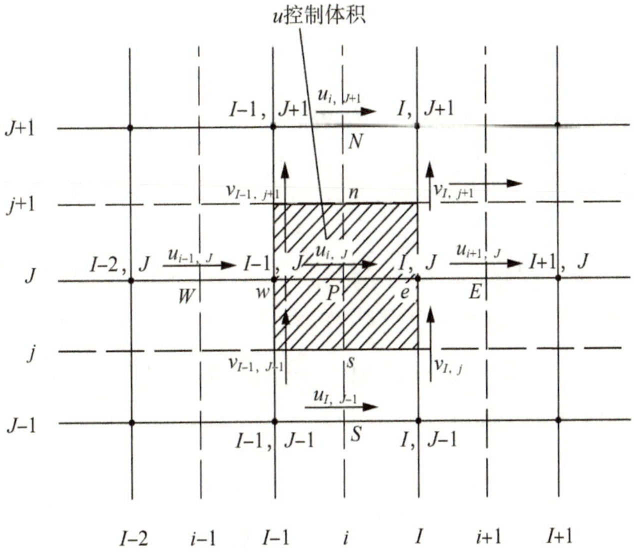

图 1.11　u 控制体积及其邻点的速度分量

采用交错网格对动量方程离散时，涉及不同的控制体积，不同的物理量分别在各自相应的控制体积的节点上定义和存储，例如密度是在标量控制体积的节点上存储的，如图 1.11 中的标量节点(I,J)；而速度分量却是在错位后的速度控制体积的节点上存储的，如图 1.11 中的速度节点(i,J)，从而在速度节点处不存在密度值，而在标量节点处找不到速度值。当在某个确定位置处的某个复合物理量，如对流质量通量 F，同时需要该处的密度和速度时，就很难实现，为此，需要在计算过程中通过插值来解决，即根据周边最近邻点的信息，使用二点或四点平均的办法来处理。

在每次迭代过程中，用于估计上述各表达式的速度分量 u 和速度分量 v 是上次迭代后的数值(在首次迭代时为初始猜测值)。

式(1.94)中的线性插值是基于均匀网格的，若网格不均匀的，应将式(1.94)中系数 2 或 4 改为相应的网格长度或宽度值的组合。例如，对于不均匀网格上的 F_w，按式(1.95)计算。

$$\begin{aligned}F_w=(\rho u)_w&=\frac{x_i-x_{I-1}}{x_i-x_{i-1}}F_{i,J}+\frac{x_{I-1}-x_{i-1}}{x_i-x_{i-1}}F_{i-1,J}\\&=\frac{x_i-x_{I-1}}{x_i-x_{i-1}}\left(\frac{x_I-x_i}{x_I-x_{I-1}}\rho_{I,J}+\frac{x_i-x_{I-1}}{x_I-x_{I-1}}\rho_{I-1,J}\right)u_{i,J}\\&+\frac{x_{I-1}-x_{i-1}}{x_i-x_{i-1}}\left(\frac{x_{I-1}-x_{i-1}}{x_{I-1}-x_{I-2}}\rho_{I-1,J}+\frac{x_{i-1}-x_{I-2}}{x_{I-1}-x_{I-2}}\rho_{I-2,J}\right)u_{i-1,J}\end{aligned}\tag{1.95}$$

按上述同样的方式，可以写出在位置(I,j)处关于速度 $v_{I,j}$ 离散动量方程：

$$a_{I,j}v_{I,j}=\sum a_{nb}v_{nb}+(p_{I,J-1}-p_{I,J})A_{I,j}+b_{I,j}\tag{1.96}$$

式中：$\sum a_{nb}u_{nb}$ 包含的四个邻点是$(I-1,j)$、$(I+1,j)$、$(I,j+1)$和$(I,j-1)$，如图 1.12 所示。

在系数 $a_{I,j}$ 和 a_{nb} 中，同样包括在 v 控制体积界面上的对流质量流量 F 与扩散传导性 D，计算公式如下：

$$F_w=(\rho u)_w=\frac{F_{i,J}+F_{i,J-1}}{2}=\frac{1}{2}\left(\frac{\rho_{I,J}+\rho_{I-1,J}}{2}u_{i,J}+\frac{\rho_{I-1,J-1}+\rho_{I,J-1}}{2}u_{i,J-1}\right)\tag{1.97a}$$

$$F_e=(\rho u)_e=\frac{F_{i+1,J}+F_{i+1,J-1}}{2}=\frac{1}{2}\left(\frac{\rho_{I+1,J}+\rho_{I,J}}{2}u_{i+1,J}+\frac{\rho_{I,J-1}+\rho_{I+1,J-1}}{2}u_{i+1,J-1}\right)\tag{1.97b}$$

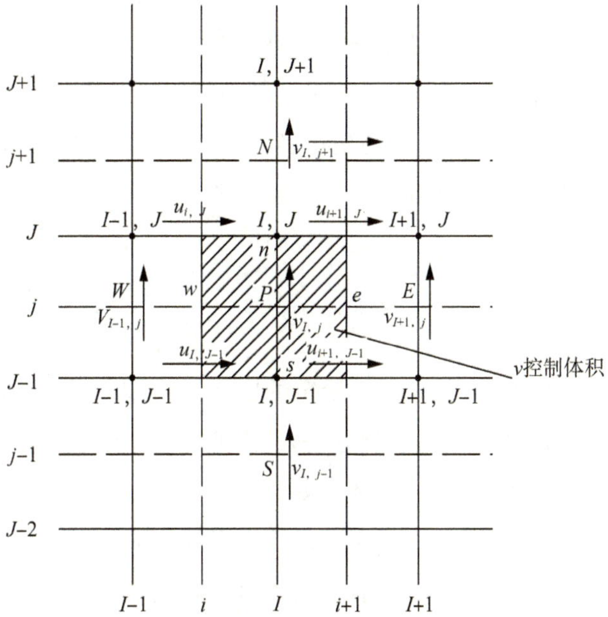

图 1.12　v 控制体积及其邻点的速度分量

$$F_s=(\rho v)_s=\frac{F_{I,j-1}+F_{I,j}}{2}=\frac{1}{2}\left(\frac{\rho_{I,J-1}+\rho_{I,J-2}}{2}v_{I,j-1}+\frac{\rho_{I,J}+\rho_{I,J-1}}{2}v_{I,j}\right)\tag{1.97c}$$

$$F_n=(\rho v)_n=\frac{F_{I,j}+F_{I,j+1}}{2}=\frac{1}{2}\left(\frac{\rho_{I,J}+\rho_{I,J-1}}{2}v_{I,j}+\frac{\rho_{I,J+1}+\rho_{I,J}}{2}v_{I,j+1}\right)\tag{1.97d}$$

$$D_w=\frac{\Gamma_{I-1,J-1}+\Gamma_{I,J-1}+\Gamma_{I-1,J}+\Gamma_{I,J}}{4(x_I-x_{I-1})}\tag{1.97e}$$

$$D_e=\frac{\Gamma_{I,J-1}+\Gamma_{I+1,J-1}+\Gamma_{I,J}+\Gamma_{I+1,J}}{4(x_{I+1}-x_I)}\tag{1.97f}$$

$$D_s=\frac{\Gamma_{I,J-1}}{y_j-y_{j-1}}\tag{1.97g}$$

$$D_n=\frac{\Gamma_{I,J}}{y_{j+1}-y_j}\tag{1.97h}$$

同样，在每个迭代层次上，用于估计上述各表达式的 u 和 v 均取上一次迭代后的数值(在首次迭代时是初始猜测值)。给定一个压强场 p，便可根据每个 u 控制体积和 v 控制体积写出式(1.93)和式(1.96)所示的动量方程的离散方程，并可从中求解速度场。如果压强场是正确的，所得到的速度场将满足连续性方程。但压强场是未知时，必须寻求计算压强场的方法。

1.3.3 SIMPLE 算法

SIMPLE 算法的基本思想：对于给定的压强场(可以是假定值，或是上次迭代计算结果)，求解离散形式的动量方程，得出速度场。因为压强场是假定的或不精确的，由此得到的速度场一般不满足连续性方程，因此，必须对给定的压强场加以修正。修正的原则是：与修正后的压强场相对应的速度场能满足这一迭代层次上的连续性方程。据此原则，把由动量方程离散形式所规定的压强和速度的关系代入连续性方程的离散形式，从而得到压强修正方程，由压强修正方程得到压强修正值。接着根据修正后的压强场，求得新的速度场，然后检查速度场是否收敛。若不收敛，用修正后的压强值作为给定的压强场，开始下一层次的计算。如此反复，直到获得收敛解。

在上述求解过程中，如何获得压强修正值(即如何构造压强修正方程)以及如何根据压强修正值确定"正确"的速度(即如何构造速度修正方程)，是 SIMPLE 算法的两个关键问题。

1.3.3.1 速度修正方程

考察笛卡尔坐标系下的二维稳态层流问题。设有初始的猜测压强场 p^*，从而可求解动量方程的离散方程，得到相应的速度分量 u^* 和 v^*。

根据式(1.93)和式(1.96)，有：

$$a_{i,J}u_{i,J}^* = \sum a_{nb}u_{nb}^* + (p_{I-1,J}^* - p_{I,J}^*)A_{i,J} + b_{i,J} \tag{1.98}$$

$$a_{I,j}v_{I,j}^* = \sum a_{nb}v_{nb}^* + (p_{I,J-1}^* - p_{I,J}^*)A_{I,j} + b_{I,j} \tag{1.99}$$

定义压强修正值 p' 为正确的压强场 p 与猜测的压强场 p^* 之差，有：

$$p = p^* + p' \tag{1.100}$$

同样,定义速度修正值 u' 和 v',从而可建立正确的速度值 u、v 与猜测的速度值 u^* 和 v^* 的关系,有:

$$u = u^* + u' \tag{1.101}$$

$$v = v^* + v' \tag{1.102}$$

将式(1.93)减去式(1.98)、式(1.96)减去式(1.99),并假定源项不变,有:

$$a_{i,J}(u_{i,J} - u_{i,J}^*) = \sum a_{nb}(u_{nb} - u_{nb}^*) + [(p_{I-1,J} - p_{I-1,J}^*) - (p_{I,J} - p_{I,J}^*)]A_{i,J} \tag{1.103}$$

$$a_{I,j}(v_{I,J} - v_{I,j}^*) = \sum a_{nb}(v_{nb} - v_{nb}^*) + [(p_{I,J-1} - p_{I,J-1}^*) - (p_{I,J} - p_{I,J}^*)]A_{I,j} \tag{1.104}$$

应用式(1.100)、式(1.101)与式(1.102),则有:

$$a_{i,J}u'_{i,J} = \sum a_{nb}u'_{nb} + (p'_{I-1,J} - p'_{I,J})A_{i,J} \tag{1.105}$$

$$a_{I,j}v'_{I,j} = \sum a_{nb}v'_{nb} + (p'_{I,J-1} - p'_{I,J})A_{I,j} \tag{1.106}$$

从式(1.105)与式(1.106)可以看出,由压强修正值 p' 可求出速度修正值 u' 与 v'。还可以看出,任一点上速度的修正值由两部分组成,一部分是与该速度在同一方向上的相邻两节点间压强修正值之差,这是产生速度修正值的直接动力;另一部分是由邻点速度修正值所引起的,这又可以视为四周压强修正值对所讨论位置上速度改进的间接影响。

为了简化式(1.105)与式(1.106)的求解过程,略去方程中与速度修正值相关的 $\sum a_{nb}u'_{nb}$ 和 $\sum a_{nb}v'_{nb}$(这是 SIMPLE 算法的重要特征)。于是有:

$$u'_{i,J} = d_{i,J}(p'_{I-1,J} - p'_{I,J}) \tag{1.107}$$

$$v'_{I,j} = d_{I,j}(p'_{I,J-1} - p'_{I,J}) \tag{1.108}$$

式中:$d_{i,J} = \dfrac{A_{i,J}}{a_{i,J}}$;$d_{I,j} = \dfrac{A_{I,j}}{a_{I,j}}$。

将式(1.107)与式(1.108)代入式(1.101)与式(1.102),有:

$$u_{i,J}=u_{i,J}^{*}+d_{i,J}(p'_{I-1,J}-p'_{I,J})\tag{1.109}$$

$$v_{I,j}=v_{I,j}^{*}+d_{I,j}(p'_{I,J-1}-p'_{I,J})\tag{1.110}$$

对于 $u_{i+1,J}$ 和 $v_{I,j+1}$ 存在类似的表达式：

$$u_{i+1,J}=u_{i+1,J}^{*}+d_{i+1,J}(p'_{I,J}-p'_{I+1,J})\tag{1.111}$$

$$v_{I,j+1}=v_{I,j+1}^{*}+d_{I,j+1}(p'_{I,J}-p'_{I,J+1})\tag{1.112}$$

式中：$d_{i+1,J}=\dfrac{A_{i+1,J}}{a_{i+1,J}}$；$d_{I,j+1}=\dfrac{A_{I,j+1}}{a_{I,j+1}}$。

式(1.109)～式(1.112)表明，如果已知压强修正值 p'，便可对猜测的速度场 u^* 与 v^* 进行相应的速度修正，得到正确的速度场 u 和 v。

1.3.3.2 压强修正方程

对于二维稳态问题，连续性方程为：

$$\frac{\partial(\rho u)}{\partial x}+\frac{\partial(\rho v)}{\partial y}=0\tag{1.113}$$

针对图 1.13 所示的标量控制体积，连续性方程式(1.113)满足如下离散形式：

$$[(\rho uA)_{i+1,J}-(\rho uA)_{i,J}]+[(\rho vA)_{I,j+1}-(\rho vA)_{I,j}]=0\tag{1.114}$$

将式(1.109)～式(1.112)代入式(1.114)，有：

$$\begin{aligned}&\{\rho_{i+1,J}A_{i+1,J}[u_{i+1,J}^{*}+d_{i+1,J}(p'_{I,J}-p'_{I+1,J})]\\&-\rho_{i,J}A_{i,J}[u_{i,J}^{*}+d_{i,J}(p'_{I-1,J}-p'_{I,J})]\}\\&+\{\rho_{I,j+1}A_{I,j+1}[v_{I,j+1}^{*}+d_{I,j+1}(p'_{I,J}-p'_{I,J+1})]\\&-\rho_{I,j}A_{I,j}[v_{I,j}^{*}+d_{I,j}(p'_{I,J-1}-p'_{I,J})]\}=0\end{aligned}\tag{1.115}$$

整理后得：

$$a_{I,J}p'_{I,J}=a_{I+1,J}p'_{I+1,J}+a_{I-1,J}p'_{I-1,J}+a_{I,J+1}p'_{I,J+1}+a_{I,J-1}p'_{I,J-1}+b'_{I,J}\tag{1.116}$$

式中：$a_{I+1,J}=(\rho dA)_{i+1,J}$

$$a_{I-1,J}=(\rho dA)_{i,J}$$
$$a_{I,J+1}=(\rho dA)_{I,j+1}$$
$$a_{I,J-1}=(\rho dA)_{I,j}$$
$$a_{I,J}=a_{I+1,J}+a_{I-1,J}+a_{I,J+1}+a_{I,J-1}$$
$$b'_{I,J}=(\rho u^{*}A)_{i,J}-(\rho u^{*}A)_{i+1,J}+(\rho v^{*}A)_{I,j}-(\rho v^{*}A)_{I,j+1}$$

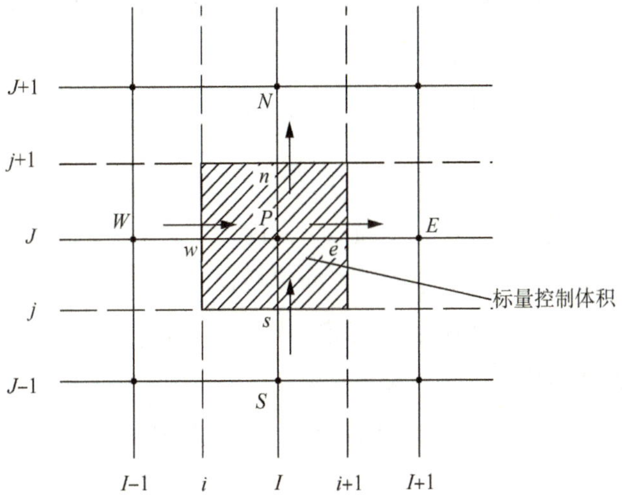

图 1.13　用于离散连续性方程的标量控制体积

式(1.116)表示连续性方程的离散方程，即压强修正值 p' 的离散方程。方程中的源项 b' 是由不正确的速度场 u^* 与 v^* 所导致的"连续性"不平衡量。通过求解方程式(1.116)，可得到空间所有位置的压强修正值 p'。

如同处理式(1.94)中的密度一样，式(1.116)中的密度是标量控制体积上的密度值，同样需要通过插值得到，这是因为密度是在标量控制体积中的节点定义和存储的，在标量控制体积界面上不存在可直接引用的值。无论采用何种插值方法，对于交界面所属的两个控制体积，必须采用同样的密度值。

为了求解方程式(1.116)，还必须对压强修正值的边界条件作出说明。实际上，压强修正方程是动量方程和连续性方程的派生物，不是基本方程，故其边界条件也与动量方程的边界条件相联系。在一般的流场计算中，动量方程的边界条件通常有两类：一类是已知边界上的压强(速度未知)；另一类是已知边界法向的速度分量。若已知边界压强 $\bar{p}$，可在该段边界上令 $p^*=\bar{p}$，则该段边界上的压强修正值为 0。若已知边界上的法向速度，在设计网格时，可令控制体积的界面与边界相一致，这样控制体积界面上的速度为已知。

1.3.3.3 加快迭代过程收敛的欠松弛处理

由于 SIMPLE 算法在压强修正方程中略去了 $\sum a_{nb}u'_{nb}$ 和 $\sum a_{nb}v'_{nb}$，影响了计算过程的收敛速度，甚至导致迭代过程发散。为了加快迭代过程收敛，可以对压强和速度的修正值作欠松弛处理。

应用欠松弛处理后的压强按如下公式计算：

$$p^{new}=p^{*}+\alpha_{p}p' \tag{1.117}$$

式中：p^{new} 作为当前迭代层次的压强值来使用；α_p 是压强欠松弛因子，取值范围为 0～1。α_p 的取值越接近 0，越能保证获得稳定的解，但收敛速度越慢；取值越接近 1，收敛速度越快，但越难得到稳定的解。因此，一般先试取 0.8，然后通过试算找到与所求解问题最合适的 α_p。

对速度一般也要作欠松弛处理，迭代改进后的速度分量 u^{new} 和 v^{new} 计算如下：

$$u^{new}=\alpha_{u}u+(1-\alpha_{u})u^{(n-1)} \tag{1.118}$$

$$v^{new}=\alpha_{v}v+(1-\alpha_{v})v^{(n-1)} \tag{1.119}$$

式中：α_u 与 α_v 分别是速度 u 和 v 的欠松弛因子，取值范围均为 0～1。u 和 v 是没有经欠松弛处理得到的修正后的速度。$u^{(n-1)}$ 与 $v^{(n-1)}$ 表示上次迭代后的速度值。

在经过一定的代数运算后，可以得到欠松弛条件下的 u 和 v 动量方程的离散方程：

$$\frac{a_{i,J}}{\alpha_u}u_{i,J}=\sum a_{nb}u_{nb}+(p_{I-1,J}-p_{I,J})A_{i,J}+b_{i,J}+\left[(1-\alpha_u)\frac{a_{i,J}}{\alpha_u}\right]u_{i,J}^{(n-1)} \tag{1.120}$$

$$\frac{a_{I,j}}{\alpha_v}v_{I,j}=\sum a_{nb}v_{nb}+(p_{I,J-1}-p_{I,J})A_{I,j}+b_{I,j}+\left[(1-\alpha_v)\frac{a_{I,j}}{\alpha_v}\right]v_{I,j}^{(n-1)} \tag{1.121}$$

速度的欠松弛处理也要影响到压强修正方程,其中的系数 d 变为:

$$d_{i,J}=\frac{A_{i,J}\alpha_u}{a_{i,J}} \tag{1.122}$$

$$d_{i+1,J}=\frac{A_{i+1,J}\alpha_u}{a_{i+1,J}} \tag{1.123}$$

$$d_{I,j}=\frac{A_{I,j}\alpha_v}{a_{I,j}} \tag{1.124}$$

$$d_{I,j+1}=\frac{A_{I,j+1}\alpha_v}{a_{I,j+1}} \tag{1.125}$$

选择一个比较准确的欠松弛因子,对流动计算的效率有着至关重要的影响。过大的值可能导致解的振荡或发散,过小的值可能导致解的收敛比较慢。由于合理的欠松弛因子取决于所要解决的流动问题,因此目前还没有一种办法找出最优的欠松弛因子,只能通过计算试验检验取值。一般可以初选速度的欠松弛因子为 0.5,然后进行试验,观察迭代收敛情况,最终选定所要解决的流动问题的欠松弛因子。

1.3.4 SIMPLEC 算法

SIMPLEC 是英文 SIMPLE Consistent 的缩写,是 SIMPLE 算法的一种改进算法,由 Van Doormal 和 Raithby 提出。

在 SIMPLE 算法中,为了方便,略去了 $\sum a_{nb}u'_{nb}$ 和 $\sum a_{nb}v'_{nb}$,虽然不影响收敛解的值,但加重了修正值 p' 的负担,使得整个速度场迭代收敛速度降低。为此,在式(1.105)等号两端同时减去 $\sum a_{nb}u'_{i,J}$,则有:

$$(a_{i,J}-\sum a_{nb})u'_{i,J}=\sum a_{nb}(u'_{nb}-u'_{i,J})+(p'_{I-1,J}-p'_{I,J})A_{i,J} \tag{1.126}$$

因为 $u'_{i,J}$ 与其邻点修正值 u'_{nb} 具有相同的量级,因而略去 $\sum a_{nb}(u'_{nb}-u'_{i,J})$ 所产生的影响远比式(1.105)中不计 $\sum a_{nb}u'_{nb}$ 所产生的影响要小得多。

从而式(1.107)和式(1.109)中的 d 表达式为：

$$d_{i,J}=\frac{A_{i,J}}{a_{i,J}-\sum a_{nb}} \tag{1.127}$$

式(1.108)和式(1.110)中的 d 表达式为：

$$d_{I,j}=\frac{A_{I,j}}{a_{I,j}-\sum a_{nb}} \tag{1.128}$$

由于 SIMPLEC 算法没有像 SIMPLE 算法将 $\sum a_{nb}u'_{nb}$ 和 $\sum a_{nb}v'_{nb}$ 忽略，因此得到的压强修正值 p' 一般是比较合适的，因此 SIMPLEC 算法中可不再对 p' 进行欠松弛处理，不过适当选取一个稍小于 1 的欠松弛因子对 p' 进行欠松弛处理，对加快迭代过程中解的收敛也是有效的。

1.3.5 PISO 算法

PISO(Pressure Implicit with Splitting of Operators)算法是压强的隐式算子分割算法，由 Issa 于 1986 年提出，为三步算法，包含一个预测步和两个修正步，在完成第一步修正得到(u、v、p)后寻求二次改进值。而 SIMPLE 算法和 SIMPLEC 算法为两步算法，包含一个预测步和一个修正步。PISO 算法可以加快单个迭代步中的收敛速度。

1.3.5.1 预测步

使用与 SIMPLE 算法相同的方法，利用猜测的压强场 p^*，根据式(1.98)和式(1.99)求解动量离散方程，得到速度分量 u^*、v^*。

1.3.5.2 第一修正步

所得到的速度场(u^*，v^*)一般不满足连续性方程。先引入 SIMPLE 算法的修正步，给出一个速度场(u^{**}，v^{**})，使其满足连续性方程。考虑到 PISO 算法还有第二个修正步，使用如下记法：

$$p^{**}=p^*+p' \tag{1.129}$$

$$u^{**}=u^{*}+u' \tag{1.130}$$

$$v^{**}=v^{*}+v' \tag{1.131}$$

从而有速度 u^{**} 与 v^{**}：

$$u_{i,J}^{**}=u_{i,J}^{*}+d_{i,J}(p'_{I-1,J}-p'_{I,J}) \tag{1.132}$$

$$v_{I,j}^{**}=v_{I,j}^{*}+d_{I,j}(p'_{I,J-1}-p'_{I,J}) \tag{1.133}$$

将式(1.132)与式(1.133)代入连续性方程式(1.114)，将产生与式(1.116)具有相同系数与源项的压强修正方程。求解该方程，得到第一个压强修正值 p'。当压强修正值已知，就可通过式(1.132)与式(1.133)求得 u^{**} 与 v^{**}。

1.3.5.3 第二修正步

u^{**} 与 v^{**} 的动量离散方程：

$$a_{i,J}u_{i,J}^{**}=\sum a_{nb}u_{nb}^{*}+(p_{I-1,J}^{**}-p_{I,J}^{**})A_{i,J}+b_{i,J} \tag{1.134}$$

$$a_{I,j}v_{I,j}^{**}=\sum a_{nb}v_{nb}^{*}+(p_{I,J-1}^{**}-p_{I,J}^{**})A_{I,j}+b_{I,j} \tag{1.135}$$

再次求解动量方程，可以得到两次修正的速度场（u^{***}，v^{***}）：

$$a_{i,J}u_{i,J}^{***}=\sum a_{nb}u_{nb}^{**}+(p_{I-1,J}^{***}-p_{I,J}^{***})A_{i,J}+b_{i,J} \tag{1.136}$$

$$a_{I,j}v_{I,j}^{***}=\sum a_{nb}v_{nb}^{**}+(p_{I,J-1}^{***}-p_{I,J}^{***})A_{I,j}+b_{I,j} \tag{1.137}$$

将式(1.136)减去式(1.134)，将式(1.137)减去式(1.135)，可以得到：

$$u_{i,J}^{***}=u_{i,J}^{**}+\frac{\sum a_{nb}(u_{nb}^{**}-u_{nb}^{*})}{a_{i,J}}+d_{i,J}(p''_{I-1,J}-p''_{I,J}) \tag{1.138}$$

$$v_{I,j}^{***}=v_{I,j}^{**}+\frac{\sum a_{nb}(v_{nb}^{**}-v_{nb}^{*})}{a_{I,j}}+d_{I,j}(p''_{I,J-1}-p''_{I,J}) \tag{1.139}$$

式中：p'' 是压强的二次修正值。从而 p^{***} 可表示为：

$$p^{***}=p^{**}+p'' \tag{1.140}$$

将式(1.138)与式(1.139)代入连续性方程式(1.114)，可以得到：

$$a_{I,J}p''_{I,J}=a_{I+1,J}p''_{I+1,J}+a_{I-1,J}p''_{I-1,J}+a_{I,J+1}p''_{I,J+1}+a_{I,J-1}p''_{I,J-1}+b''_{I,J} \tag{1.141}$$

式中：$a_{I+1,J}=(\rho dA)_{i+1,J}$

$a_{I-1,J}=(\rho dA)_{i,J}$

$a_{I,J+1}=(\rho dA)_{I,j+1}$

$a_{I,J-1}=(\rho dA)_{I,j}$

$a_{I,J}=a_{I+1,J}+a_{I-1,J}+a_{I,J+1}+a_{I,J-1}$

$$b''_{I,J}=\left(\frac{\rho A}{a}\right)_{i,J}\sum a_{nb}(u_{nb}^{**}-u_{nb}^{*})-\left(\frac{\rho A}{a}\right)_{i+1,J}\sum a_{nb}(u_{nb}^{**}-u_{nb}^{*})$$
$$+\left(\frac{\rho A}{a}\right)_{I,j}\sum a_{nb}(v_{nb}^{**}-v_{nb}^{*})-\left(\frac{\rho A}{a}\right)_{I,j+1}\sum a_{nb}(v_{nb}^{**}-v_{nb}^{*})$$

求解式(1.141)，可得到二次压强修正值 p''，从而可得到二次修正后的压强场：

$$p^{***}=p^{**}+p''=p^{*}+p'+p'' \tag{1.142}$$

最后求解方程式(1.138)与式(1.139)，得到二次修正后的速度场。

PISO 算法需要两次求解压强修正方程，因此需要额外的存储空间来计算二次压强修正方程中的源项。尽管 PISO 算法涉及较多的计算，但对比发现，其计算速度很快，总体效率较高。因此，对于瞬态问题，PISO 算法有明显优势；而对于稳态问题，宜选 SIMPLE 或 SIMPLEC 算法。

第2章

CFD软件的基本用法

2.1 CFD软件结构与问题求解步骤

2.1.1 CFD软件结构

对于水泵站流动分析工作，可以自行编制专门的CFD计算程序或是使用商用软件或开源软件。常规情况下，首选商用CFD软件进行水泵站流动分析，解决工程问题。一方面现有流行的商用软件都趋向集成CFD工作流程，方便使用者使用软件处理不同类型的工程问题；另一方面其具有良好的人机交互界面，能够让使用者无需完全精通CFD相关理论就能够解决实际问题。

CFD软件的一般结构都包括前处理器(Preprocessor)、求解器(Solver)、后处理器(Postprocessor)三大模块[4]，如图2.1所示。

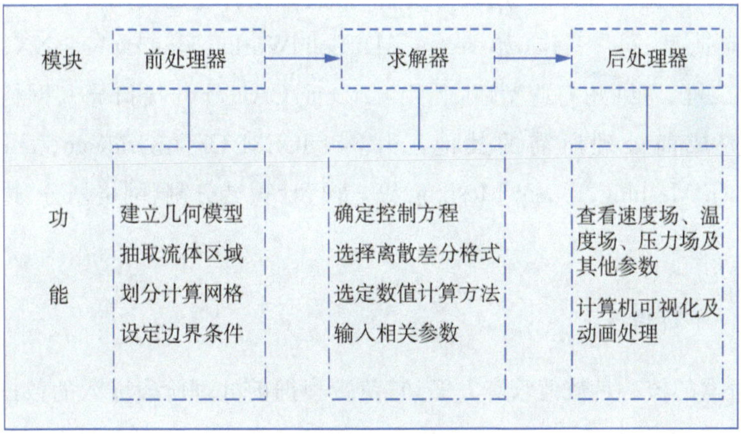

图2.1 CFD软件一般结构

前处理器、求解器及后处理器三大模块，各有其独特的作用，具体如下。

2.1.1.1 前处理器

前处理环节是向CFD软件输入所求问题的相关数据，该过程一般是借助与求解器相对应的对话框等图形界面来完成的。在前处理阶段，使用者需要进行以下工作：

1. 定义所求问题的几何计算域。

2. 将计算域划分成多个互不重叠的子区域，形成由单元组成的网格。网格的划分对于后续求解的精度和效率至关重要，通常需要在物理量梯度较大的区域以及感兴趣的区域加密网格。

3. 对所要研究的物理和化学现象进行抽象，选择相应的控制方程。

4. 定义流体的属性参数，如密度、黏度等。

5. 为计算域边界处的单元指定边界条件，这些条件可能包括速度、压力、温度等。对于瞬态问题，还需要指定初始条件。

尽管主流的商用CFD软件中的前处理器中提供了几何造型的功能模块如Ansys中的Geometry、BladeGen等，但在实际分析工作中，为了更好地和工程设计环节衔接，尽可能利用现有资料，多数研究者还是使用CAD、CAE软件完成几何造型这一工作，如AutoCAD、SolidWorks、Unigraphics NX、CATIA等，完成二维、三维几何造型后，利用CAD或CAE软件接口导入网格划分模块程序完成前处理所需的其他工作，如ICEM CFD、GridGen、TurboGrid、Workbench Meshing、Fluent Meshing等，进行计算域分割、网格划分、边界类型定义等。

2.1.1.2 求解器

求解器的核心是数值求解方案，它负责根据前处理阶段输入的数据和选择的控制方程，通过数值方法求解流体流动问题。常用的数值求解方案包括有限差分法(FDM)、有限元法(FEM)和有限体积法(FVM)等。这些方法的求解过程大致相同：

1. 借助简单函数来近似待求的流场中的各物理量。

2. 将该近似关系代入连续型的控制方程中，形成离散方程组。

3. 求解代数方程组以获得流场中的各物理量的近似解。

常用的求解器有：CFX、Fluent、PHOENICS、STAR-CD、STAR-CCM+、Flow-3D 等，其中 CFX、Fluent、STAR-CD 等为通用求解器，能够解决各类流体问题。

2.1.1.3 后处理器

后处理的目的是有效地观察和分析流动计算结果，包括：

1. 计算域的几何模型及网格显示。
2. 矢量图（如速度矢量线），用于显示流体的流动方向和速度大小。
3. 等值线图，用于显示流场中某一物理量（如压力、温度）的分布情况。
4. 填充型的等值线图（云图），以更直观的方式展示物理量的分布情况。
5. XY 散点图，用于分析流场中不同位置物理量的关系。
6. 粒子轨迹图，用于跟踪流体中粒子的运动轨迹。
7. 图像处理功能（平移、缩放、旋转等），以便使用者从不同角度观察和分析计算结果。

借助后处理功能，使用者可以观察模拟流动的动态、静态效果，更加直观地了解 CFD 的计算结果，并根据计算结果进行进一步的分析和优化。随着计算机图形功能的提高，目前的 CFD 软件均配备了较为完善的后处理功能，不过在使用上还是 Tecplot、EnSight 等后处理器软件使用更为便捷，常被用来展示流场分析计算成果，进行可视化处理。

值得注意的是，随着多线程计算、云计算等技术的发展，算力不断提升，求解器上处理一个 CFD 问题所花费的时间越来越少，因此，在水泵站 CFD 流动分析过程中，前处理阶段所需要的工作时间反而是最长的了。

2.1.2 常规问题求解步骤

采用 CFD 软件进行水泵站流动分析，若把分析求解过程看成一次数值实验的话，其步骤可分为以下 4 大部分：(1)制定计算方案（制定实验方案）；(2)构建计算模型（准备实验材料）；(3)数值计算求解（开展数值实验）；(4)计算后处理（形成实验报告），如图 2.2 所示。

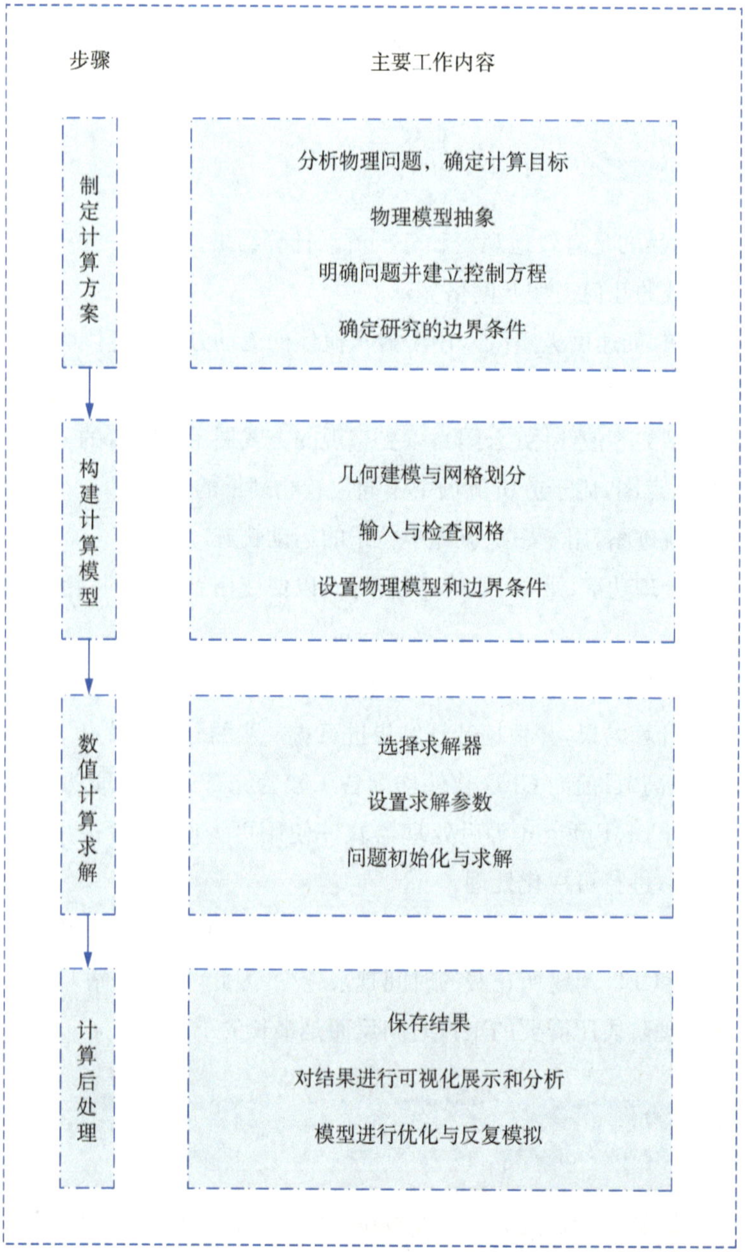

图 2.2　常规水泵站 CFD 问题求解过程

2.1.2.1 制定计算方案

在制定方案之始，先从工程现场问题入手分析提出需要计算的问题，这是比解决工程现场问题更为重要的事情，即要明确需要通过计算了解的流场信息，如流速分布、压力分布、水头损失等。

然后才是根据工程物理条件，对分析对象的物理模型进行抽象，对物理模型进行合理的简化（或概化）后“抽取”流体的控制区域，如在模型构建中将外侧边壁面、管道等厚度概化为零，略去闸门门槽、前池中排水孔、是否考虑泵装置结构等细节，结合现场问题实际具体分析确定，得出初步的抽象模型。

通过资料分析或是现场实测，确定工程问题的物理边界条件如进出口水深、流量（流速）、进出口压力等数据，从中选择初始计算条件组合。

2.1.2.2 构建计算模型

制定计算方案时抽象出来的模型大多与用于 CFD 计算的计算模型有所区别，计算模型的建立要综合考虑多方面因素：先是计算中采用的控制方程，如单相流或多项流；另外现有的物理边界条件如水深、流量（流速）、压力能够合理地施加到计算模型边界上，通常需要对抽象模型进出口做合理延伸；此外为减少后面求解的计算工作量（计算内存、计算耗时等），在保证问题模拟精度的同时尽可能减小计算域，如利用物理特征中的对称性来减少计算模型一半区域。

计算模型建立好，即流体计算区域的抽取完成之后，就要着手划分计算网格，结合计算模型的几何特征和工作机时的消耗，采用相对合适的网格划分策略，如是采用四面体网格为主还是以六面体为主，是否布置边界层网格（对湍流模型的使用有影响，在边界层中需采用低雷诺数模型求解），这一过程往往占到项目整体用时的一半甚至更多，在实际研究中一般都会根据计算需要在过程中对网格不断调整，以期获得理想的计算结果。

计算网格生成之后，根据已知工程问题条件来设定合适边界条件，如进出口条件设定为速度条件还是压力条件，自由水面及壁面边界的设定等。

2.1.2.3 数值计算求解

前步工作完成后，就可以将计算模型导入求解器模块进行流场求解分析。

先利用求解器对导入的网格进行检查，网格质量能否满足求解器要求，是否需要返回前步工作，重新划分计算网格。网格质量检查通过后，检查设定几何尺寸量纲单位是否正确，是否需要缩放模型的尺寸。后续则是对流体连通域及壁面边界条件的检查，如果网格中的交界面设定存在问题，一般导入求解器都会自动提示，一些前处理软件如 ICEM CFD，在网格划分过程中，如未预先设定模型中面的边界条件，将默认为壁面，导入求解器后可能与制定的计算方案不同，需要对此处检查无误后进行后续工作。

上述对网格的检查完成后，先设定求解器的类型，是基于压力求解(Pressure-Based)或基于密度求解(Density-Based)，是稳态(Steady)问题还是瞬态(Transient)问题，由于在水泵站流动分析中一般都认为水是不可压缩的，故基本设定为基于压力求解。求解器类型设定之后，后续就根据问题背景，选择稳态还是瞬态，瞬态较稳态多了时间变量，则在计算中需多设定时间步长这一参数。

求解器设定结束后，就需要根据物理问题选择要使用的控制方程计算模型，在水泵站流场分析中主要设定两块内容，一是单相流还是多相流(这个在建模时就要充分考虑到，在求解过程中只是设定相关参数)，二是选择湍流模型(如前文提到的 $k-\varepsilon$ 模型、$k-\omega$ 模型)。上述工作完成后，就要设定流体域材料、边界条件上的相关物理量，选择计算中压力场速度场的耦合方式，离散方程算法格式如一阶格式、二阶格式、二阶迎风格式等，设定松弛因子，收敛判定条件、迭代次数等参数后，初始化流场后即可开始数值求解。

2.1.2.4 计算后处理

数值计算完成后，通过软件后处理模块或是后处理软件就可以查看计算模拟后的速度场、压力场等物理量，分析水泵站流动特征，分析物理问题成因。值得注意的是，在实际研究中上述过程往往是循环往复的，由于计算成果的精度受到计算模型、离散算法、湍流模型、网格数量、边界条件等因素的影响，需要在计算过程中反复调整才能达到理想的计算预期。

2.2 计算几何模型的建立与网格生成

2.2.1 几何模型的建立

在第一章中提到目前主流的 CFD 软件中采用的是有限体积法(FVM),其核心思想是将计算流体域离散为一系列控制体积,将待解微分方程对每一个控制体积上积分得出离散代数方程进行求解。因此,建立几何模型的意义或重点就在于创建用于后期离散的计算流体域,在水泵站流动分析中,流体域的几何模型与工程设计中的水泵站几何模型是不一样的,二者是互斥的。流体域几何模型的创建过程可以视为是从水泵站几何模型中"抽取"出流体占据的区域。CFD 中几何模型的建立是一个复杂而细致的过程,需要综合考虑模型的准确性、计算复杂性和仿真需求等多个因素。通过合理的建模和简化过程,可以确保 CFD 仿真的准确性和高效性。

在 CFD 模拟仿真中,几何模型的建立是仿真过程的第一步,它为后续的网格划分、流体属性定义、边界条件设置以及 CFD 方程的求解提供了基础。

2.2.1.1 确定水泵站和计算域的几何形状

根据 CFD 模拟仿真的具体目标和要求,收集与水泵站相关的几何数据。这些数据可能来源于 CAD 设计文件、3D 扫描数据、手绘草图等。据此初步拟定采用的研究分析方法,以此来确定所需分析的流体流动空间区域。对于水泵站中常见的 CFD 计算研究问题,关注的重点不同,分析方法不同,其建立的计算域也不同。此外,在计算实践中通常会对实际的几何区域进行简化,以便降低计算的复杂性,在简化过程中要结合研究目标来进行,既保持模型的关键特征实现研究目标,同时去除不必要的细节来降低计算的复杂性、提高计算效率也节约算力。

比如在水泵站进、出水流道流动分析中常规有分离式和整体式两种方法,两种方法在计算域、计算量及计算精度上都有所区别(图 2.3、图 2.4)。对于稳态计算问题,分离式和整体式都可以采用,但若要考虑瞬态计算,则只能采用整体式分析方法。对于稳态计算,在研究中采用分离式方法时,即可将研究对象如进水流道(或出水流道)分离出来进行模拟,不考虑流道与泵段的耦合作用(或将耦合影响考虑在边界条件中,UDF 边界条件),那么流体域的建立重点就在于进水流道及外延的进水池、泵进水管等进水侧所"包裹"的流体区域,可以在研究中略去泵段及出水侧的区域,相比于整体式方法,其计算域得到了简化(或缩小)。

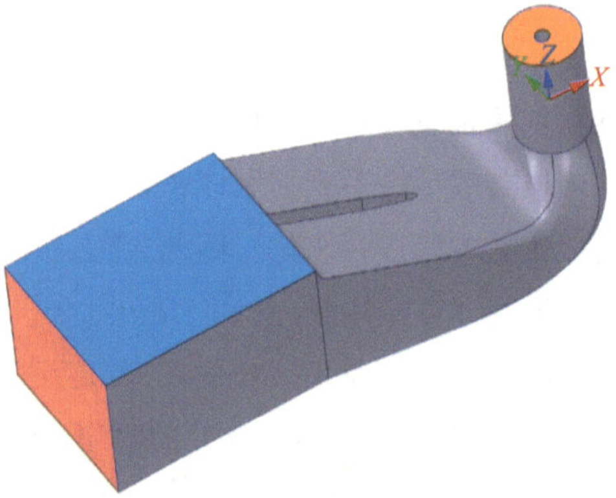

图 2.3　分离式方法建立的某进水流道计算域

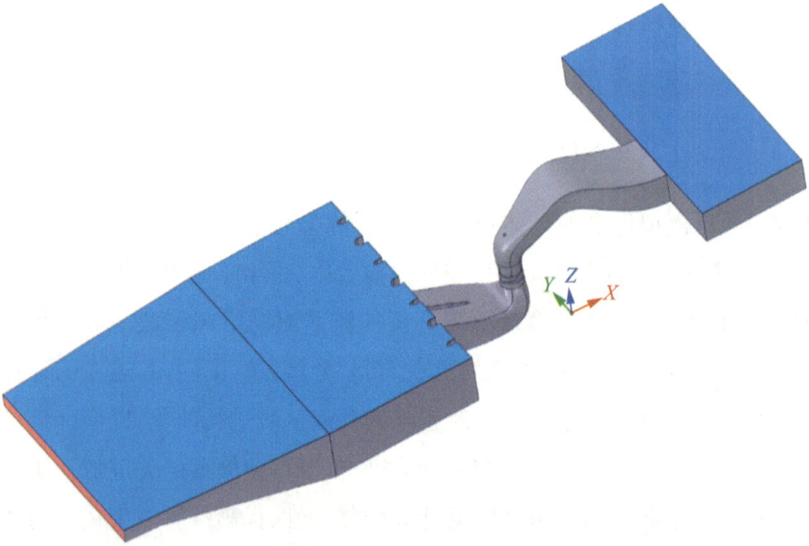

图 2.4　整体式方法建立的某进水流道计算域

2.2.1.2 几何建模

完成上述准备工作后，就可以进行几何建模。利用专业的三维建模软件（CAD、CAE）（如 SolidWorks、CATIA、AutoCAD 等）或 CFD 软件自带的几何建模功能（如 DM、SCDM 等）来创建几何模型。根据收集到的几何形状数据，精确地创建三维模型。对于复杂的几何形状，可以使用曲面建模和实体建模技术来提高模型的准确性和真实性。在建模过程中，可能会遇到导入的模型存在特征丢失、拓扑错误等问题。此时，需要使用建模软件中的修补工具对模型进行修复。

2.2.1.3 导出几何模型

将建好的几何模型导出为 CFD 软件支持的格式（如 IGES、STEP、STL 等），在导出前，再次检查模型的完整性和准确性，确保没有遗漏或错误的部分。到了这一步就是完成了一般意义上几何模型的建立，对应了商用 CFD 软件中的几何造型功能。

2.2.1.4 导入 CFD 软件

将导出的几何模型导入到 CFD 软件中，来得到计算域，以开展后续工作。这一步骤通常在 CFD 软件的用户界面中进行，通过点击“导入”按钮并选择相应的文件来完成。导入后，一般软件可以自动完成计算域的创建，要注意检查模型在 CFD 软件中的显示情况，确保模型没有发生变形或丢失特征。如果模型存在问题则要重新导入或是返回前述步骤对几何模型进行修补或是重新生成。在水泵站 CFD 中涉及的相关研究中，泵段以外的几何模型创建是相对简单的，泵段由于叶轮、导叶、泵轴等几何体的存在，通常要先生成上述内部几何体的三维模型，再借助 CFD 软件中的布尔运算（或在建模时直接进行布尔运算），从泵壳包围的流体空间中减去这些内部几何体才能得到计算所需的流体域。在几何模型建立完成后，接下来便可进行网格划分等步骤。

因此，在 CFD 中，几何模型的建立是仿真分析的重要基础，其准确性和合理性直接影响到后续网格划分、边界条件设置及 CFD 方程的求解精度。以下是在 CFD 中几何模型建立时值得注意的几个关键点：

1. 关注数据准确性和完整性

确保数据源可靠，模型数据应来源于可靠的 CAD 设计文件、3D 扫描数据或手绘草图等。在建模前，应仔细检查数据是否完整，无遗漏或错误的部分，可以很大程度减少建模的修改过程。

2. 简化模型合理

对实际几何模型进行简化，其基本出发点是降低计算的复杂性，因此常需要做出一些假设以简化模型的复杂性，这些假设应基于合理的物理和工程判断，与预期研究目标相符，并在后续步骤中加以验证(验证不合理时则要去除相关的假设条件)，同时在简化过程中注意保留关键物理特征，避免影响仿真结果的准确性，且保持研究对象各部件之间原有的几何比例关系，避免引入不必要的误差。在模型简化中引入的假设条件对后续网格划分、边界条件、计算模型的设定都有影响，如在泵站进水侧水流流动模拟中，对于稳态问题常采用“钢盖假定”这一条件来处理自由水面时，计算域内就不包含自由水面以上的空气区域，就可以使用单相流来计算，自由水面的边界条件也就根据假定条件确定了，由此可见这一步骤在几何建模中最为关键。

3. 推荐使用专业软件来进行几何建模

利用专业的三维建模软件(如 SolidWorks、Unigraphics NX、CATIA、Auto-CAD 等)进行几何建模，与商用 CFD 软件自带的几何造型模块相比，专业的三维建模软件在操作上更为便捷，造型功能上更为强大，在处理复杂的几何形状，如曲面建模与实体建模上，更具有优势，可以保证模型的精确度和真实性，同时也便于直接使用收集到的设计资料文件。将建好的几何模型导出为 CFD 软件支持的格式(如 IGES、STEP、STL 等)，以保证在导入过程中不会丢失关键信息。

4. 进行模型检查和几何修补

导入 CFD 软件的几何模型可能存在拓扑错误或特征丢失等问题，因此在划分网格前，需要对导入的模型进行检查和修补，各类 CFD 软件中都设有修补工具来对导入的几何拓扑进行检查和修复，在建模和修补过程中，应随时检查模型质量，确保无明显的缺陷或错误。

2.2.2 网格生成

网格划分是CFD分析中的另一个关键步骤,它直接影响到模拟的准确性和计算效率。网格划分是将连续的物理空间离散化为一系列网格单元的过程,在上述网格单元上来数值求解流体流动的控制方程(偏微分方程),是控制方程在空间上进行离散化的基础,在整个计算域上网格通过节点联系在一起。高质量的网格有助于提高计算的收敛速度和计算的可靠性。

如图2.5所示,在进行网格划分时,基本是按照以下步骤来进行的:

1. 导入CAD模型或使用CFD前处理软件创建几何模型,清理和修复几何模型中的错误,如小面、缝隙、重叠等。根据几何形状的复杂性和仿真需求,确定网格划分策略,重点在选择合适的网格类型,如结构网格、非结构网格或混合网格。

2. 使用CFD软件中的网格生成工具(如ICEM、Fluent Meshing、GridGen等)生成网格,根据需要选择自动网格生成或手动网格划分,在软件中设置全局网格大小、增长率、曲率因子等参数,在复杂几何区域可能需要手动调整网格质量,如优化网格扭曲度、长宽比和正交性等。

关于边界层网格,在网格划分中需要单独考虑,是否设置边界层网格取决于在壁面附近区域流动如何求解(低雷诺数模型或是壁面函数法),简单来说是研究的问题有精确求解黏性底层流动的需求时(同时采用相应的低雷诺数模型),需要在壁面附近设置边界层网格,设定边界层网格的层数、厚度比、增长率等参数。反之,壁面前第一层网格满足壁面函数的尺寸要求即可。

壁面函数一般要求第一层网格尺寸满足条件 $30<y+<300$,当尺寸过小时,壁面函数不可用;尺寸超出该范围时,无法求解黏性。通常使用高 Re 湍流模型(例如标准 k-ε 模型、Realizable k-ε 模型、RNG k-ε 模型)。一般来说,在黏性底层数据不是特别重要时可选用壁面函数求解。

3. 使用网格质量评估工具检查网格的扭曲度、长宽比、正交性等指标。对低质量网格区域进行网格细化或光顺处理,以提高网格质量。必要时重新调整全局网格参数或边界层网格设置,并重新生成网格。

4. 网格质量检查合格后,网格上各边界(主要各个面上)指定边界类型(部

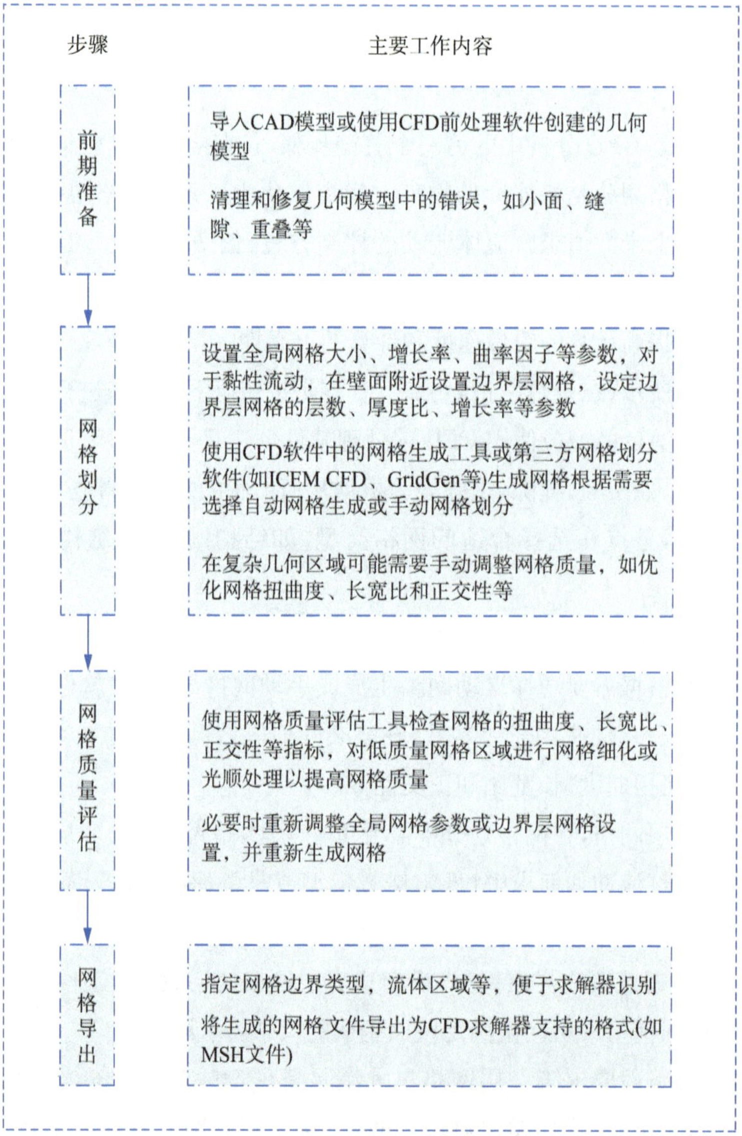

图 2.5　网格划分的基本步骤

分软件对不指定的面默认为 wall，即壁面类型）及流体域（在模拟中包含旋转区域时非常重要），将生成的网格文件导出为 CFD 求解器支持的格式（如 Fluent 的 MSH 文件）。将导出的网格文件导入 CFD 求解器后，即可进行设置边界条件、初始条件、求解参数等工作。

目前，市场上存在多种CFD网格划分工具，在水泵站流场研究中使用的主流工具是ICEM CFD、Workbench Meshing、Fluent Meshing等，如表2.1所示。这些工具都提供了丰富的网格划分功能和灵活的网格控制选项，能够满足不同使用者的需求。这些工具在使用体验上各有所长，使用者在使用这些软件的时可以自行选择自己最为熟悉的工具，在使用网格划分软件时要熟悉其操作界面和网格生成算法的特点，不过也不用过度深入，花费过多的时间去探究软件后台的运行机理，毕竟作为软件使用者，最终目标是利用好工具为自己的研究工作服务。因此在网格划分时，重点在于如何构建网格即划分策略，在不断使用工具过程中积累网格生成的思路，熟能生巧。只要练习足够，对于一般工作中常见的模型结构，心中自然有一个划分策略，哪怕是再复杂的几何模型，也能够快速地将其拆解为熟悉的结构，进而采用熟悉的策略进行网格划分。

表2.1　常用的网格划分工具对比

工具名称	优势	不足
Workbench Meshing	Ansys Workbench主要网格划分工具，结构、电磁显示动力学等必用工具，自动化程度高，上手容易	高级功能缺失，对于部分几何模型存在问题的情况束手无策，网格进程可控性较差
Fluent Meshing（传统）高级功能	原名TGrid，是Fluent原生的前处理工具，高级功能丰富，性能稳定，网格划分效率高，可划分多面体网格	上手难度较大，工作流程不清晰，不能处理二维模型
Fluent Meshing工作流	针对Fluent Meshing（传统）高级功能难以上手的情况，开发的适合于初学者的网格模板，保留了软件绝大部分优势功能，同时简化了学习的难度	几何流程对初始模型要求较高，需要SCDM工具的支持，几何流程容错相对成熟度不高，工作流的稳定性不如传统功能
ICEM CFD	高级的网格划分工具，与CAD接口成熟，独有的block概念可以生成结构化网格（六面体网格）	结构化网格功能强大，但需要进行分块操作（block）网格划分效率较低、稳定性较差

网格分为结构网格和非结构网格两种类型。理论上结构化网格的质量一般是要高于非结构化网格的，且在计算中其收敛性能较好，在同样的计算区域和同样的网格尺寸条件下，生成的非结构化网格数量通常远高于结构化网格的数量，但结构化网格生成的难度也要高于非结构化网格。形状规则的计算区域比较容易直接或分块划分为结构化的正交网格。对于复杂几何形状的计算区域，非结构化网格划分则具有更好的适应性和效率（基本设定好网格目标尺寸后就可以自动生成），采用非结构化网格易于完成网格划分工作。

此外，在实际工作中进行网格划分时还要兼顾计算机的性能限制（网格数量与计算机所能提供的内存大小相关），同样的几何区域生成的网格越密，其计算精度也就越高，但花费的计算算力（计算时长）就越多。于是在网格总数量有一个上限时（受计算机硬件条件所限或者是投入的计算资源有限时），网格剖分时还要考虑网格密度能够适应计算区域中物理参量的变化（梯度），即在物理参量变化剧烈处（梯度大的区域）配置较稠密的网格，在物理参量变化平缓处（梯度小的区域）配置较稀疏的网格，这就需要对具体问题的物理空间网格剖分做出合适的选择，出于计算精度的考虑，避免引入额外计算误差，造成假扩散，一般相邻网格的尺度比宜在 1.2～1.4 内（对于流动曲率大的问题要慎重选择，尺度比在 1.05～1.1）。

因此，在实际研究中往往采用混合网格（结构化网格＋非结构化网格）的方式作为划分网格的实际策略，无论是花费的工作时长还是计算算力的投入，都比较经济，同时可以兼顾计算的精度需求。

对于水泵站流场问题，通常都在三维条件下进行研究工作，三维网格中的六面体网格在计算中收敛性较好且精度较高（特别是网格与流动方向同向时，即流线与网格面正交时，计算表现最好，可以减少数值误差），且可以大幅减少网格数量（同样的几何模型，生成六面体网格的网格数量是最少的），如图 2.6 所示，理论上应优先采用六面体网格。但在几何模型复杂时，需要花费相当大的精力（耐心）去划分六面体网格，在几何曲率较大时，网格质量（长宽比、扭曲度、偏斜度等指标）往往难以有效控制，且对使用者的工作经验要求很高。因此，在实际工作中全部生成六面体网格是一个入门门槛比较高的网格划分策略。

折中的方法是在简单几何区域划分六面体网格，在复杂区域划分四面体网格，在它们之间采用五面体（金字塔）网格进行过渡。这是在实际中较多采用的划分方案。例如 ICEM 中提供了相应的划分方法（Tet-Hexcore）。随着网格划分技术的发展，多面体网格生成技术已经成熟且投入应用，Ansys 的 Fluent Meshing 中支持划分多面体网格，可以生成多面体＋六面体核心（Ploy-Hexcore）的网格，如图 2.7 所示，可以在大幅减少网格数量的同时，提供高质量的网格以保证计算精度。

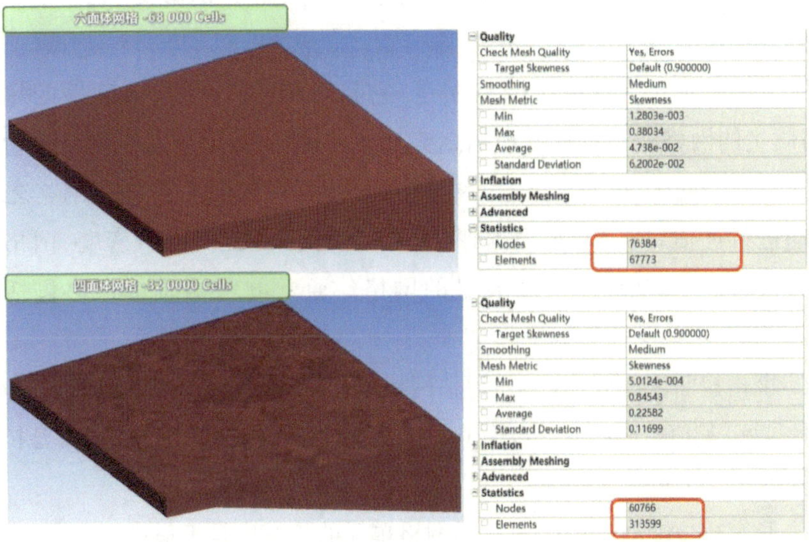

图 2.6　六面体网格与四面体网格划分对比示例

图 2.7　多面体＋六面体核心网格示意图

目前主流的网格划分软件都提供了自动网格划分功能，使用者只需设置一些基本参数（如网格大小、网格质量等），软件即可自动完成网格划分。自动网格划分方法适用于几何形状相对简单、流动特征不复杂的情况。在实际工作中，对几何形状复杂、流动特征需要精细描述的情况，基本上采用半自动网格划分方法,该方法需要使用者手动干预网格划分过程,例如指定网格大小、网格密度、网格类型等参数。

使用者关注的重点在于网格质量,它是影响 CFD 模拟准确性的重要因素,高质量的网格能够更准确地描述流动特征,减少数值误差。网格质量通常通过网格的长宽比、扭曲度、偏斜度等指标来评估,软件在划分完网格之后可以自动进行评估,使用者则根据评估结果,对网格大小、网格密度、网格类型等参数进行调整,从而获得高质量的网格。通常的网格质量评估包括以下方面:

1. 网格扭曲度(Skewness):评估网格单元的形状是否规则,扭曲度越小,网格质量越好,其值范围在 0～1,为 0 时表示理想网格,在实际模拟中,要控制其最大值在 0.7 以下。

2. 长宽比(Aspect Ratio):评估网格单元的长宽比是否适中,长宽比过大或过小都会影响计算精度,网格长宽比的可接受范围取决于具体的应用场景。在某些对网格质量要求较高的场合(如高精度仿真计算),需要严格控制网格的长宽比,以确保计算结果的准确性和稳定性,一般推荐长宽比不超过 5。这一参数对于边界层网格的影响比较大,在流体与固体壁面接触的边界层区域,流动特征变化剧烈,需要采用更细密的网格来描述。

3. 网格正交性(Orthogonality):评估网格单元边与边之间的夹角是否接近 90 度,越接近正交性越好,计算精度越高。

在这里简单提一下网格密度和网格独立性验证,网格密度顾名思义是指单位长度内网格单元的数量。一般来说网格密度越大,计算精度越高,但计算量也越大,上文也说到在 CFD 模拟中,从各种实际出发需要根据流动特征的复杂程度和计算资源的限制来合理选择网格密度。而网格独立性验证则是指通过改变网格密度来验证模拟结果是否对网格密度敏感的过程,只有当模拟结果不再随网格密度的变化而改变(或差异不明显)时,才能认为模拟结果是可靠的或可接受的。这也是划分网格选取策略时要考量的因素,毕竟网格最终是要投入计算来得到计算结果的,既要考虑网格“可以算”(不超过现有计算算力)还要考虑网格“适合算”(满足分析问题的模拟精度)。

综上所述,网格划分是 CFD 分析中的一个重要环节,它直接影响到模拟的准确性和计算效率。在实际应用中,需要根据情况选择合适的网格类型、网格划分方法和网格划分软件，使用网格生成软件进行网格划分时，要充分考虑几何形状的复杂性和仿真需求的变化，在网格质量和数量之间需要找到平衡点，既要保证计算精度又要控制计算成本以及划分网格这一步骤所消耗的工作时间。网格划分是一个迭代过程，可能需要多次调整和优化才能得到满意的网格质量。

2.3 选择求解器与计算模型

2.3.1 求解器的类型

目前主流的商业软件（例如 Fluent）一般都提供以下两种类型的求解器，即基于压力的（Pressure-Based）求解器和基于密度的（Density-Based）求解器。压力基求解器也称分离式求解器（Segregated Solver），密度基求解器也称耦合式求解器（Coupled Solver）。两种求解方法的共同点是都是基于有限体积的离散方法，但线性化和求解离散方程的方法不同。压力基求解器主要用于低速不可压缩流动（$Ma<0.2$ 为低速流动）的求解，而密度基方法则主要针对高速可压缩流动而设计，但是现在两种方法都已经拓展成为可以求解很大流动速度范围的求解方法。求解器的类型和求解过程如图 2.8 所示。

压力基求解器是以压力和速度为基本变量来求解控制方程的，从原来的分离式求解器发展来的，适用于低速、不可压缩流体，按顺序依次求解动量方程、压力修正方程、能量方程和组分方程及其他标量方程，如湍流方程等。由于压力方程来源于连续性方程和动量方程，从而保证流场的模拟同时满足质量守恒和动量守恒。目前压力基求解器也增加了耦合算法，可以自由在分离求解和耦合求解之间转换，耦合求解就是一次求解前述的动量方程、压力修正方程、能量方程和组分方程，然后再求解其他标量方程，如湍流方程等，收敛速度快，但是需要更多内存和计算量。

密度基求解器是以压力和密度为基本变量的求解器，从原来的耦合求解器

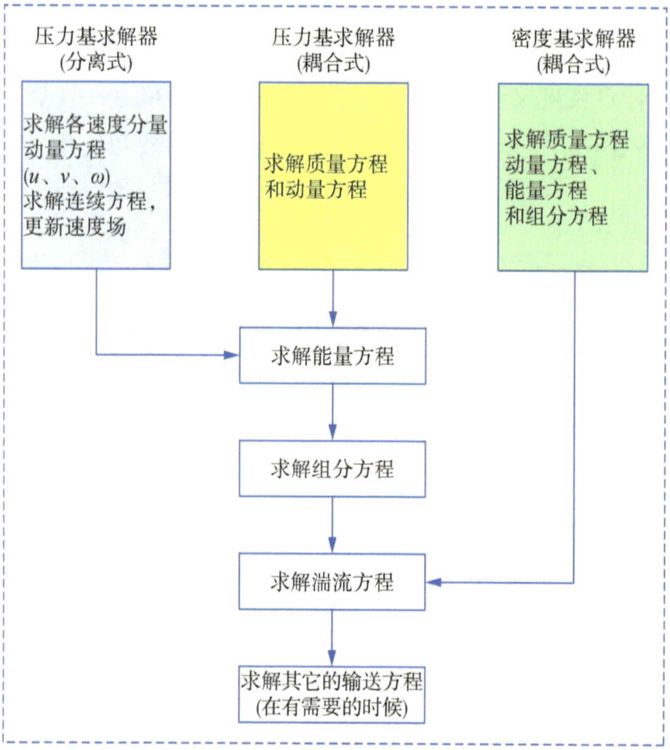

图 2.8　求解器的类型和求解过程

发展而来，适用于高速、可压缩流体，能同时求解连续性方程、动量方程、能量方程和组分方程，后依次求解标量方程（密度基求解器中不求解压力修正方程，其压力是由状态方程得出的）。密度基求解器收敛速度快，需要的内存和计算量比压力基求解器要大。

水泵站流动分析中，一般不考虑水体的压缩性，故常采用压力基求解器对控制方程进行求解，Fluent 软件提供了相应的选项，供用户选择分离式或耦合式求解方案。

2.3.2 计算模型

计算模型在这里指的是模拟中采用的物理模型，即求解问题中涉及的变量的控制方程。物理模型是 CFD 软件的核心部分，以 Fluent 为例，它提供了广泛的物理模型来模拟流体流动、热传递、化学反应等复杂现象，拥有从不可压到可压、层流、湍流（紊流）等大范围的模拟能力，包括但不限于层流非牛顿流的模拟、涡轮机和汽车引擎的湍流热传导、锅炉内煤炭粉碎机的燃烧、可压射流、空气动力外流以及固体火箭发动机的可压化学反应流等。

在水泵站流场问题研究中，由于水流速度比较低，水的黏度和密度变化不大，因此在研究中常认为流体是不可压缩的（即密度不变），且内部流动都属于湍流。这工程技术领域与自然界中常见的流动现象，是一种高度复杂的紊乱的、混沌的、非稳态的三维流动，要想准确地描述它随时间与空间的变化是不现实的。工程中所关心的问题，大多数情况是紊流时间尺度上的平均值，因此，用非稳态的控制方程对时间做平均处理（雷诺时均），是目前水泵站中流动计算中采用的基本方法，即采用时均、不可压、黏性、恒定流动的 N-S 方程（RANS 方程），来描述内部流动三维流场。

对 N-S 方程进行时均化处理后会增加一个二阶张量项，通过引进 Boussinesq 涡黏性假设，即用一个假想的黏度系数和平均的速度梯度来计算雷诺应力，从而将雷诺应力的封闭问题转化为涡黏性的求解问题。这样时均处理后得到的雷诺时均动量方程，含有 6 个独立变量，而由连续性方程和时均动量方程组成的方程组只有 4 个，即未知数大于方程数，方程组变得不封闭。因此，需做出某种假设，把未知的更高阶的时间平均值表示成较低阶的在计算中可以确定的量的函数，才能使得方程组封闭，即引入湍流模型。故而在研究水泵站流场相关问题时，选择计算模型的含义是指选择湍流模型对 N-S 方程组进行封闭后，让软件开始对问题进行模拟。

常用的湍流模型（CFD 软件或称之为黏性模型）可根据所采用的微分方程数进行分类，如零方程模型、一方程模型、两方程模型等。这些模型在复杂度和精度上各有不同，适用于不同的流动场景和计算资源条件。例如，一方程模型如 Spalart-Allmaras 模型，通过求解一个额外的湍流黏性输运方程来封闭 N-S 方程组；两方程模型如 $k-\varepsilon$ 模型和 $k-\omega$ 模型，则通过求解两个额外的方程（湍动能方程和耗散率方程或湍流频率方程）来封闭 N-S 方程组。其中双方程湍流模型（黏性模型）在泵站前池、进水池、水泵及进、出水流道等问题的数值模拟中应用十分广泛，常用的有标准 $k-\varepsilon$ 模型、RNG $k-\varepsilon$ 模型、Realizable $k-\varepsilon$ 模型、SST $k-\omega$ 模型等湍流模型。

标准 $k-\varepsilon$ 模型由于其本身具有的稳定性、经济性和比较高的计算精度而成为湍流模型中应用范围最广、最为人熟知的一个模型。标准 $k-\varepsilon$ 模型通过求解湍流动能方程(即 k 方程)和湍流耗散率方程(即 ε 方程),得到 k 和 ε 的解,然后再用 k 和 ε 的值计算湍流黏度,借由 Boussinesq 假设得到雷诺应力的解。虽然得到了最广泛的使用,但因为标准 $k-\varepsilon$ 模型假定湍流为各向同性的均匀湍流,所以在旋流(Swirl Flow)等非均匀湍流问题的计算中存在较大误差。

RNG $k-\varepsilon$ 模型在形式上类似于标准 $k-\varepsilon$ 模型,但是在计算功能上要强于标准 $k-\varepsilon$ 模型。标准 $k-\varepsilon$ 模型是一个高雷诺数模型,而 RNG $k-\varepsilon$ 模型在对近壁区进行适当的处理后可以计算低雷诺数效应。

Realizable $k-\varepsilon$ 模型满足对雷诺应力的约束条件,可以在雷诺应力上与真实湍流保持一致,这一点是标准 $k-\varepsilon$ 模型和 RNG $k-\varepsilon$ 模型都无法做到的。这个特点在计算中的好处是,可以更精确地模拟平面和圆形射流的打散速度,同时在旋转流计算、带方向压强梯度的边界层计算和分离流计算等问题中,计算结果更符合真实情况。虽然还无法证明 Realizable $k-\varepsilon$ 模型性能已经超过 RNG $k-\varepsilon$ 模型,但是在分离流计算和带二次流的复杂流动计算的研究中表明,Realizable $k-\varepsilon$ 模型是所有 $k-\varepsilon$ 模型中表现最出色的湍流模型,在水泵站进出水侧流场研究使用较多,能够获得比较好的模拟结果。值得注意的是,Realizable $k-\varepsilon$ 模型在同时存在旋转和静止区的流场如多重参考系、旋转滑移网格等的计算中(常见在包含水泵装置内流场计算时)会产生非物理湍流黏性,其计算表现不如 RNG $k-\varepsilon$ 模型,因此在类似计算中应该慎重选用这种模型。

SST $k-\omega$ 模型(剪切应力输运 $k-\omega$ 模型),综合了 $k-\omega$ 模型在近壁区计算的优点和 $k-\varepsilon$ 模型在远场计算的优点,将 $k-\omega$ 模型和标准 $k-\varepsilon$ 都乘以一个混合函数后再相加就可以得到这个模型。在近壁区,混合函数的值等于 1,因此在近壁区等价于 $k-\omega$ 模型。在远离壁面的区域混合函数的值等于 0,因此自动转换为标准 $k-\varepsilon$ 模型。与 $k-\omega$ 模型相比,SST $k-\omega$ 模型中增加了横向耗散导数项,同时在湍流黏度定义中考虑了湍流剪切应力的输运过程,模型中使用的湍流常数也有所不同。这些特点使得 SST $k-\omega$ 模型的适用范围更广,比如可以用于带逆压梯度的流动计算、翼型计算、跨音速激波计算等,在水泵站流场研究中带泵装置进行非定常计算时较多采用。

以 Fluent 为例，其提供的湍流模型包括上面提及的多种湍流模型：Spalart-Allmaras 模型、标准 $k-\varepsilon$ 模型、RNG $k-\varepsilon$ 模型、Realizable $k-\varepsilon$ 模型、$k-\omega$ 模型、SST $k-\omega$ 模型、雷诺应力模型、大涡模拟模型(LES)等。如图 2.9 所示，这些模型能够满足水泵站中流场模拟问题的需要，可以根据研究问题的需要选择合适的湍流模型进行模拟。

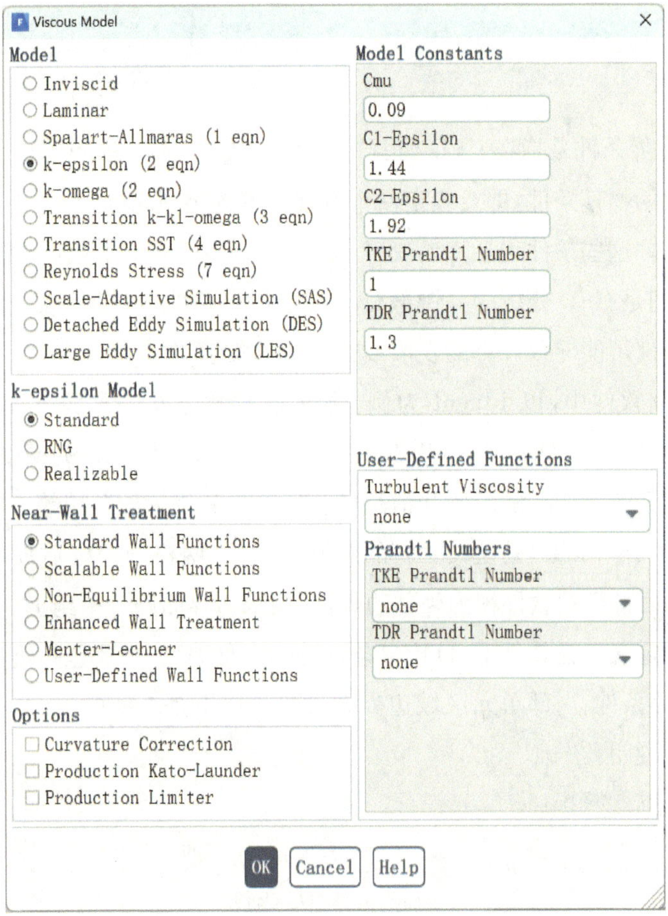

图 2.9　Fluent 软件的湍流模型

2.4 设置边界条件及定义材料

2.4.1 边界条件的类型

CFD 边界条件是指在 CFD 仿真中，为了求解流体流动问题而设定的在流体域边界上的物理条件，即要确定一个有唯一解的物理问题，必须要指定流场边界的变量值。这些条件包括流动变量（如速度、压力）和热变量（如温度）在边界处的值，它们是 CFD 分析的关键部分。设定边界条件时必须小心谨慎，因为不良的边界条件可能导致计算的发散或错误解的收敛。

在 CFD 软件中，以 Fluent 为例，物理问题的边界包含两方面内容，如图 2.10 所示：①单元区域条件（Cell Zone Conditions），从划分好的网格来看，单元区域条件定义的是“体”的位置和信息（定义材料、是否为旋转域等）；②边界条件（Boundary Conditions）是定义“面”的位置和信息，网格划分好后那些只和一个 Cell 相连的面都会被软件视为外部边界面，内部边界面则为一组面，在网格划分时可以直接定义。在软件 CFD 边界条件分为多种类型，主要包括进出口边界条件、壁面边界条件、内部单元区域边界条件等。以下是一些常见的 CFD 边界条件及其简要说明：

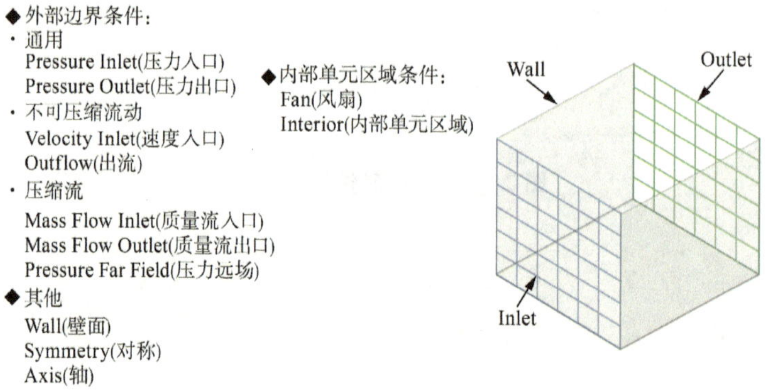

图 2.10 CFD 软件中常见边界条件类型

2.4.1.1 进出口边界条件

1. 速度入口(Velocity Inlet)边界条件:用于定义流动入口边界的速度和标量。

2. 压力入口(Pressure Inlet)边界条件:用来定义流动入口边界的总压和其他标量。

3. 压力出口(Pressure Outlet)边界条件:用于定义流动出口的静压(在回流中还包括其他的标量)。当出现回流时,使用压力出口边界条件来代替质量出口条件常常有更好的收敛速度。

4. 质量流动入口(Mass Flow Inlet)边界条件:用于可压流规定入口的质量流速。在不可压流中,当密度是常数时,速度入口边界条件就决定了质量流条件。

5. 质量流动出口(Mass Flow Outlet)边界条件:用于可压流规定出口的质量流速。

6. 压力远场(Pressure Far Field)条件:用于模拟无穷远处的自由可压流动,该流动的自由流马赫数以及静态条件已经指定了。这一边界类型只用于可压流。

7. 出流(Outflow)边界条件:用于在解决流动问题之前,所模拟的流动出口的流速和压力的详细情况还未知的情况。在流动出口是完全发展的时候这一条件是适合的。

2.4.1.2 内部单元区域边界条件

1. 风扇(Fan)边界条件:分别用于模拟具有特定流动特性的进风口、进气扇、通风口和排气扇。

2. 内部单元区域(Interior)边界条件,主要涉及流体和固体(包括多孔介质)之间的相互作用。这些条件通常用于描述流体在复杂几何结构中的流动行为,如多孔介质中的渗流、流体与固体壁面的热交换等。

2.4.1.3 其他边界条件

1. 壁面(Wall)边界条件

无滑移边界条件:边界上的法向速度和边界平行的速度都被设置为零,是流体动力学中最常见的壁面边界条件。

滑移边界条件：边界上的法向速度设置为零，而边界平行的速度被保留自由，用于模拟特定条件下的壁面行为。

2. 对称(Symmetry)边界条件

当模拟的几何结构具有对称性时，可以使用对称边界条件来减少计算量。这种边界条件假设对称面上的流动参数(如速度、压力等)关于对称面对称。

2.4.2 设定边界条件的步骤

在 CFD 仿真软件(如 Fluent)中，设定边界条件通常通过以下步骤进行：

1. 检查并修改边界区域类型：在设定任何边界条件之前，必须检查所有边界区域的区域类型，并根据需要进行修改。

2. 选择并设定边界条件：在边界条件面板中，选择需要设定的边界区域，并为其指定适当的边界条件。这包括选择边界条件类型、输入相关参数(如速度、压力、温度等)以及指定任何必要的轮廓函数或使用者自定义函数。

3. 验证和调试：设定完边界条件后，需要进行验证和调试以确保仿真的准确性和稳定性。这包括检查边界条件的合理性、观察仿真的收敛情况以及调整仿真参数以优化仿真结果。

在水泵站相关流场计算中，实际使用的边界条件与 CFD 软件的官方说明有所不同，比如 Fluent 推荐入口和出口尽量采用压力条件。但通常来说，在进行水泵站相关流动分析时，计算工况基本是已知的(流量、水位等)，而且多数研究不考虑流体的压缩性，因此进口采用速度入口条件、出口采用出流边界条件是合理的，这样的条件在设置时也相对易于操作，计算精度也得到很多研究成果的证实，特别是在单独研究水泵站进水建筑物(即分离式方法)时，计算表现非常高效(收敛速度很快)。或是采用压力入口条件，出口速度条件，也能保证计算收敛。当然如果流量是未知时，则需要根据水泵装置的实际情况，特别在单独对水泵装置进行流动分析时，则采用压力边界条件，进口处给定总压，出口处给定静压。总而言之，所设置的边界要保证物理上的合理性，下面介绍水泵站流场研究中使用较多的几种边界条件的设置方法及原则。

2.4.2.1 速度入口

速度入口也称速度进口。上文已经说明对于不可压流体的恒定流动，可以使用速度入口作为进口边界条件，即给定进口边界的流速分布条件，但在水泵站流场研究中要精确给定引水渠道（河道）进口处的流速分布还是存在较大困难的。

为弱化进口边界流速分布设定的偏差对其后流场计算的影响，在研究中将进口边界沿来流方向向外进行计算区域延拓，在计算区域的进口边界给定均匀流速分布，这样经过这一段计算区域的流速调整，可以使得进口边界的流速分布比较接近实际情况。对于充分发展的湍流，在进口边界上的 k、ε 初值可以根据湍动强度和水力直径进行估计：

$$k=\frac{3}{2}(u_{avg}I)^2 \tag{2.1}$$

$$\varepsilon=C_\mu^{\frac{3}{4}}\frac{k^{\frac{3}{2}}}{\ell} \tag{2.2}$$

式中：u_{avg} 为进口边界处的断面平均流速；$C_\mu\approx0.09$；I 为湍动强度；ℓ 为湍动尺度，按下式计算：

$$\begin{cases}\ell=0.07D_H\\ D_H=4A/\chi\\ I\approx0.16(Re_{D_H})^{-1/8}\end{cases} \tag{2.3}$$

式中：D_H 为进口边界处的水力直径，对于完全发展的管流，D_H 为管道直径；A 为过水面积；χ 为湿周；Re_{D_H} 为以 D_H 为特征尺寸的雷诺数。

2.4.2.2 出流

在单台水泵进水流动计算模型中只有一个出口，一般选择在出水管路的某一断面位置给定出流条件形式的出口边界条件，即流场总体质量平衡，在出口边界位置所有流动参量的梯度为零。对于有多个出口的不可压流体恒定流动，也可采用同样的出口边界条件。当研究区域包含整个进出水管路（或流道），那可以将出口边界延伸至出水池来使用出流边界条件，以保证出口边界上流动是均匀的，没有回流或其他混乱流态。如果模拟结果中出现回流（软件在求解时会自动告警），要么延伸研究区域，要么采用其他的边界条件，来保证计算的合理性。

2.4.2.3 壁面

上文在网格划分中介绍边界层网格时，说明了 CFD 软件对于壁面附近流动的计算方法。在水泵站流场研究中，特别是在研究水泵叶轮性能问题时，一般使用 Fluent 中提供的壁面函数来处理固壁边界。壁面函数法将壁面上的物理量与紊流核心区内待求的未知量联系起来，不必对壁面区域内的流动进行求解，就可直接得到与壁面相邻控制体积的节点参量值。这样，在划分网格时，不需要在壁面区域进行加密，只需要把第一个节点布置在对数律成立的区域内，如图 1.2 所示。图中阴影部分是壁面函数公式有效的区域，在阴影以外的网格区域则是使用高雷诺数 $k-\varepsilon$ 湍流模型进行求解的区域。壁面函数公式就好像一个桥梁，将壁面参量值同相邻控制体积的节点参量值联系起来。针对各输运方程，第 1 章中已分别给出联系壁面与内节点参量值的公式，见式(1.35)～式(1.41)。

壁面函数法的半经验公式能够很好地修正湍流模型，从而解决壁面的存在对流动的影响。对于大多数水泵站流场模拟问题（高雷诺数的流动），壁面函数法能够充分节省计算资源，这种方法经济实用而且较精确。

2.4.2.4 自由水面

一般来说，水泵站进、出水池的自由水面上通常有风成剪切应力，还有与大气层的热交换等，其物理机制是相当复杂的。不过在水泵站流场计算中，工况往往是已知的，对风所引起的自由水面上的切应力及与大气层的热交换一般可以忽略。特别是在稳态流场研究中，使用“刚盖假定”方式来处理自由水面，即设置为对称面边界条件，将自由水面的速度和湍动能均可按对称平面处理，湍动能耗散率则按计算单元的中心至自由表面的距离及该单元的湍动能量来确定。

对于自由水面波动较大的问题，采用 VOF 两相流模型来处理会更为合适，此时在计算域中要加入水面上方空气所占据的区域，同时在计算初始化时要给定各自的体积分数，分别设置每一相流体的进出口边界。

2.4.3 定义材料

在 CFD 软件中“材料”指的是计算区域中的流体及固体的物理属性(密度、黏度、比热容等),定义材料是指要为每个计算区域指定一种材料,这与上文所述的单元区域条件相关,不论是单项流还是多项流,每一个单元区域上都要根据模拟的情况选择合适材料定义到区域上。以 Fluent 为例,软件自带的材料数据库提供了常见的 Air(空气)、Water-liquid(液态水)等多种常用材料,如图 2.11 所示,这些材料可以直接使用也可以修改后使用(一般不会修改默认值),也支持向数据库添加新型材料(需要添加相关的物理属性值)。

在水泵站流场分析中,关于材料的设置相对是非常简单的,一般仅使用 Water-liquid 这一材料,可以直接从数据库中复制,在单元区域条件中设置即可。这一步虽然简单,但非常重要,在 Fluent 中由于在网格导入之后所有单元区域默认的流体属性为 Air,如果没有设定材料,软件的计算也能进行,但模拟结果就会偏差很大,有时候模拟结果出错就是因为这一步。

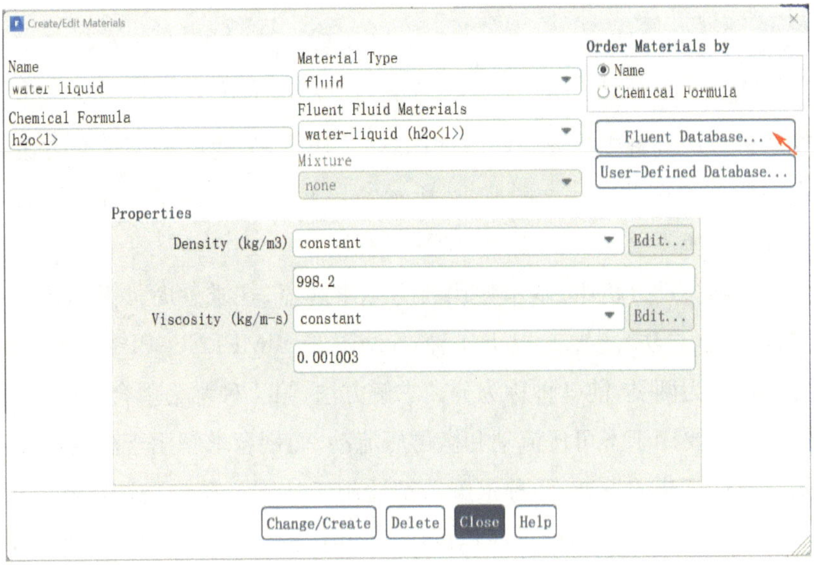

图 2.11 Fluent 软件材料数据库界面

如果进行多相流分析，比如使用 VOF 模型考虑水面自由波动时，或是空化分析时，则需要根据模型条件，分别在气相单元区域和水相单元区域设置相应的材料属性。材料的设定是求解的模型中单元区域条件的延伸，因此在进行水泵站流场分析工作时，应提前规划设计好研究中所涉及的单元区域条件（在网格划分时就要确定下来）。

2.5 设置求解控制参数

CFD 的求解控制是 CFD 分析过程中的关键环节，它涉及如何有效地求解流体流动的数学模型，主要是指在 CFD 分析过程中，通过选择适当的求解方法、设置合理的求解参数，以及采用有效的求解策略，来确保流体流动的数学模型能够被准确、高效地求解。在 CFD 软件中主要设置求解方法、求解控制、求解监视（收敛判别条件）及流场初始化。

2.5.1 求解方法及控制设置

在求解方法设置中主要是两方面内容：①压力场-速度场的耦合方案；②物理量在空间上的离散格式。图 2.12 所示的是 Fluent 软件设置界面，其他求解器软件界面有所不同，但设置内容都是一样的。

在水泵站流动分析中，基本使用压力基求解器，在求解时涉及压力场-速度场的耦合方案（算法）主要是以下 4 种：SIMPLE、SIMPLEC、PISO 和 Coupled。这 4 种算法分为两类，前 3 种称为分离求解方法，第 4 种称为耦合求解方法。分离求解以前主要用于不可压流动和微可压流动，而耦合求解用于高速可压流动。现在随着软件算法的发展，两种求解器都适用于从不可压到高速可压的很大范围的流动，但总的来讲，当计算高速可压流动时，耦合式求解器比分离式求解器更有优势。

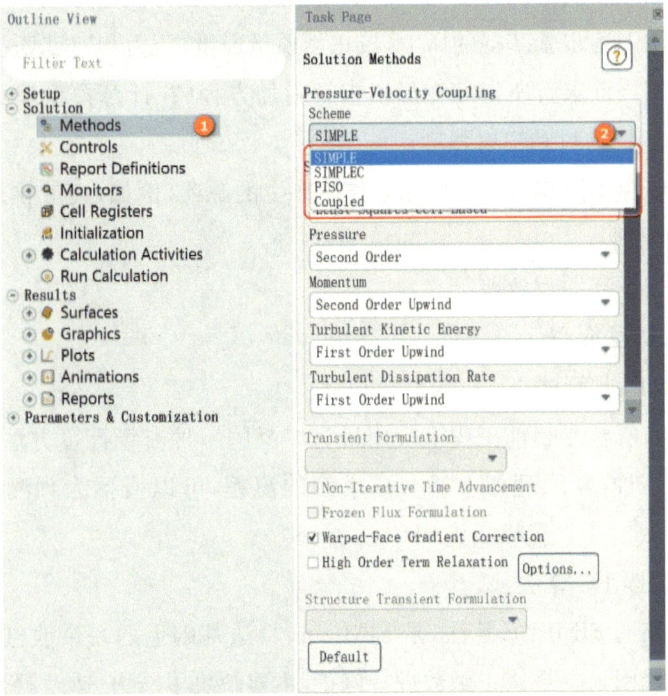

图 2.12 Fluent 软件求解方法及控制设置界面

2.5.1.1 分离求解算法

基于压力的分离算法按照顺序求解其中控制方程(即对控制方程组彼此分离求解),由于控制方程是非线性和耦合的,因此必须迭代执行解循环以获得收敛的数值解。在分离算法中,解变量(例如压力项、温度项、速度项等)单独控制方程一个接一个地求解,每个控制方程在求解时都与其他方程"解耦"或"分离",因此得名。分离算法是实时储存的,因为离散化方程只需要一次存储一个解,然而,由于方程是以解耦的方式求解,所以解的收敛速度相对较慢。分离算法对燃烧、多相流问题更加有效。

1. 分离求解算法的求解流程

(1) 基于当前方案流体的材料属性(密度、黏度、比热),包括湍流黏度(扩散率)进行更新;

(2) 使用最新的压力和面质量通量值,逐个求解动量方程;

(3) 使用最新获得的速度场和面质量通量求解压力校正方程;

(4) 使用上述步骤获得的压力,校正面质量通量、压力和速度场;

(5) 使用当前求解所得的变量值求解附加方程(在计算模型里提前设置),如湍流量、能量、物料和辐射强度;

(6) 更新由不同相位之间的相互作用产生的源项(例如,离散粒子引起的载流子相位的源项);

(7) 检查方程的收敛性。

2. 相关算法介绍

(1) SIMPLE 算法

SIMPLE 算法是目前工程上应用最为广泛的一种流场计算方法,它属于压力修正法的一种,其原理即上述分离求解的流程,可以概括为预测压力-校正压力。

(2) SIMPLEC 算法

求解思路同 SIMPLE 算法,是 SIMPLE 算法基础上的一个改进算法,区别在于为面通量引入一个修正函数进行修正,主要解决了压力-速度耦合方法难以获得解的问题,提高了收敛的速度。因此在水泵站流场分析中采用较多。此外,在使用 SIMPLEC 算法时,可以选择使用 Skewness Correction(偏度较正)的个数(默认是 0,可以参考 Fluent 手册设置合理个数),用于解决当网格的偏斜度较大时,相邻网格的压力修正梯度可能不准确的问题。在这种情况下,SIMPLEC 算法通过重新计算压力修正梯度并用于修正面通量,可以显著地增加计算的收敛性。

(3) PISO 算法

压力隐式算子分离法,更大提升了压力和速度之间的近似程度,通过引入两个校正指标:Neighbor Correction(领域校正)和 Skewness Correction(偏度校正),即每个迭代步中增加了动量修正和网格畸变修正过程。解决了分离算法中求解压力校正方程后,每个迭代步获得的压强场与动量方程偏离过大、速度和相应的通量不满足动量平衡的问题。虽然 PISO 算法的计算量大于 SIMPLE 算法和 SIMPLEC 算法,但是由于每个迭代步中获得的压强场更准确,所以计算收敛得更快,也就是说获得收敛解需要的迭代步数大大减少了。

3. 算法使用建议(以 Fluent 为例)

(1) 使用带 Neighbor Correction 的 PISO 时,建议所有方程的松弛因子为 1.0 或接近 1.0;

(2) 使用带 Skewness Correction 的 PISO 时,动量(Momentum)和压力(Pressure)的松弛因子的和应设置为 1(例如 Pressure 为 0.3,Momentum 为 0.7);

(3) 同时使用两种校正的 PISO 时,遵循带 Neighbor Correction 的 PISO 的建议;

(4) Skewness-Neighbor Coupling 是默认开启的,大多数情况不必禁用,如果网格中存在高度扭曲建议禁用,或者结合模拟的收敛情况来调整;

(5) 开启 PISO 后可以设置基于 Skewness 校正还是基于 Neighbor 校正,1 为开启,0 为关闭,默认是耦合状态(即两个都是 1)。大多数情况不建议更改,因为这是为了计算速度更快,但其鲁棒性(Robust)是有所牺牲的。

2.5.1.2 耦合求解算法

基于压力的耦合算法求解包括动量方程和基于压力的连续性方程的耦合方程组。因此,在耦合算法中,分离解算法中的步骤 2 和 3 由求解耦合方程组的单个步骤代替。其余方程以分离算法中的解耦方式求解;由于动量和连续性方程以紧密耦合的方式求解,与分离算法相比,解的收敛速度显著提高。然而,由于在求解速度场和压力场时,所有基于动量和压力的连续性方程的离散系统必须存储在存储器中(而不是像分离算法那样仅存储一个方程),因此,存储需求是分离算法的 1.5～2 倍。但是,耦合算法可以和所有动网格、多相流、燃烧和化学反应模型兼容,且收敛速度远高于密度基求解器。

这种基于压力的耦合算法为密度基和压力基两者提供了一种共同的替代方案,具有简单类型的压力-速度耦合。分离算法是分别求解动量方程和压力修正方程的半隐式解法,它导致的问题是收敛速度变慢;而耦合算法一起求解基于动量和压力的连续性方程,通过对动量方程中的压力梯度项进行隐式离散,以及对面质量通量(包括 Rhie-Chow 压力耗散项)进行隐式的离散,实现了全隐式耦合。

算法使用建议:

1. 更适合于单相流稳态的计算,因为它的优势就是计算单相流动的鲁棒性强。

2. 在使用Coupled但不开启伪瞬态(Pseudo Transient)时,则需要对库朗数(Courant Number,默认200),Pressure和Momentum的松弛因子(默认均为0.5),进行一些设定(具体可进一步参考Fluent的说明文件)。

需要注意的是,分离式求解器中提供的几个物理模型,在耦合式求解器中是没有的。这些物理模型包括:VOF模型(流体体积模型),多项混合模型,欧拉混合模型等相变模型,指定质量流量的周期流动模型,周期性热传导模型和壳传导模型等。不过在水泵站流场分析中,多数模型并不涉及,仅在使用VOF模型是需要注意的(新版本的Fluent软件在相关算法设置有矛盾时,包括边界条件设置不合适时,都会有相关提示)。

2.5.1.3 算法对比及其亚松弛因子(Under Relaxation Factors)的设置

1. 分离式求解算法以前主要用于不可压流动及微可压流动,而耦合式求解器则主要用于高速可压流动。现在,两种求解器都适用于从不可压到高速可压流动,但总的来讲,在水泵站流场分析计算中主要采用分离式求解算法。

2. 针对稳态计算,Coupled算法收敛速度更快。分离算法的优势是每次迭代至收敛的速度更快,耦合算法的优势是用更少的迭代实现收敛。

3. 针对瞬态计算,Coupled算法的优势是鲁棒性好(尤其是大时间步长的情况),但如果时间步长(Time Step)较小,PISO算法有明显的优势。

4. SIMPLE和SIMPLEC的算法基本是一致的,均可以求解稳态问题。SIMPLEC理论优势是提升收敛速度,但带来的是欠松弛问题。在大部分水泵站流动问题分析中,SIMPLEC可以快速获得收敛解,是比较好的选择。如果用SIMPLEC算法,压力校正的亚松弛因子通常设置为1.0,这有助于加快收敛速度。然而,在某些问题中,将松弛下的压力校正增加到1.0可能会由于高网格偏斜而导致不稳定。对于这种情况,需要使用一个或多个偏度校正的方法,可以稍微下调欠松弛因子(最多到0.7),或使用SIMPLE算法。但是,若求解湍流时还附加了其他物理模型的复杂流动,SIMPLE和SIMPLEC的收敛速度差别不大。

5. 对于所有的过渡流动计算,以及具有大时间步长的瞬态计算,推荐使用带Neighbor Correction的PISO算法。PISO算法可以在较大的时间差、设置Pressure和Momentum松弛因子为1.0的情况下保持稳定计算。但是,使用LES湍流模型的问题(通常用较小的时间步长)和稳态计算中,PISO算法没有明显优势，建议使用 SIMPLE 或 SIMPLEC。而对于高度畸变网格的稳态和瞬态计算，建议使用带 Skewness Correction 的 PISO 算法。注意按照前文中设定动量和压力的亚松弛因子之和为 1.0（Fluent 软件设置界面见图 2.13）。

6. 在大多数情况下，软件中各求解方法的松弛因子默认值足以满足由于网格歪斜引起的内部压力校正子迭代的鲁棒收敛性，只有非常复杂的问题（如移动变形网格、滑动界面、VOF 模型等）可能需要将压力的松弛因子调节到 0.7 或 0.8。

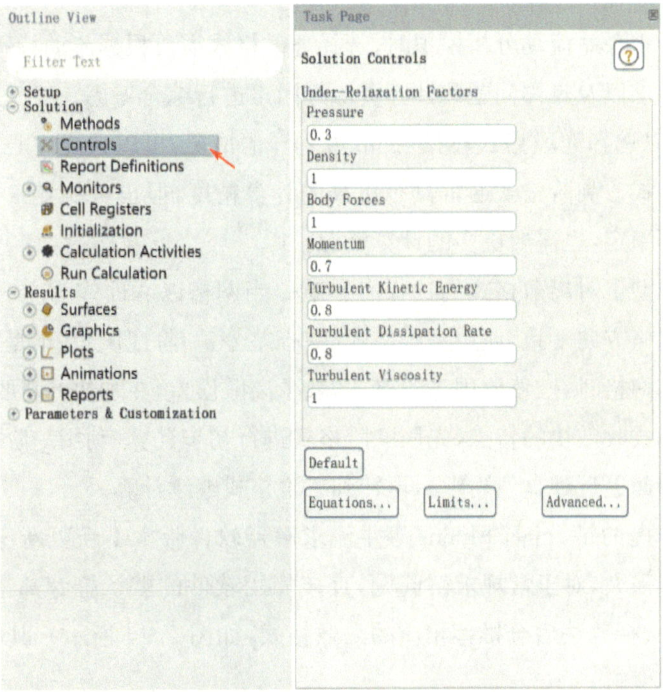

图 2.13　Fluent 软件松弛因子设置界面

在求解计算中另一个重点就是设置空间离散格式，其是指将连续的物理场（如速度场、温度场等）在空间上离散成一系列网格节点上的值，以便通过数值方法求解控制方程。这些离散格式的选择对计算结果的准确性和稳定性有着重要影响。以下是一些常用的 CFD 空间离散格式：

1. 中心差分（中心插值）格式，适用于流动参数变化较平缓的情况，假设界面上的物理量等于相邻节点物理量的平均值。

2. 一阶迎风（First Order Upwind）格式，考虑了流动的方向性，取上游节点的值作为界面上的物理量，适用于对流占主导的情况，但可能产生较大的数值耗散。

3. 二阶迎风(Second Order Upwind)格式，在一阶迎风格式的基础上，增加了对上游节点附近物理量变化的考虑，提高了计算精度。

4. QUICK(Quadratic Upstream Interpolation for Convective Kinematics)格式，一种高阶离散格式，通过二次插值计算界面上的物理量，具有较高的计算精度。

在进行水泵站流动分析模拟时，选择离散格式需要根据流动特性、计算精度和稳定性要求以及具体问题和计算资源等因素进行综合考虑。对于对流占主导的情况，可以选择迎风格式；对于扩散占主导的情况，可以选择中心差分格式或更高阶的格式。高阶格式通常具有更高的计算精度，但也可能导致计算过程更加复杂和不稳定，也需要更多的计算资源。

网格类型也对离散格式的选择有影响。当网格以六面体为主时，流场内多数流动与网格方向一致，使用一阶格式(中心差分、一阶迎风)基本是可行的。但使用四面体网格时，推荐使用二阶格式，减少离散误差，在加快计算收敛时，可以利用一阶格式收敛快的特点，先用一阶格式进行初步计算(利用一阶格式将初始化的初值加速逼近到真值附近)，再转到二阶格式继续计算。

值得一提的是，目前 Fluent 等主流求解器软件版本不断更新迭代，软件功能已经足够强大，对于常规求解问题，直接使用软件的默认推荐离散格式(Fluent 软件在选择算法后会推荐相应的离散格式，如图 2.14 所示)，其收敛性基本上都能得到保障。

2.5.2 求解监视设置

求解监视设置是 CFD 分析过程中的一个重要环节，它涉及对求解过程的监控和数据的收集，以确保求解的准确性和有效性。以下是对 CFD 求解监视设置的一些关键点的详细解释。

2.5.2.1 求解监视的目的

求解监视的主要目的是在 CFD 求解过程中，实时或定期地检查求解的收敛

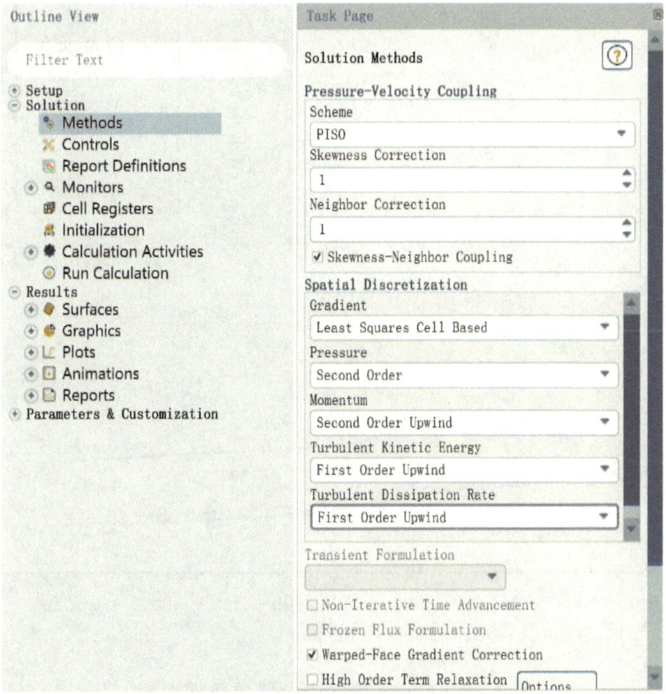

图 2.14 Fluent 软件中离散格式的设置界面

性、稳定性以及物理量的变化情况，从而判断求解过程是否正常进行，是趋于收敛还是发散（一般不用等待 CFD 软件完成设定的迭代次数，就可以从监视过程中有所判断），以及是否达到了预期的求解精度。

2.5.2.2 求解监视的设置内容

1. 收敛监视

（1）残差监视，通过监视求解过程中各物理量（如速度、压力、温度等）的残差变化（图 2.15 为 Fluent 软件中的残差监视示例），来判断求解是否收敛。残差是求解过程中实际值与预测值之间的差异，当残差降低到一定水平并保持稳定时，通常认为求解已经收敛，一般残差下降三个量级表示流场达到了定性收敛，流场的主要特征已经形成。

在水泵站流场计算中，残差标准的设置应根据具体问题的特性和求解需求来确定，对于连续方程，收敛精度可以设到 10^{-6} 量级（多数情况下工况已知，即

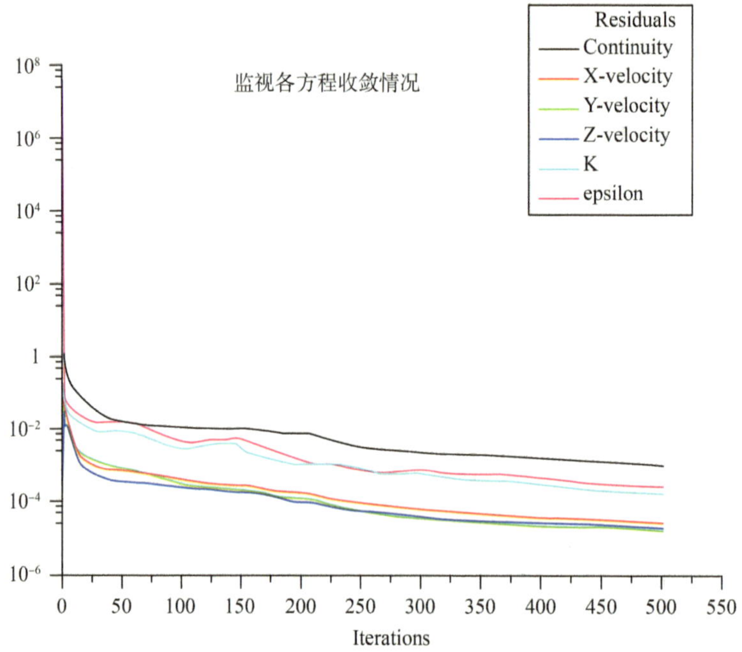

图 2.15　Fluent 软件中的残差监视界面

流量为已知的，故收敛要求可以提高)，对于速度、湍动能和耗散率的收敛精度宜设置的低一些，在 10^{-4} 量级上。

结合求解监视情况，观察残差的变化情况，可以通过调整求解控制参数(如松弛因子、迭代步数等)来优化求解过程，提高求解的效率和稳定性。松弛因子用于控制求解过程中物理量变化的步长，适当的松弛因子可以加速收敛并避免求解过程中的振荡。

(2) 物理量监视，选择特定的物理量进行监视，如流场中的速度分布、压力分布、温度分布等。这些物理量的变化可以反映流场的特性和求解的进展情况，也可以作为判别收敛的条件。如监测流道或管路出口处的流量，以出口为监视对象，在设置表面监视中选择流量。同时检查全局的通量守恒(对于不可压缩流体，流量守恒)，净通量差值(Net Results)应该小于通过边界(进口、出口)最小通量的 1%。

2. 数据采样

在求解过程中，可以设置数据采样点或采样面，以收集特定位置或区域的物理量数据。这些数据可以用于后续的分析和验证。在瞬态计算中可以根据需要设置采样频率和采样时间，以确保收集到足够的数据用于分析。

以 Fluent 为例，在 Fluent 的求解设置中，找到“Monitors”选项，并设置残差监视和物理量监视。可以选择需要监视的物理量，并设置采样点和采样频率。

总之，在设置残差监视和收敛监视时，应充分考虑问题的特性和求解需求，选择合适的监视对象和收敛标准。监视过程中应密切关注求解的进展和收敛情况，及时调整求解参数或检查模型设置以确保求解的顺利进行。收敛监视不是判断求解是否收敛的唯一标准，还应结合其他方法（如物理量守恒检查、进出口流量平衡检查等）来综合判断求解的准确性。

2.5.3 流场初始化

流场初始化是 CFD 求解过程中的一个重要步骤，它指的是在计算开始之前，为流场中的各个网格赋予一个初始值的过程。流场初始化的质量对后续求解的收敛性、稳定性和准确性都有重要影响。

2.5.3.1 进行流场初始化的目的

通过初始化，提供合理的初始解（不同的边界组合有不同的初始解），为求解过程提供一个合理的起点，有助于加速求解的收敛过程，避免不合理的初始值可能导致求解过程中出现数值不稳定或发散的情况。

2.5.3.2 流场初始化的方法

在 CFD 求解器中，流场初始化通常可以通过以下几种方法实现：

1. 标准初始化（Standard Initialization）

通过指定 Initial Values 列表中的各参数的值来实现整个计算域的初始化。其在给定流场中是一个平均值，每个网格上的值都是一样的。这种方法简单快捷，适用于大多数情况，但可能不是最优的初始解，流场初始化速度快。

2. 混合初始化（Hybrid Initialization）

通过收集使用者指定的边界条件，然后求解拉普拉斯方程来确定计算区域的速度场和压强场。所有其他变量，如温度、湍流度、物种分数、体积分数等，将根据区域平均值或特定的插值配方自动赋值给各个单元。这种方法能够更准确地反映边界条件对流场的影响，适用于需要较高求解精度的场合。

3. FMG 初始化(Full Multigrid Initialization)

利用多重网格技术获得初始解，对于许多复杂的流动问题(如旋转机械中的流动问题、扩散管或螺旋管道中的流动问题)能够提供一个好的初始化流场，从而加速收敛。FMG 初始化通常需要在求解器的高级设置或命令行界面中启用。

4. 利用已有流场初始化

在某些情况下，可以利用之前已经计算好的流场作为本次计算的初始流场。这种方法可以节省计算时间，并可能获得更好的收敛效果。

2.5.3.3 流场初始化的注意事项

根据具体问题的特性和求解需求选择合适的初始化方法。在初始化完成后，应检查初始流场是否合理，如速度、压力等物理量是否符合物理规律(软件中一般也会有相应的建议提示)。如果初始化后求解过程出现不收敛或数值不稳定的情况，可尝试调整求解参数(如亚松弛因子、迭代步数等)以改善求解性能，不过调整求解参数的作用有限，对于多数不收敛的计算问题，应主要考虑从边界条件、求解方法上对计算模型进行调整，甚至最终修改计算模型(去除或引入新的假设条件)。

总之，流场初始化作为 CFD 求解过程中的一个重要环节，它直接影响到求解的收敛性、稳定性和准确性。因此，在进行 CFD 求解之前，应认真考虑并选择合适的初始化方法，并仔细检查初始化的合理性。

2.6 计算结果的后处理

2.6.1 计算后处理的意义

在 CFD 模拟分析中，计算结果的后处理是一个至关重要的步骤，它涉及将求解器计算得到的大量数据转化为易于理解和分析的可视化图形、图表或报告，从而将问题研究结果进行展示和分享，与同行、同业人士（特别是非 CFD 使用者）进行交流。

通过后处理这一过程，从大量的计算数据中提取出速度、压力、温度等关键物理量的分布信息，采用等值面（线）图（Iso-surfaces，图 2.16）、云图（Contour plots，图 2.17）、矢量图（Vector plots，图 2.18）、流线图（Streamlines，图 2.19）等形式（或组合使用，图 2.20、2.21）将计算结果可视化展示，便于直观理解流动特性。对多个工况或设计方案进行对比分析，结合评价指标，评估其优劣并筛选出最佳方案。对仿真研究得到的数据进行数据处理分析，将后处理结果整理成报告，供决策者参考或作为科研论文的支撑材料，这往往是很多研究的核心工作。

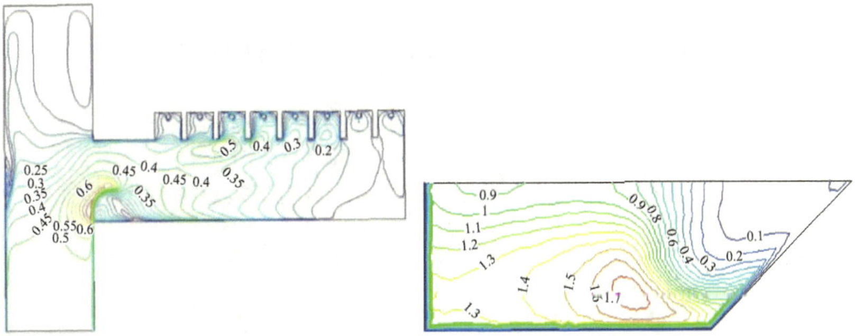

图 2.16　等值线图示例（使用 Tecplot 制作）

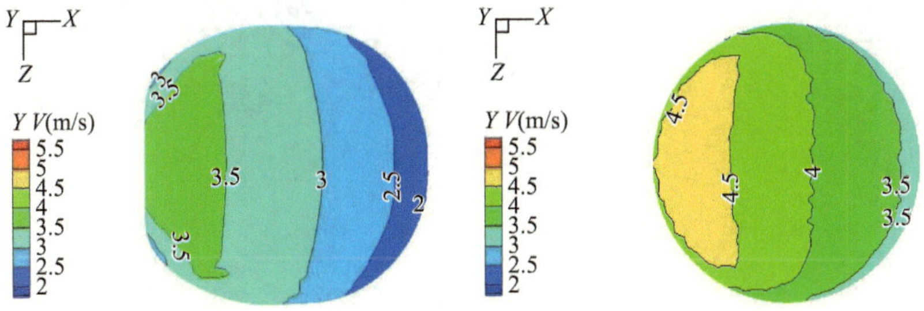

图 2.17　*XZ* 平面流速云图示例（使用 Tecplot 制作）

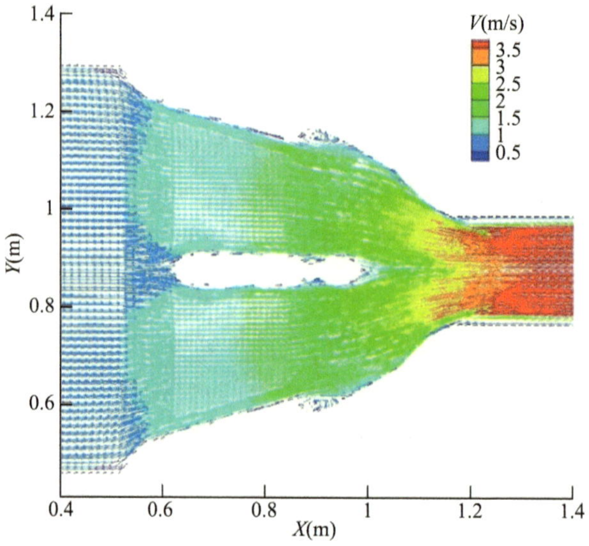

图 2.18　XY 平面矢量图示例(使用 Tecplot 制作)

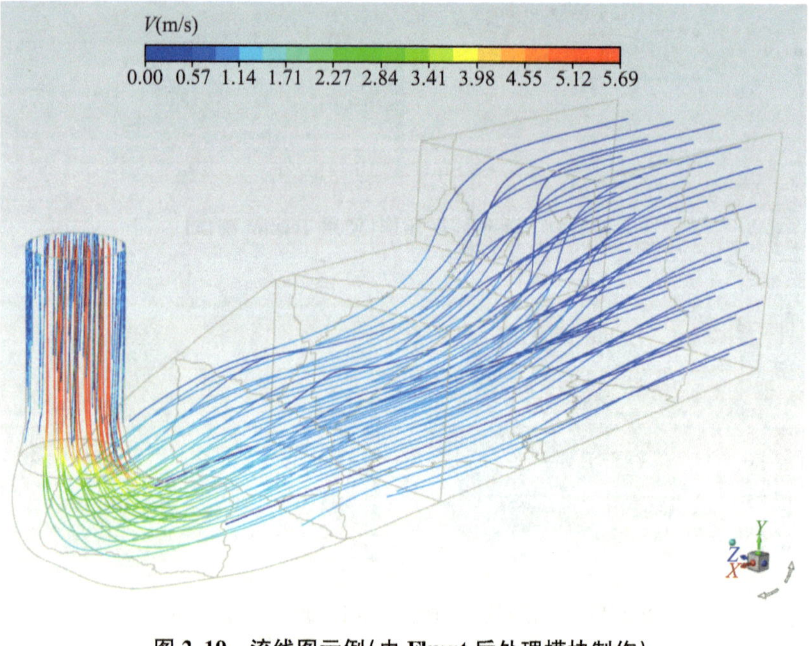

图 2.19　流线图示例(由 Fluent 后处理模块制作)

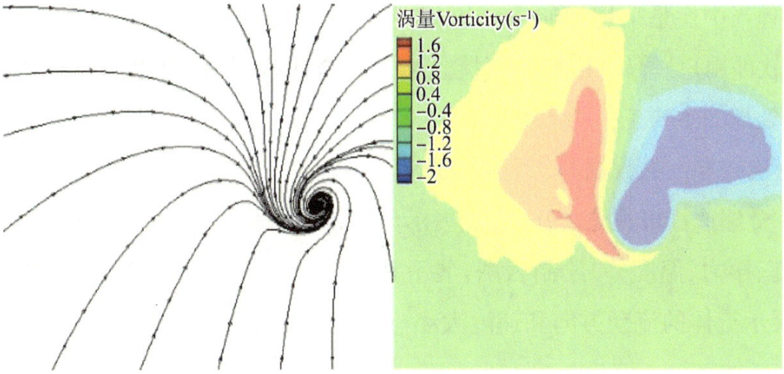

图 2.20　流线图和涡量云图混合可视化示例(平面效果)(使用 Tecplot 制作)

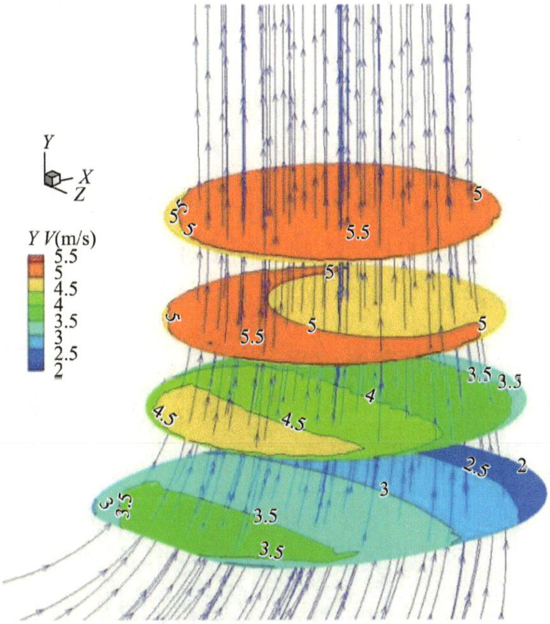

图 2.21　流线图和流速云图混合可视化示例(三维展示效果)(使用 Tecplot 制作)

2.6.2 后处理的主要工作内容

将求解器计算得到的结果文件(如 Fluent 的 CAS 和 DAT 文件)导入到后处理软件(或模块)中,常用的后处理软件包括 Fluent 自带的后处理模块、Tecplot、CFD-Post 等。Fluent 自带的后处理模块简单易用但高级功能有限,一般在后处理当中还是采用 Tecplot(通用性好,支持多种求解器)、CFD-Post(针对 Ansys 软件用户)等软件,操作便捷且功能更全面,可以输出更漂亮的图片和动画。后处理的主要工作内容有:

1. 检查导入的数据是否完整、准确,确保后处理结果的可靠性。

2. 合理选择可视化方法,直观展示流动特性。根据需要选择适当的物理量(如速度、压力、温度等)绘制云图,展示其在空间中的分布情况。绘制速度矢量图等,展示流体的流动方向和速度大小,通过流线或迹线展示流体的流动路径和模式。

3. 添加其他可视化效果,如格栅、镜像、阴影效果设置,半透明效果设置等,以增强可视化效果。注意可视化效果的合理性,避免过度渲染或误导性的可视化效果,确保结果的真实性和可信度。

4. 数据提取与分析,提取特定位置或区域的物理量数据,进行定量分析。计算并展示流场的统计信息,如平均值、最大值、最小值等。

5. 使用后处理软件的同步对比功能(自带的后处理模块不支持)进行多工况对比分析,对多个工况或设计方案,进行同步对比分析,评估其差异和优劣,减少重复工作,提高分析效率。

6. 后处理结果整理,包括云图、矢量图、流线图等可视化图形以及数据分析结果。报告中应包含网格、边界条件、求解设置等必要信息,如图 2.22 所示,以便读者了解计算过程,增加结果的可信度。

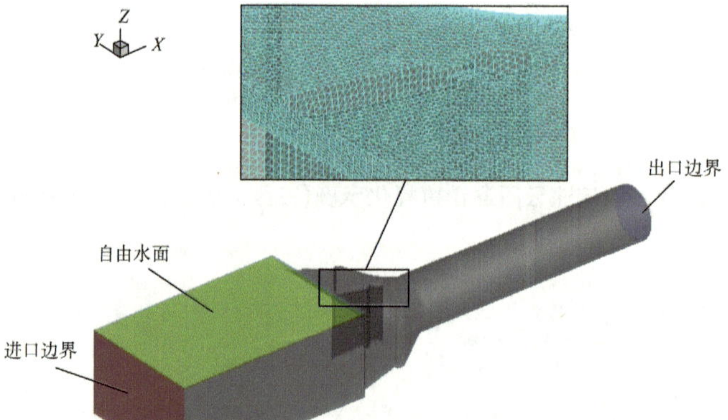

图 2.22　某计算问题关于边界条件、网格信息的插图(使用 Tecplot 制作)

值得一提的是，从事流场分析，特别是水泵站流场分析研究时，后处理的核心是将模拟的流场数据（压力、流速等物理量）提取、展示并分析。在进行后处理这一过程时，不是仅局限于这些后处理软件所提供的功能范畴，而是如何从待研究问题出发，将模拟的数据应用到所研究的问题中去，比如水泵的扬程、流道的水力损失特性，水泵装置压力脉动特性等。因此在水泵站流场分析中，应用到的分析工具还有很多，Matlab、Excel 等也是后处理中经常使用的工具。现在流行的 Python 编程语言，提供了丰富的数据处理库（如 NumPy、Pandas 等）和可视化库（如 Matplotlib 等），使用者也可以通过编写 Python 脚本来对计算结果数据进行处理和可视化。总而言之，CFD 计算结果的后处理是一个复杂而重要的过程，需要仔细操作并选择合适的软件和方法，同时注意确保结果的准确性和可信度。

2.7 计算精度与验证

根据上文对 CFD 使用方法和求解步骤的介绍，可以看到商用 CFD 软件历经多年的发展，在功能集成度、使用便捷性、程序稳定性等方面优势明显。因此对于应用商用 CFD 软件来解决工程问题的大多数使用者，CFD 软件本身类似一个“黑箱模型”，使用者不再重点关注其中的数据流向、CFD 的内部运作方式等，而在于如何有效地利用当前的软件，发挥其的计算性能，提高计算结果精度及可信度。

2.7.1 计算精度的影响因素

一般来说，应用商用 CFD 软件分析问题，计算精度主要受算法、网格、计算模型和边界条件等因素影响。

2.7.1.1 算法导致的精度问题

一般来说，高阶算法的精度要高于低阶精度。但是收敛性却相反，采用高阶算法要比低阶算法收敛更困难一些。在一些高速流动情况中，采用迎风格式比中心差分格式能更好地收敛，在扩散占优的流动中则相反。以 Fluent 为例，其具有一阶迎风格式与二阶迎风格式、幂律格式、QUICK 格式以及三阶 MUSCL 格式。通常一阶迎风格式用于初步求解，较少用于最终计算结果的获得。QUICK 格式在结构网格中具有三阶精度且收敛性较好，但是在非结构网格中只有二阶精度。在实际工程问题应用中二阶迎风格式用得非常多，它同时满足了精度和收敛性的需求。三阶 MUSCL 格式用得较少，因其收敛性不是很好。

2.7.1.2 网格导致的精度问题

根据有限体积法的原理，网格大小类似于照片的分辨率，理论上只有在计算网格大小为 0 的时候数值计算结果才等同于数学方程的解，但网格大小为 0 是不可能的。由于计算机的精度限制，网格尺寸缩小会增加舍入误差，也就是说，计算精度并不是一直随着网格尺寸的减少而不断增加的，另外网格尺寸的减小反而会急剧增加计算资源的消耗。因此在进行计算中，常常要进行网格无关性验证，也是为了避免做这类吃力不讨好的事情。

2.7.1.3 计算模型导致的精度问题

将模型放在精度这里其实是不太合适的，因为模型导致的精度问题实质是适用性问题，即不恰当的模型会导致分析问题的计算结果失真。例如 Fluent 提供中的湍流模型有很多种，如零方程模型、一方程模型、双方程模型等等，不同的模型有其最合适的使用范围，如果使用不当，势必会造成计算精度下降。合理地选择计算模型，不只能提高计算精度，也能提高计算结果的可信度。但是要合理地选择模型，很大程度上依赖于使用者的理论功底和对问题的认识程度。

2.7.1.4 边界条件导致的精度问题

上文提到了应用商用 CFD 软件来解决工程问题的大多数使用者，CFD 软件本身类似一个“黑箱模型”，使用者输入边界条件参数后基本都会得到计算结果，因此边界条件的设定会对计算结果的影响是主要的。也就是说，不确切的边界条件会导致不确切的计算结果，错误的边界条件一定得不到正确的结果。流体分析计算相比于固体有限元应力计算，其边界值更难以准确测量。在固体计算中，边界值可以是力可以是位移，这些都是容易测量的量。但是在流体中，边界条件上的压力、速度、流量、体积分数等物理量，这些量的测量都是对实验人员的考验。在实际工程中，就需要使用者在分析问题建立计算模型时选择能够方便获取准确信息的位置作为边界条件，或者考虑为了便于测量相关物理量对分析区域做适当延伸后纳入计算域。

2.7.2 计算可信度的影响因素

可信度通常指数学模型与真实世界的差异。在这个环节上，CFD 软件使用者能控制的部分并不多，主要在以下几个方面。

2.7.2.1 几何模型

一般出于网格划分方便或节约计算资源的考虑，会对真实模型的细节进行简化。例如略去一些微小特征，将三维模型简化为二维计算、周期性模型等等。需要注意的是，在进行简化之前，应对模型简化所可能造成的后果有明确的认识。究竟能不能简化，简化会不会造成精度的严重损失，这些都是需要认真考虑的。比如计算一段直管中的流动问题，从几何上来讲，可以简化为平面模型或简化为旋转轴对称问题，但是对于不同的物理情况，能否简化就很值得商榷。将细小模型进行简化是出于计算资源上的考虑，但若细小特征处于敏感位置，对计算结果有较大影响时，能否将其简化则是必须考虑的问题。

2.7.2.2 物理模型

现实世界是一个复杂的系统，我们在进行研究时，不可能考虑所有的影响因素，只能选取一些主要因素去进行考虑。例如，N-S 方程是从三大守恒定律出发的，所做的假设比较少，其目前还不能对复杂结构直接进行数值求解，为了工程需要，对 N-S 方程离散过程进行了一系列的简化，于是出现了各种湍流模式，出现了各种燃烧模型、多相流模型。

2.7.2.3 模型参数

现在的商业软件基本都集成了多种物理模型，其中很多模型参数都是一些半经验或经验参数，并不一定会完全适应使用者所用的模型。由于这些模型参数的获取是一件非常困难的事情，通常都是通过实验获取，一般来说，软件使用者很难有这样的条件去对参数做个性化调整，因此还需多尝试、多验证，从中挑选最适用和实用的模型参数用于研究问题的模拟。

2.7.3 计算结果的验证

通常实验是最好的验证手段，但是存在一个问题，实验过程中的参数很难与计算输入的参数完全吻合。对于实际工程问题，实验有时候是唯一的验证手段。一般来说，数值计算结果在工程上与实验结果误差在10%以内是被允许的。在数值计算结果与实验数据存在很大差异时，一般应对几何模型、物理模型、边界条件设定进行检查以及对网格进行优化。

2.7.3.1 检查几何模型

分析是否忽略了关键几何特征，检查边界位置是否合适。很多时候边界位置设得不合适，可能会导致计算振荡，不收敛等情况发生。同时由于不同的软件对于不同的边界组合方式处理方法存在差异，因此需要选择合适的边界组合方式(如 Fluent 中压力边界与出流边界不相匹配，最好不要同时出现，可能导致收敛问题)。

2.7.3.2 检查物理模型

检查是否选用了不合适的模型。每一种模型都有一定的使用范围，使用者需要对这些使用限制有深刻的认识才能更好地进行选择。例如 Fluent 中，湍流模型有很多，标准 $k-\varepsilon$ 模型适合一般的工程流动问题，但是对于带有强旋转的流动误差较大，RNG $k-\varepsilon$ 模型适合旋转湍流流动计算，SA(Spalart-Allmaras)模型适合航空外流计算，$k-\omega$ 模型适合带有边界层的计算，雷诺模型适合各向异性湍流的计算，但是计算量大不易收敛。因此在进行选择需要仔细地考虑选择的模型是否适合自己的问题，一旦模型选择错误，轻则造成大的误差，重则不收敛计算出错。

2.7.3.3 检查边界条件设定

检查边界条件参数设定是否符合实际情况，实验测量精度是否满足要求。若边界信息不是通过仪器测量而是通过计算得出，那么就要考虑在模型边界上采用的公式是否满足其适用条件、是否符合客观物理规律。

2.7.3.4 优化网格

网格质量始终是CFD使用者需要努力控制的内容(也是一般软件使用者最能控制的环节)。好的网格质量能够增强收敛、提高计算精度、减少计算时间。因此在时间充足的情况下，应尽可能提高网格质量。同时，对于流动情况复杂的区域，应进行网格加密处理。在计算结果达到要求后，还需要进行网格独立性验证。

第3章

侧向进水泵站前池整流斜板的参数优化

前池作为泵站进水部分的主要部件，主要作用是将引渠和进水池合理地衔接起来，使水流平稳且均匀地流入进水池，为水泵提供良好的吸水条件。前池的水流流态直接影响水泵机组性能及泵站运行安全，良好的前池设计能够确保水流在流入进水池时流速分布均匀、无漩涡和回流，从而避免因水流不良而导致的水泵效率降低、气蚀、机组振动等问题。按进水方向区分，前池可分正向进水和侧向进水两类。在工程实践中受地形和场地制约有较多泵站采用侧向进水方式[5]，导致前池中易出现不良水流现象，影响进水流道（或进水池）内水流的稳定，导致泵机组性能下降，甚至引发振动和气蚀等问题，对泵站的安全产生不利的影响。因此，分析前池内部水流流态并加设改进措施，改善水流流态使其平稳地进入进水流道，对保证泵机组安全高效运行有重要作用。

本章结合工程实例，介绍泵站前池水流流动分析方法，以及相关整流措施的参数化研究分析方法，为评估侧向进水泵站前池整流措施效果及优化水力设计提供新的途径。

3.1 侧向进水泵站进水流场 CFD 计算模型的建立

根据第 2 章所述，为精确地模拟泵站前池中的复杂流动特性以期优化泵站的整体设计，这里将采用 CFD 方法构建泵站前池的流场模型，获取泵站前池水流流场中物理量的分布情况，如流速分布、压力分布等，通过研究水流流动特性，分析可能影响泵站运行效率和安全的因素，从而针对性提出优化设计建议，评估优化设计效果，给出优化设计建议参数。

3.1.1 计算方案的制定

某泵站位于水库下游，水库通过采用泵站提水充库和涵闸控制出库的运行方式来实现区域水资源管理。泵站平面总体布置图如图 3.1 所示。此工程为闸站合建、共用前池，前池底坡 1∶8，坡前水深 4 m，坡后水深 5.4 m，可以实现由泵站提水至水库、水库通过涵闸输水至前池的双向水资源调度功能。其中泵站段设机组四台：两台1400HLB－9.5型立式混流泵（大机组，编号为2＃、3＃），单泵设计流量为5.4 m^3/s；两台900HLB－12.5型立式混流泵（小机组，编号为1＃、4＃），单泵设计流量为2.6 m^3/s，采用箱涵式进水流道、直管式出水流道。进水流道进口断面尺寸为3.2 m×4.85 m（高×宽）。进水箱涵中心线与4台水泵机组段中心线平行不共线，相距2.875 m。目前由于其他工程建设的需要，临时封堵进水箱涵，改为侧向进水，并在泵站入口处设置单条导流墩进行整流。

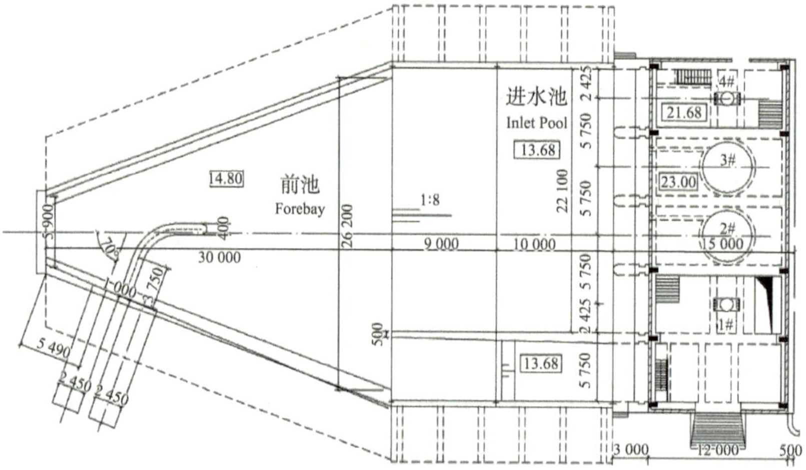

图3.1 某水库入库泵站平面总体布置图（高程：m；其他：mm）

根据收集的现场运行资料，该泵站的运行典型工况为1＃、2＃、4＃水泵开机组合，流量为泵站设计流量，故在本例中计算分析方案为：①典型工况（1＃、2＃、4＃水泵开机组合，泵站设计流量工况）下的数值模拟分析，提出前池整流斜板的优化方案；②对比工况（1＃、3＃、4＃水泵开机组合，泵站设计流量工况）下的数值模拟分析，验证整流斜板优化方案的适应性。

3.1.2 计算流体域与几何建模

本例以典型工况下的数值模拟分析为主，以对比工况下的数值模拟分析验证优化方法的适应性。基于数值模拟方法，对泵站前池（含进水池，下同）中水流动态进行研究，重点关注流线、速度分布和流态等关键性指标。

在本例中，使用UG（Unigraphics NX）软件创建该泵站进水建筑物的三维几何模型,UG 软件是一种集成了 CAD(计算机辅助设计)、CAM(计算机辅助制造)和 CAE(计算机辅助工程)的高级三维参数化工具,以其用户友好的界面和强大的功能而著称。结合第 2 章中所述内容,综合考虑水流方向、进水建筑物尺寸和水深等影响因素,"抽取"出合适的流体计算域,确保计算模型与实际水流流动情况相符。

本例中泵站典型运行工况的计算模型如图 3.2 所示,进口断面外延至进水涵闸处,典型运行工况下开机组合为 1#、2#、4# 水泵,建模中设为计算域出口,3# 水泵进口保留进水管口外形水流不通过,流体外边界墙体厚度为 0,内部墙体(导流墩、隔墩、进水池隔墩等)保留设计尺寸。在模型中建立三维直角坐标系,按三个主要方向分别定义坐标轴向:前池中水流方向为 Y 轴,前池宽度方向为 X 轴,垂直方向作为 Z 轴。

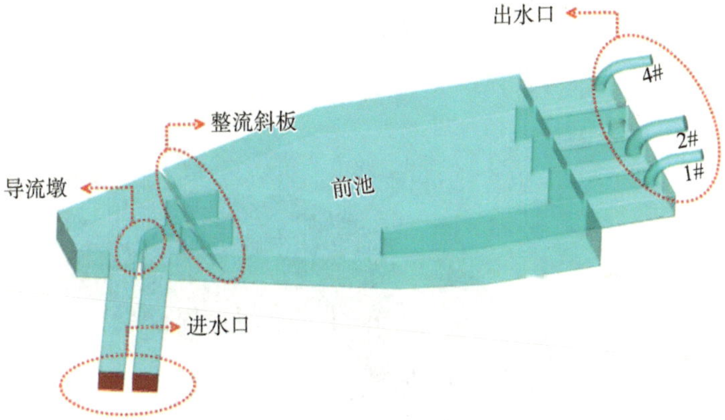

图 3.2 某水库入库泵站三维几何模型

3.1.3 计算网格划分

在进行数值模拟时,建立优质的计算网格是实现有效数值计算的基础。传统网格的构建通常依赖于有限差分法,并倾向于使用结构化网格。但随着网格生成技术的进步,有限体积法更受青睐,其主要是将计算区域细分为多个互不重叠的控制体积单元,确保每个网格点都被特定的控制体积所包围,从而实现对整个计算区域的划分。通过对这些控制体积中的微分方程进行积分,得到一系列的离散方程。有限体积法既适用于结构化网格也适用于非结构化网格。结构化网格的生成技术更为成熟,可以快速产生高质量的网格,并且其数据结构比较简单。但是,当对复杂的流场区域进行网格化时,创建结构化网格可能有困难,相比之下,非结构化网格更能够灵活地适配复杂的流体动力学模型的网格化需求,并且在处理边界条件时表现得更加优越,从而弥补了结构化网格的不足之处。尽管非结构化网格在处理黏性问题方面相对较差,且可控性较差,计算耗时较长,工作量较大,但其在处理复杂几何形状方面有显著的优势。

在处理泵站侧向前池的复杂三维模型中,为了平衡计算精度与网格生成难度,本例中采用 Fluent Meshing 软件对计算域进行混合网格划分,采用结构化网格和非结构化网格混合生成方式,充分利用两种网格的优势。在模型中,针对复杂的部分采用多面体网格,而在相对简单的部分则选用六面体网格。这一混合网格划分策略在确保计算准确性的同时,最大程度上简化了网格生成的过程,泵站进水建筑物三维模型的混合网格如图 3.3 所示。

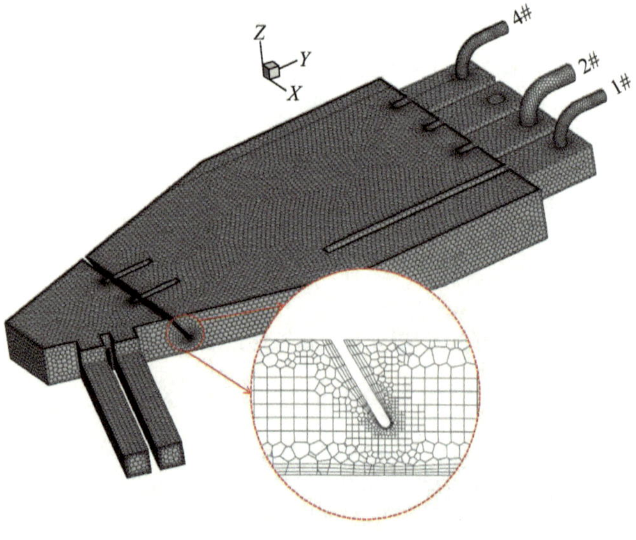

图 3.3　泵站计算模型网格划分图

在数值模拟计算中,网格划分的密度直接影响到计算结果的精确性。理论上,越细致的网格划分越能更好地捕捉流场中的细节变化,提供更高的模拟精度,但会导致计算成本明显上升。因此,有必要进行网格无关性测试,即当网格达到一定的细密程度后，再增加网格数对流动情况的改变将会非常小。满足网格无关性即可认为模拟结果已接近于真实物理场的行为。

为了确认模型的网格无关性特征，并寻求最佳的网格数量，本例中先采用不同数量的网格进行模拟，从 25 万、34 万、59 万、70 万、88 万、104 万、186 万、216 万到 406 万，以总水头损失作为网格无关性评价的特征指标。通过比较各网格量下的模拟结果，评估网格细化对模拟计算结果（或精度）的影响，进而确定达到网格无关性的网格数量级。采用式(3.1)对网格划分优劣进行评估。

$$h_f = \frac{(P_{in} - P_{out})}{\rho g} \tag{3.1}$$

式中：h_f 为水头损失（m）；P_{in} 为进口的总压强（Pa）；P_{out} 为出口的总压强(Pa)；ρ 为水的密度（kg/m^3）；g 为重力加速度（m/s^2）。

随着网格数量的增加，特征指标呈现出明显的降低趋势，如图 3.4 所示。当网格数量增至大约 100 万个时，特征指标的变化已趋于平缓，基本稳定在 0.45 m 左右，在网格数量超过 100 万个后，特征指标的相对变幅降至约 2%，由此可以认为，网格数量在达到 100 万个的量级时，网格尺寸对模拟结果的影响已可以忽略。因此，在考虑模拟精确的同时兼顾平衡计算资源的消耗，本例中将计算域的网格数量定在 100 万，案例中所有模拟均采用了同样的网格划分策略，确保模拟结果的一致性。

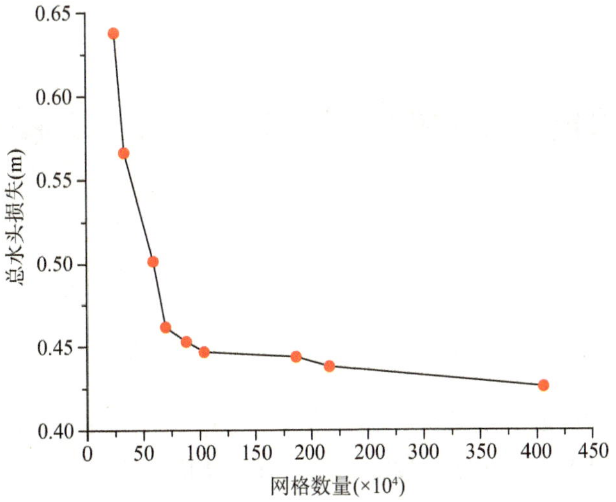

图 3.4 网格无关性验证

3.1.4 边界条件及求解设置

在数值模拟中，合适的边界条件对于确保解的收敛至关重要。在本例中，根据泵站前池的物理边界情况在数值模拟中使用以下不同类型的边界条件。

1. 入口边界条件：将入口处的边界条件定义为压力入口，通过 Fluent 软件提供的功能来设定一个随着水深变化的压力分布函数。设定流场入口的顶部压力为 8 kPa，底部为 40 kPa，更精确地反映实际水体入口的物理状况。

2. 出口边界条件：鉴于研究中使用了两种不同型号的泵，其运行情况下的流量分别为 5.4 m^3/s 和 2.6 m^3/s。采用质量流量出口作为出口边界条件，可更精确地反映各个泵的工作状况。

3. 壁面边界条件：将入口、出口以及自由水面以外的所有边界设置为标准壁面。采用无滑移条件处理，以保证流体在这些边界处不会产生相对壁面滑移。

4. 自由液面：鉴于水位的变动较小，将前池的水面视为自由水面，并使用对称面作为边界条件，忽略空气对水面的剪应力，符合实际情况下的“刚盖假定”。

对于模型的求解，根据已有研究资料表明，前池的水流被视为充分发展的湍流，瞬时流动满足质量守恒方程和动量守恒方程。在数值模拟中，采用雷诺时均的 Navier-Stokes(RANS)方程和连续性方程来描述水流情况，并选择 Realizable $k-\varepsilon$ 湍流模型，使用 SIMPLEC 算法进行计算。

3.2 侧向进水泵站进水流场 CFD 模拟分析

3.2.1 流场评价指标

目前在泵站前池整流工程措施（底坎、导流墩等）优化中，特征断面上的轴向流速分布均匀度 V_{au} 和速度加权平均角 θ 被广泛应用作为关键性能评估指标，用来定量描述和分析前池内的流动状态，以便整流工程措施设计参数能够进行定量对比。

轴向流速分布均匀度 V_{au} 用于判断某特征断面上速度分布的均匀性，为精确刻画该断面上轴向速度的分布均衡状况，采用轴向流速分布均匀度作为主要评估参数。V_{au} 最大值为 100%，数值越高表示水流轴向流速分布越均匀，计算公式如下：

$$V_{au}=\left[1-\sqrt{\sum_{i=1}^{n}(V_{ai}/V_{a}-1)^{2}/n}\right]\times 100\% \tag{3.2}$$

式中：V_{au} 为轴向流速分布均匀度；V_{ai} 为断面各节点轴向速度（m/s）；V_{a} 为断面平均轴向速度（m/s）；n 为断面节点个数。

速度加权平均角 θ 是衡量水流在断面上横向流动性能的一个关键指标。此参数用于描述水流角度分布的特性，弥补仅通过轴向流速分布均匀度无法揭示的流动角度信息的缺陷。速度加权平均角可以用于评估水流进入进水池时的方向性，特别是其与进口断面的垂直程度。理想情况下，入口水流方向与进口断面垂直，即 θ 值接近 90°时表明水流入流条件接近理想状态，计算公式如下：

$$\theta=\frac{\sum V_{ai}\left[90^{\circ}-\arctan\dfrac{V_{ti}}{V_{ai}}\right]}{\sum V_{ai}} \tag{3.3}$$

式中：V_{ti} 为断面各节点的横向速度（m/s），其余同式（3.2）。

为了有效地整合这两个评价指标，并在参数优化过程中实施更为高效的评估方法，本例提出了一个综合评价指标 F。该综合评价指标通过数学关系融合轴向流速分布均匀度和速度加权平均角的关键信息，提供一个全面的性能评价标准。在后续采用响应面模型与遗传算法进行设计参数优化时，利用此处引入的综合评价指标 F 不仅简化了性能评估过程，还提高了优化算法的效率和有效性，能在多目标优化环境中更准确地识别出最优设计参数，从而使前池整流工程措施实现最佳性能。综合评价指标 F 的计算公式如下：

$$F=\frac{e^{\tan|90^{\circ}-\theta|}}{V_{au}} \tag{3.4}$$

综合评价指标 F 为一无量纲数，其取值范围为 $F\in[1,\infty)$，当 F 的取值越接近 1 则表明该特征断面的轴向流速分布均匀度越接近 100%以及速度加权平均角越接近 90°。

3.2.2 典型特征断面的选取

为全面了解本例中前池水流的特性，这里选取了六处截面作为特征断面来分析流场。这些特征断面包括：沿主流方向布置的三个纵向中心线流速剖面，以及覆盖前池上、中、下三个水平层面的特征断面。通过分析特定断面以了解前池中水流的详细分布，提取各个区域内流速、流向等水力学参数数据，更好地理解前池内水流的动态特性和水力行为。

在数值模拟研究中，特征断面的选择位置如图 3.5 所示。分别标记为特征断面Ⅰ($Z=3.5$ m)、特征断面Ⅱ($Z=1.5$ m)和特征断面Ⅲ($Z=-0.5$ m)。为准确量化各水道内沿轴向的流速分布均匀度、速度加权平均角以及综合评价指标 F，距入口处一定距离($Y=50.5$ m)选取了特征纵剖面Ⅰ作为主要采样面。此外，为了深入观察和分析水泵进水流道中水流的流线分布特性，在水泵进水流道的中心线位置设定纵向中心线流速剖面。通过对这些特征断面的系统分析，来揭示各水泵纵剖面内水流流线的详细分布，进而为整流斜板结构设计参数的优化提供数据支持。

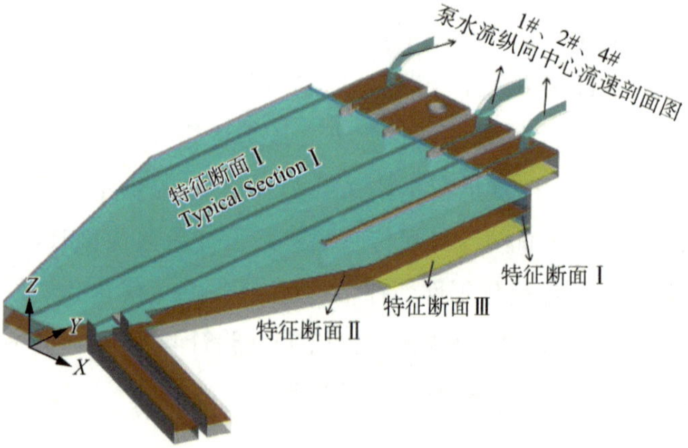

图 3.5 典型特征断面位置示意图

3.2.3 数值模拟结果分析

本例中，首先模拟了原有泵站进口处加设导流墩后的流场，采用前述的典型断面来分析前池中水流的流动特性，如图 3.6 与图 3.7 所示。

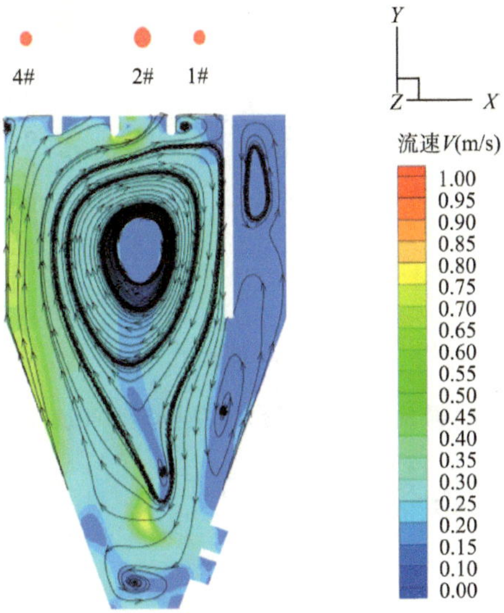

(a) 特征断面Ⅰ

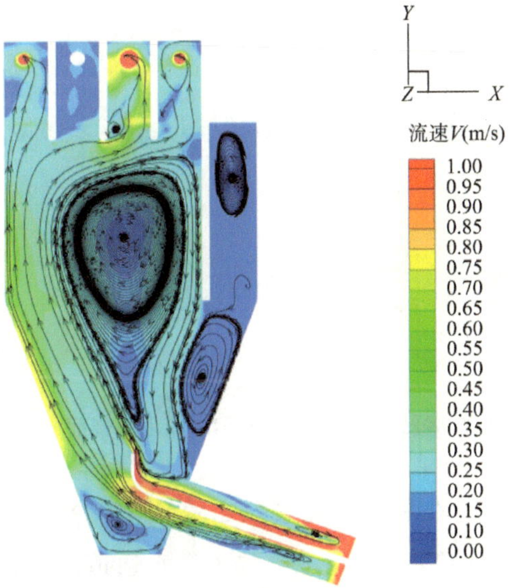

(b) 特征断面Ⅱ

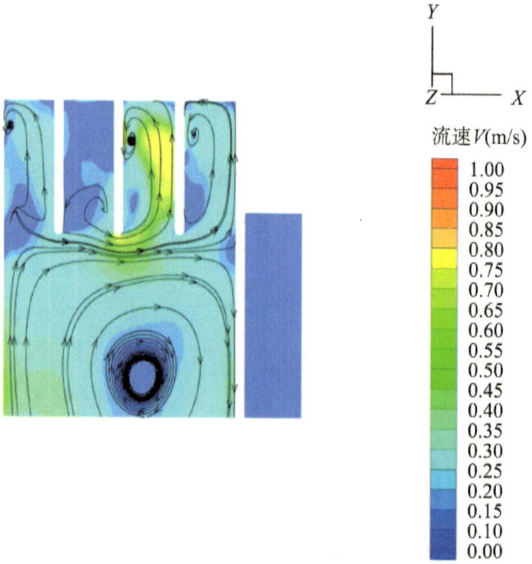

(c) 特征断面Ⅲ

图 3.6　泵站原有导流墩方案各典型水平面流线图

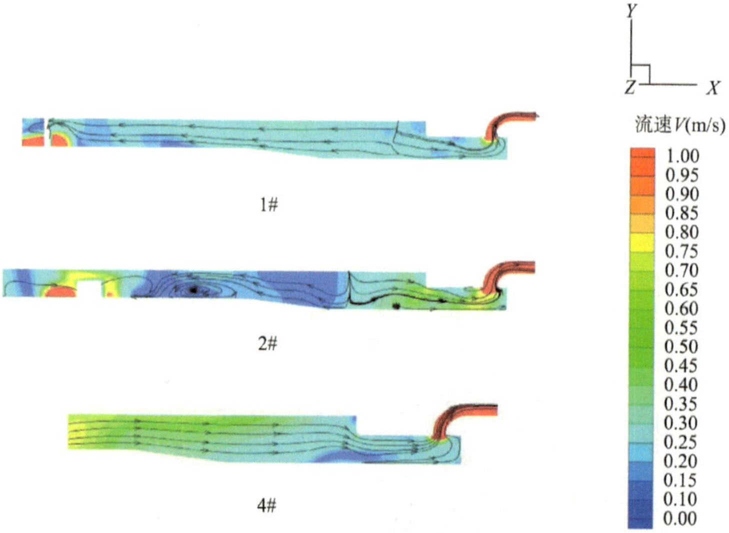

图 3.7　泵站原有导流墩方案纵向中心剖面流线图

从图 3.6 可以看出,在水流经过底坡之后,1＃和 2＃水泵的纵向中心线上观察到了明显的回流现象,这一现象导致了进水通道内水流的不规则性增加。结合图 3.7,可以得出结论,侧向进水方式的泵站前池内部存在大规模的涡流现象，这些涡流严重影响了前池内水流的流动性，引起了水流线分布的混乱和流速分布的不均匀。一系列的观察结果表明，在当前的泵站设计和运行条件下，前池的水流动态性有严重的问题，不仅导致了水流线分布的混乱，而且还造成了流速分布的不均匀，降低了泵站前池的运行效率和性能，影响泵站的整体工作稳定性。

针对泵站前池采用的侧向进水方式，以及典型工况下的大流量与小流量泵组合运行的非对称开机方式，通过数值模拟分析，发现前池内部水流动态有明显的复杂性，前池内水流产生漩涡，并在各进水流道内观察到明显的水流横向偏移行为。通过计算各进水流道特征纵剖面处的轴向流速分布均匀度以及速度加权平均角，结果如表 3.1 所示，这些结果表明：在引入导流墩后，各进水流道内的水流流态普遍不理想，有大范围漩涡产生，并普遍存在横向偏移现象。从上述分析得出，需增设有效的整流措施，以优化前池中的水流，从而提高泵站前池的工作效率和性能。

表 3.1　泵站原导流墩方案数值模拟分析成果

运行水泵	轴向流速分布均匀度	速度加权平均角
1#	31.31%	61.24°
2#	16.25%	47.28°
4#	36.33%	46.57°
综合评价指标 F：7.87		

3.3　基于正交试验法的整流斜板参数优化

前池作为水流进入泵站或其他流体处理设施的关键预处理区域，其内部水流分布的均匀性和稳定性对于保障整个系统的高效运行至关重要。整流斜板是一种常见的流体动力学措施，在水利工程的前池设计中发挥着重要作用。整流斜板通过其斜面结构设计，能够实现对水流的调控，其倾斜角度和尺寸的设计能引导水流按照预定的路径流动，有效消除或减少漩涡和湍流现象，降低水流的横向偏移，提高流体的均匀性。此外，整流斜板在防止泥沙淤积方面也表现出色，斜面结构能够将水流中的泥沙有效分离，防止前池内淤积，因此合理配置整流斜板对于减少水流对泵站设备的冲击和侵蚀作用有重要意义。整流斜板的设计应考虑多种因素，包括斜板的尺寸、角度、形状以及与水流入口的相对位置，这些参数的优化需要基于大量试验与优化算法的深入分析，以确保斜板能够在不同工况下发挥最佳效能。

正交试验设计是一种多变量多层次试验设计手段，通过挑选代表性的试验点，并均匀、有序地排列来研究试验中的多个因素。正交表作为正交试验的设计工具，使研究者能根据试验的具体需求，如变量的数量、各变量的水平数等来挑选恰当的表格。利用正交性原理，正交试验设计从全面试验设置中挑选出有代表性的试验条件组合以达到用较少的试验次数获取接近于全面试验的信息量的目的，显著提高试验的效率和经济性。正交表分为同水平正交表和混合水平正交表，同水平正交表的所有因子的水平数必须一致，适用于各因素影响程度大致相当且有相同数量水平的试验设计场景。而混合水平正交表允许试验中的因素具有不同的水平数量，为试验设计提供了更大的灵活性和适应性，使其能够更准确地反映实际应用场景中各因素的不同特性和影响。

Zhang 等[6]应用同水平正交试验法对侧向进水泵站整流导流墩进行了参数优化。本例中在整流斜板参数优化研究分析方面也采用同水平正交试验法，旨在充分发挥正交试验设计的优势，提升试验的效率。

3.3.1 正交试验设计

本例中运用正交试验建立一套数值模拟试验，在该试验中，选用综合评价指标 F 作为衡量整流性能的主要指标，该指标能够全面反映水流在通过整流斜板后的流动特性，为后续的参数优化提供有力支持。通过数值模拟试验，找出整流斜板的关键几何参数，如其位置、倾斜角度等，通过调整这些参数，依托正交试验法设计的试验方案，找出不同几何参数对水流行为的影响规律，同时找出一套能达到最佳整流效果的几何参数组合。

3.3.1.1 试验因素及水平的选择

在正交试验设计中，因素及其水平的选择对试验结果有决定性的作用，通过大量数值模拟试验，确定整流斜板的关键几何参数包括整流斜板位置 A、水下长度 B、倾斜角度 C 和厚度 D，如图 3.8 所示。这些参数的组合对前池内水流流态产生重要影响。因此，合理选择几何参数的范围对前池水流状态的最佳化至关重要。

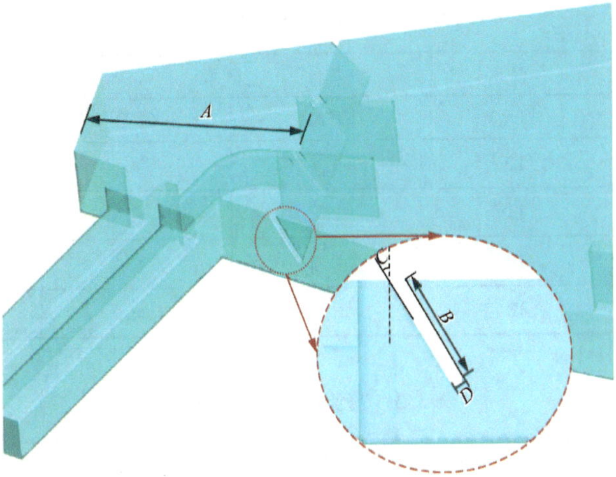

图 3.8　整流斜板几何参数示意图

整流斜板位置：考虑到水流的侧向进入及其对前池内流态产生的影响，诸如漩涡和回流等不良现象，整流斜板应配置在能够有效压迫水流、迫使水流重新分布且确保水流在经过整流斜板后能够实现快速扩散的关键位置。

整流斜板的水下长度、倾斜角度和厚度：通过设定这些几何参数，不仅可以控制水流经过整流斜板的特征，如经过整流斜板后水流翻滚的长度和高度等，而且需要保证翻滚后水流的充分扩散，前池内的流速分布保持均匀、顺直。

根据现场情况结合以往经验，确定整流斜板几何参数的分析范围：整流斜板位置 A 宜设定在 10～13 m，水下长度 B 介于 1.7～3.2 m，倾斜角度 C 应在 30°～45°，而厚度 D 则应在 0.2～0.35 m。

3.3.1.2　正交表的确定

通过分析整流斜板的主要几何参数，确定了这些参数的适宜取值范围，为最大化改善前池水流流态的效率，确保试验设计的系统性和科学性，采用 $L_{16}(4^4)$ 正交试验表。其中 4 个因素分别对应整流斜板的几何参数，每个参数均设定 4 个不同的水平，具体数值如表 3.2 所示，其中整流斜板位置(m)、水下长度(m)、倾斜角度(°)、厚度(m)分别用 A、B、C、D 表示。根据正交试验表设计准则，确定试验方案，通过改变整流斜板的位置、水下长度、倾斜角度和厚度参数，得出对改善水流流态的具体影响。正交试验表如表 3.3 所示。

表 3.2 整流斜板几何参数表

水平	因素			
	A(m)	B(m)	C(°)	D(m)
1	10	1.7	30	0.20
2	11	2.2	35	0.25
3	12	2.7	40	0.30
4	13	3.2	45	0.35

表 3.3 整流斜板正交试验表

方案	整流斜板几何设计参数			
	A	B	C	D
1	1	1	1	1
2	1	2	2	2
3	1	3	3	3
4	1	4	4	4
5	2	1	2	3
6	2	2	1	4
7	2	3	4	1
8	2	4	3	2
9	3	1	3	4
10	3	2	4	3
11	3	3	1	2
12	3	4	2	1
13	4	1	4	2
14	4	2	3	1
15	4	3	2	4
16	4	4	1	3

3.3.2 典型工况下正交试验法最优结果分析

为验证本例中整流斜板几何参数最优组合的有效性，采用数值模拟对经过正交试验法优化后的整流斜板最优参数组合进行计算和分析，结果如表 3.4、图 3.9 与图 3.10 所示。

表 3.4 典型工况下正交试验法优化后整流斜板整流方案数值计算结果表

运行水泵	轴向流速分布均匀度	速度加权平均角
1#	90.14%	76.89°
2#	64.49%	70.28°
4#	16.73%	53.08°
综合评价指标 F:2.69		

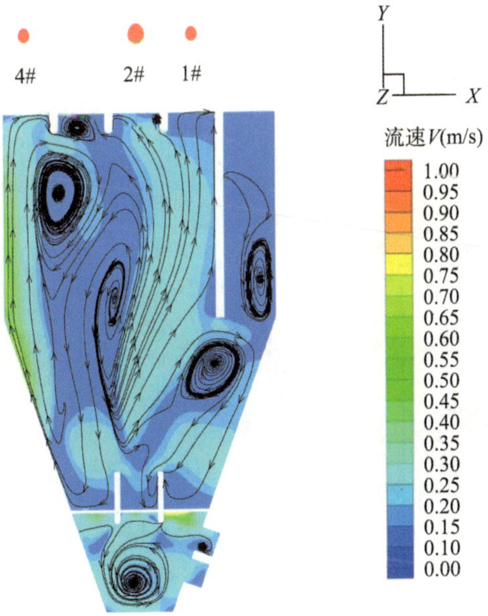

(a) 特征断面 I

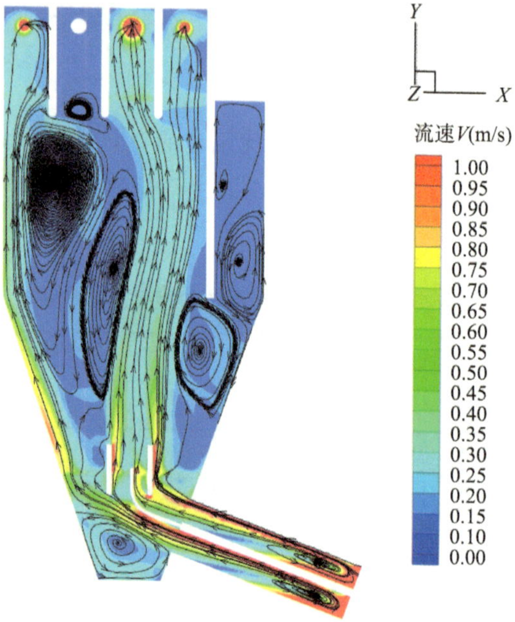

(b) 特征断面Ⅱ

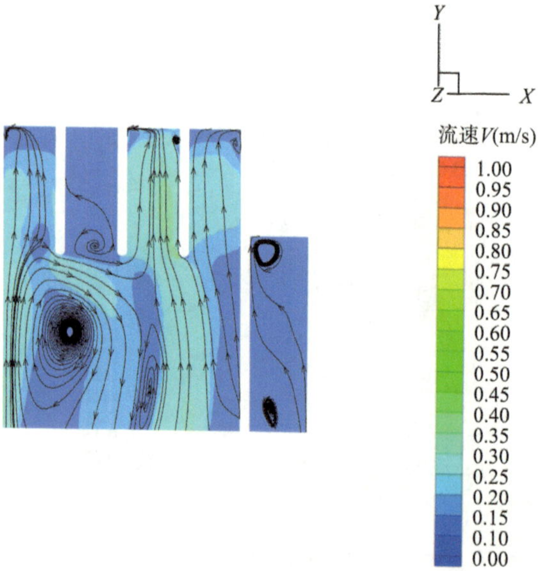

(c) 特征断面Ⅲ

图 3.9 正交试验法最优结果数值模拟各断面流线图

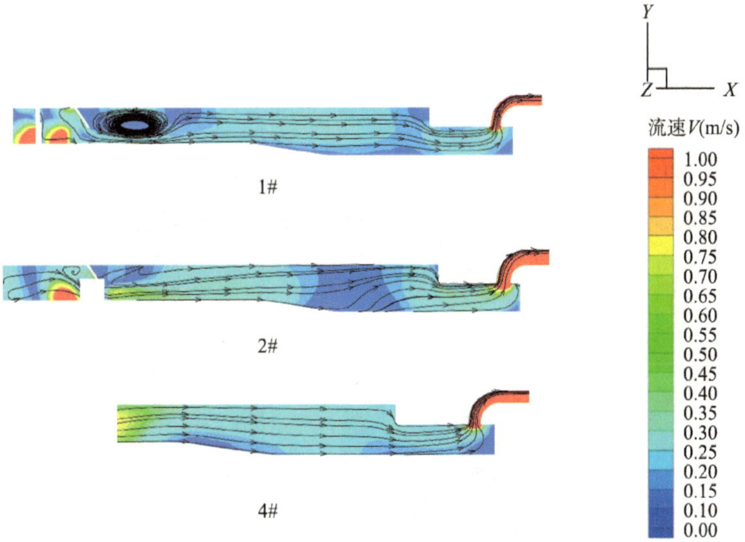

图 3.10　正交试验法最优结果水流纵向中心线流速剖面

从表 3.4、图 3.9 可以看出，整流斜板几何参数经正交试验法优化后前池水流流态显著提升。具体表现为，经过优化设计的整流斜板在前池内部有效地消除了大尺度漩涡，将其转变为两个小尺度漩涡。这两个小尺度漩涡主要是由侧向进水水流的惯性在 4＃水泵进水口处产生。这种转变不仅降低了漩涡对水流稳定性的不利影响，还显著提升了前池内的水流均匀度。此外，与原有导流墩整流措施相比，经过整流斜板优化的进水池内水流更为顺直。在选定的纵剖面Ⅰ($Y=50.5$ m)断面上，对比了 1＃、2＃和 4＃水泵的进水池内的水流状态。结果显示，与原导流墩整流相比，1＃和 2＃进水池内的轴向流速分布均匀度和速度加权平均角均有了显著提升。然而，由于小尺度漩涡在 4＃进水池内的产生，该进水流道的轴向流速分布均匀度出现了一定程度的降低。尽管如此，整流斜板的优化设计对于提升前池水流流态仍然具有显著的正向效果。

图 3.10 展示了 1＃、2＃和 4＃水泵的水流纵向中心线流速剖面图。从图中可以看出，水流在经过斜板整流后产生了一定的水跃现象，但随后迅速变得顺直，流速也逐渐增大。这一变化过程直观地验证了整流斜板设计参数优化的正面效果。然而，正交试验法在优化设计参数时存在一定的局限性，尤其是在参数选择和水平设置上的固定性，因此对于正交试验法在优化整流斜板设计参数时的局限性，需要进行进一步的分析和探讨。

3.3.3 对比工况下整流斜板参数检验

为验证通过正交试验法确定的整流斜板最优设计参数的适应性，在本例中采用相同数值模拟方法，对泵站前池内在对比工况下的流态进行数值模拟。模拟结果如图 3.11 与图 3.12 所示。

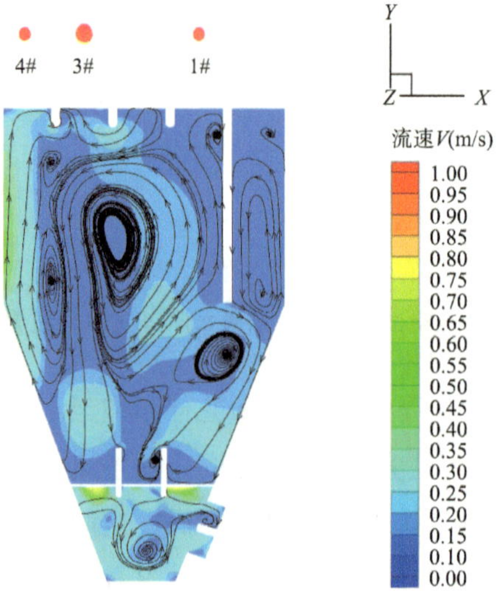

(a) 特征断面Ⅰ

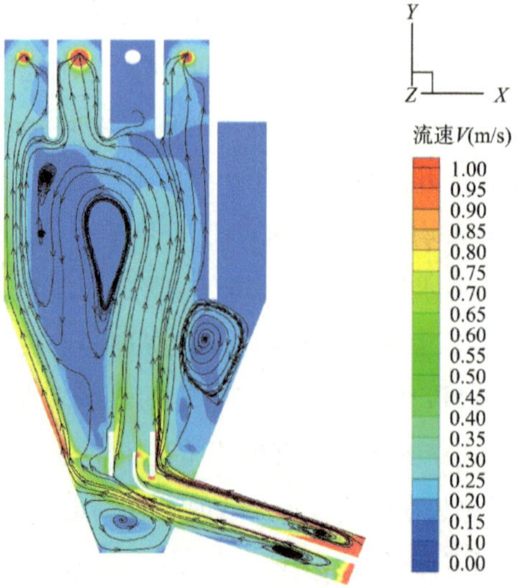

(b) 特征断面Ⅱ

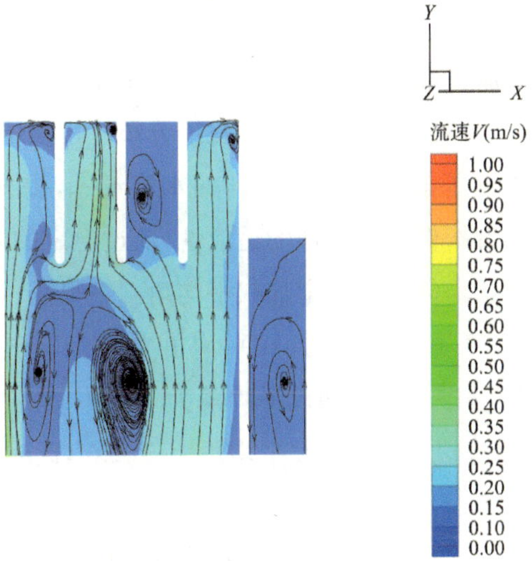

(c) 特征断面Ⅲ

图 3.11 对比工况下正交试验法优化后各断面流线图

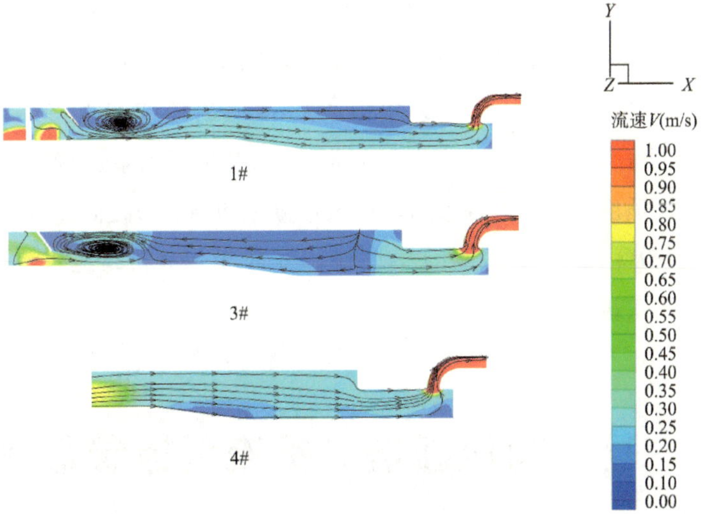

图 3.12 对比工况下正交试验法优化后水流纵向中心线流速剖面图

图 3.11 的模拟结果展示了在 1＃、3＃水泵进水流道前的特定断面上，存在两个较大范围的漩涡。虽然这些漩涡在一定程度上影响了局部水流结构，但并未对 1＃、3＃水泵进水流道内的水流流态造成过多的负面影响。然而在 4＃水泵进水流道内，由于漩涡的影响，水流出现了明显的偏移现象，这可能对水泵的

正常运行造成不利影响。

图 3.12 表明，水流在经过整流斜板后，虽然在坎后出现了一定范围的小漩涡及回流现象，但整体流态变得相对顺直，流速分布也逐渐均匀。因而整流斜板的优化设计有效地改善了前池及进水池内的水流流态，提升了水流的稳定性。为了更准确地评估整流斜板优化设计的适应性，通过定量的数据分析，得到各进水流道的轴向流速分布均匀度和速度加权平均角。结果显示，1＃进水流道的轴向流速分布均匀度为 69.49％，速度加权平均角为 67.10°；3＃进水流道的轴向流速分布均匀度为 74.91％，速度加权平均角为 74.01°；而 4＃进水流道的轴向流速分布均匀度为 12.91％，速度加权平均角为 50.26°，此时综合评价指标 F 为 3.12。

综上所述，引入整流斜板到前池内可以显著改进侧向进水流态，通过对正交试验结果的分析，发现不同的整流斜板几何参数对综合评价指标 F 的影响存在显著差异，说明整流斜板的参数设计对优化进水流态具有关键作用。针对综合评价指标 F，通过极差分析确定了各因素的主次顺序为：整流斜板的位置 A、倾斜角度 C、厚度 D 及水下长度 B。综合考虑各因素后，确定最优设计参数为整流斜板位置 A 为 10 m，水下长度 B 为 2.7 m，倾斜角度 C 为 35°，厚度 D 为 0.25 m。经过正交试验法优化的整流斜板设计，在不同的泵运行组合下确实展现出了较好的适应性。特别在改善轴向流速分布均匀度及提高速度加权平均角方面，整流斜板优化设计的优势尤为明显。然而，在 4＃机组进水流道内，水流流态仍存在需要进一步优化。

3.4 基于响应面法的整流斜板参数优化

虽然正交试验法在优化泵站进水结构参数时被广泛应用，可以分析不同参数对目标函数的影响，但由于仅能分析独立的测试点，对于整流措施优化参数这类涉及复杂系统输入与输出之间的关系问题，存在精度相对较低、可预测性较差等不足之处。响应面法基于试验结果拟合出响应变量与设计变量之间的多项式函数关系，具有较高的精度和较好的可预测性。资丹等[7]基于响应曲面模型研究了泵站进水池的参数优化,本节将引入响应面法这一分析工具应用于整流斜板的参数优化。

3.4.1 响应面法简介

响应面法是一种解决复杂系统输入与输出之间的关系的方法。该方法的主要过程包括试验设计、响应面拟合及优化计算等步骤。响应面法通过高效设计试验,建立一个包含显著因素的数学模型,有助于提高优化效率与精确度,通过分析响应面模型,可以对各显著因素及其交互作用进行分析,确定响应面模型的最佳因素水平。相对于正交试验法,响应面法通过构建和利用数学模型来描绘影响因素与响应变量之间的复杂关系,从而提供了一种高度解释性和可解释性的分析框架,即响应面法不仅能够明确因素与响应之间的量化关系,而且还能揭示这些关系的非线性特征和相互作用,使得因果逻辑更加明晰、直观。这种方法不仅增强了试验设计的灵活性,而且通过模型预测,为实现响应的最大化或最小化提供了理论基础和操作路径。因此,从试验设计和数据分析的角度看,响应面法的引入通过数学建模和分析,能够高效理解并优化因素与响应之间的关系。

响应面选择少数试验点,对响应变量进行预测分析,这种方法有多种试验设计的方法,常见的试验设计方法包括全因素设计、分数因素设计、中心组合设计以及拉丁超立方设计等,每一种设计方法在特定应用背景下具有各自的独特优点,比较常用的有中心组合设计和 Box-Behnken 设计。中心组合设计是一种具有五个水平的试验设计方法,其特点是在试验的因素水平设置中包括了中心点和星形点,从而使设计能够更好地估计曲线的曲率,适用于预测二次模型。Box-Behnken 试验设计是在 1960 年由 Box 和 Behnken 提出的,是一种三水平的试验设计方法,它使用多元二次回归模型模拟变量之间复杂的函数关系,探索和优化多因素试验中因素与响应之间的关系,可以在多个变量的系统中确定最优的设计参数。通过精巧的设计避免了极端条件的试验,从而降低了试验的运行成本和复杂度,特别适用于因素数较少时的试验设计。Box-Behnken 试验设计的试验次数与涉及的因素数量有关,因素越多,试验次数越多。以三因素为例,其设计安排如表 3.5 所示,其中 0 代表中心点,1 和 −1 分别代表高值和低值。试验设计的均匀性等特性以三因素为例,如图 3.13 所示。

表 3.5　三因素 Box-Behnken 试验设计

试验序号	因素		
	A	B	C
1	−1	−1	0
2	1	−1	0
3	−1	1	0
4	1	1	0
5	−1	0	−1
6	1	0	−1
7	−1	0	1
8	1	0	1
9	0	−1	−1
10	0	1	−1
11	0	−1	1
12	0	1	1
13	0	0	0
14	0	0	0
15	0	0	0
16	0	0	0
17	0	0	0

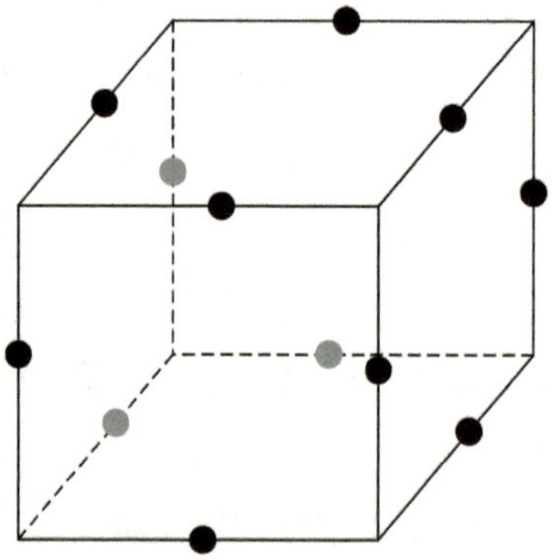

图 3.13　三因素 Box-Behnken 试验设计试验点分布

在本例中，针对整流斜板的几何设计多参数优化问题，选择了 Box-Behnken 试验设计作为试验设计的方法。这种设计能够在有限的测试次数中精确地衡量不同几何参数对整流效果的影响，以便迅速确定最佳的设计方案。此外，Box-Behnken 设计的应用有助于在保证试验精度的同时，有效地利用试验资源，显著提高了整流斜板设计优化过程的经济性和效率。

3.4.2 响应面法试验设计

3.4.2.1 试验因素及水平设定

前文中已通过大量试验确定了整流斜板几何参数及取值范围，本例进一步采用四因素三水平的响应面方法来进行试验设计和分析。结合前述成果，本例中试验因素包括整流斜板的位置 A、水下长度 B、倾斜角度 C 以及厚度 D，每个因素均考虑三个水平，试验因素及其水平如表 3.6 所示。

表 3.6 响应面试验设计因素水平表

水平	因素			
	A(m)	B(m)	C(°)	D(m)
−1	10	1.7	30	0.2
0	11.5	2.45	37.5	0.275
1	13	3.2	45	0.35

3.4.2.2 回归方程拟合

由于试验数据中不可避免地存在误差，因此在执行响应面方法的试验设计时，安排 5 次重复的中心试验，确保中心点的数目为 3，总计进行 27 次试验，这种设计有助于评估试验误差，提高模型预测的准确度。因不同的几何设计参数对整流斜板性能改善存在差异，且依赖单一评价指标难以全面反映整流效果，因此本例引入了综合评价指标 F。该指标旨在综合考虑轴向流速分布均匀度和速度加权平均角等关键性能指标，以全面评价整流效果的优劣。基于试验设计，通过三维建模和数值模拟计算，针对每一种因素水平组合方案，获得特征纵剖面 I

处的轴向流速分布均匀度和速度加权平均角的数据，并据此计算出综合评价指标 F 的具体数值。试验方案与结果见表 3.7。

表 3.7　响应面试验方案结果表

方案	A	B	C	D	轴向流速分布均匀度(%)	速度加权平均角(°)	综合评价指标 F
1	−1	−1	0	0	46.65	69.92	3.09
2	1	−1	0	0	38.69	66.89	3.96
3	−1	1	0	0	46.19	53.73	4.51
4	1	1	0	0	38.79	62.69	4.32
5	0	0	−1	−1	34.18	56.86	5.62
6	0	0	1	−1	43.20	60.35	4.09
7	0	0	−1	1	46.25	68.13	3.23
8	0	0	1	1	35.68	57.80	5.26
9	−1	0	0	−1	34.76	58.81	5.27
10	1	0	0	−1	28.58	62.18	5.93
11	−1	0	0	1	38.45	62.99	4.33
12	1	0	0	1	34.23	56.45	5.67
13	0	−1	−1	0	45.53	56.57	4.25
14	0	1	−1	0	35.65	84.47	3.09
15	0	−1	1	0	54.00	69.52	2.69
16	0	1	1	0	33.93	63.91	4.81
17	−1	0	−1	0	40.28	54.62	5.05
18	1	0	−1	0	37.89	65.64	4.15
19	−1	0	1	0	47.90	61.17	3.62
20	1	0	1	0	29.57	56.77	6.51
21	0	−1	0	−1	40.41	54.20	5.09
22	0	1	0	−1	39.49	62.73	4.24
23	0	−1	0	1	58.95	59.74	3.04
24	0	1	0	1	33.38	62.79	5.01

续表

方案	A	B	C	D	轴向流速分布均匀度(%)	速度加权平均角(°)	综合评价指标 F
25	0	0	0	0	42.90	66.38	3.61
26	0	0	0	0	41.36	65.18	3.84
27	0	0	0	0	49.36	59.05	3.69

利用 Design-Expert 软件对所获得的试验数据进行多元回归分析，建立了描述整流斜板四个几何设计参数，即整流斜板的位置 A、水下长度 B、倾斜角度 C、厚度 D 与综合评价指标 F 之间关系的二阶响应曲面回归方程，如式(3.5)所示。

$$
\begin{aligned}
F = & 129.989\,378 - 10.328\,752A - 3.102\,148B - 2.060\,933C \\
& - 188.732\,593D - 0.235\,556AB + 0.084\,222AC + 1.511\,111AD + 0.145\,778BC \\
& + 12.533\,333BD + 1.582\,222CD + 0.330\,37A^2 - 0.525\,185B^2 \\
& + 0.004\,237C^2 + 150.370\,37D^2
\end{aligned} \tag{3.5}
$$

3.4.3 响应面试验结果分析

3.4.3.1 显著性分析

综合评价指标 F 回归方程方差分析表如表 3.8 所示。

表 3.8 综合评价指标 F 回归方程方差分析表

方差来源	平方和	自由度	均方	F	P	显著性
模型	23.90	14	1.71	21.51	<0.000 1	显著
A	1.82	1	1.82	22.90	0.000 4	
B	1.24	1	1.24	15.65	0.001 9	
C	0.210 7	1	0.210 7	2.65	0.129 2	
D	1.14	1	1.14	14.38	0.002 6	
AB	0.280 9	1	0.280 9	3.54	0.084 4	

续表

方差来源	平方和	自由度	均方	F	P	显著性
AC	3.59	1	3.59	45.25	<0.0001	
AD	0.115 6	1	0.115 6	1.46	0.250 7	
BC	2.69	1	2.69	33.89	<0.0001	
BD	1.99	1	1.99	25.05	0.000 3	
CD	3.17	1	3.17	39.93	<0.0001	
A^2	2.95	1	2.95	37.14	<0.0001	
B^2	0.465 4	1	0.465 4	5.87	0.032 2	
C^2	0.302 9	1	0.302 9	3.82	0.074 4	
D^2	3.33	1	3.33	41.90	<0.0001	
残差	0.952 2	12	0.079 4			
失拟项	0.925 0	10	0.092 5	6.78	0.135 2	不显著
纯误差	0.027 3	2	0.013 6			
总差	24.85	26				
R^2		0.962		R^2_{adj}		0.917
C_V		6.45%		R^2_{pre}		0.783
精密度				16.751		

根据表 3.8，模型的 P 值小于 0.000 1，远低于常用的显著性检验阈值 0.05，说明响应面模型中各设计参数与综合评价指标 F 之间存在显著相关性。模型的失拟项 P 值为 0.135 2，超出了 0.05 的显著性阈值，即失拟项对模型的影响不显著，在实践中，失拟项的非显著性是模型预测能力强、数据拟合良好的一个重要指标。模型的决定系数 R^2 值为 0.962，非常接近于 1，表明模型能够以极高的准确性反映响应值与预测值之间的相关程度。R^2 值越高意味着模型能够准确预测整流斜板的几何设计参数对综合评价指标 F 的影响。在模型系数的分析中，R^2_{adj} 和 R^2_{pre} 的模型系数分别为 0.917 和 0.783，且它们之间的差值小于 0.2。这表明，在考虑模型的整体显著性的同时，其他未列出的因素对综合评价指标 F 的影响相对较小，可以在模型分析中予以忽略。此外，模型的变异系数 C_V 为 6.45%，低于 10%的常规阈值，说明该模型具有高度精确性和可靠性，可用于建立对综合评价指标 F 的多元回归模型。

3.4.3.2 多因素作用分析

图 3.14～图 3.19 分别表明了整流斜板位置、水下长度对综合评价指标 F 的影响，整流斜板位置、倾斜角度对综合评价指标 F 的影响，整流斜板位置、厚度对综合评价指标 F 的影响，水下长度、倾斜角度对综合评价指标 F 的影响；水下长度、厚度对综合评价指标 F 的影响以及倾斜角度、厚度对综合评价指标 F 的影响。

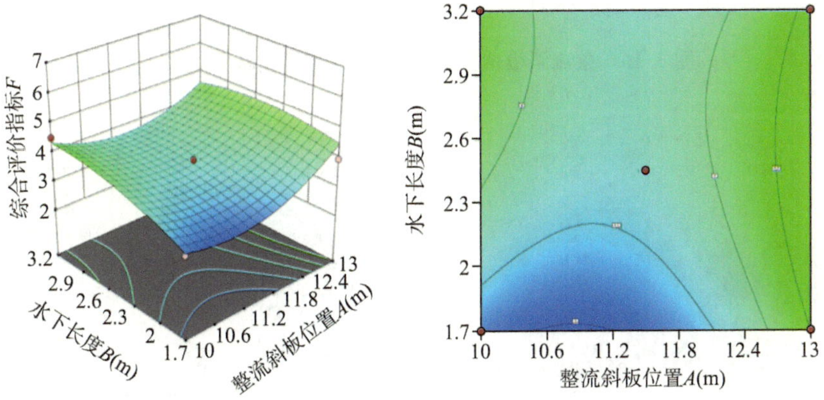

图 3.14　整流斜板位置、水下长度对综合评价指标 F 的影响

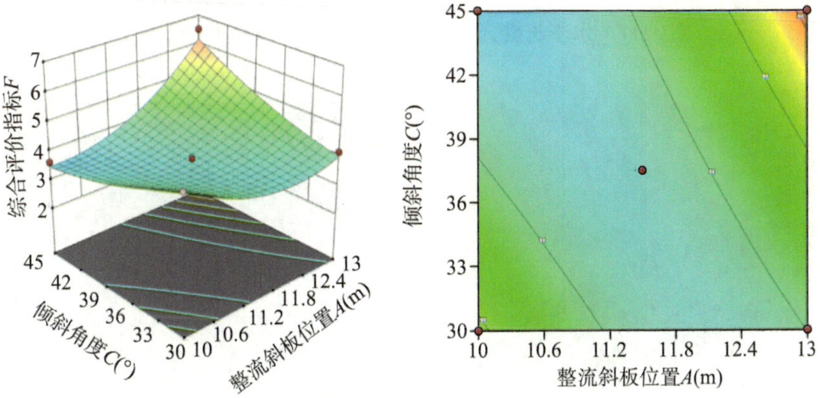

图 3.15　整流斜板位置、倾斜角度对综合评价指标 F 的影响

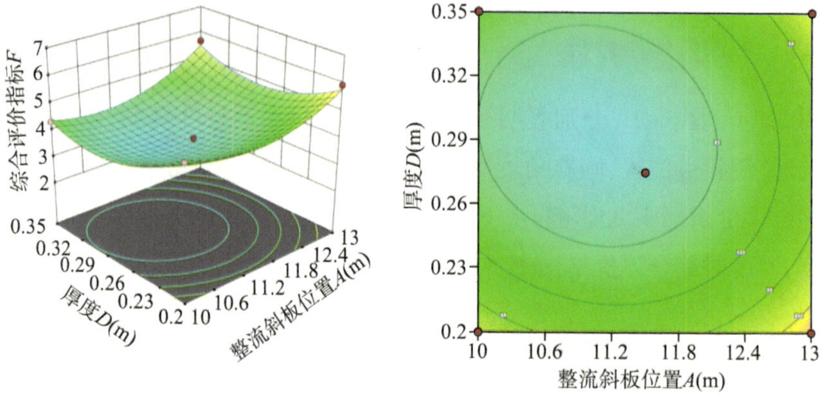

图 3.16　整流斜板位置、厚度对综合评价指标 F 的影响

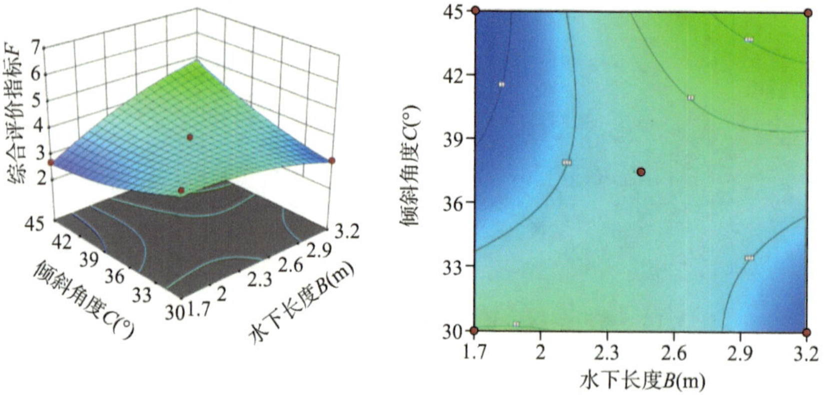

图 3.17　水下长度、倾斜角度对综合评价指标 F 的影响

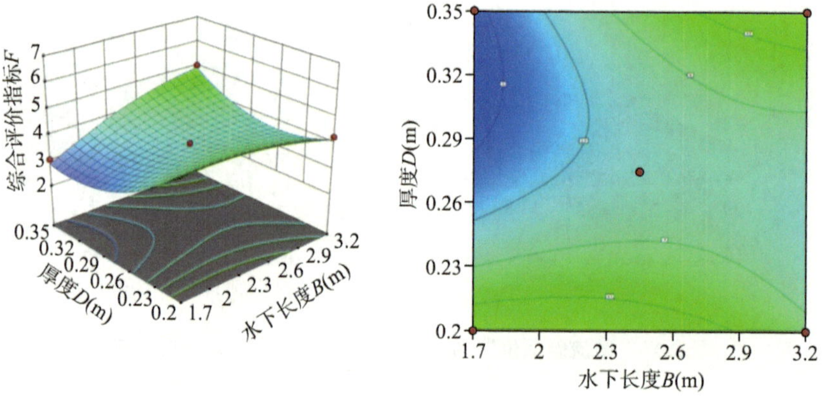

图 3.18　水下长度、厚度对综合评价指标 F 的影响

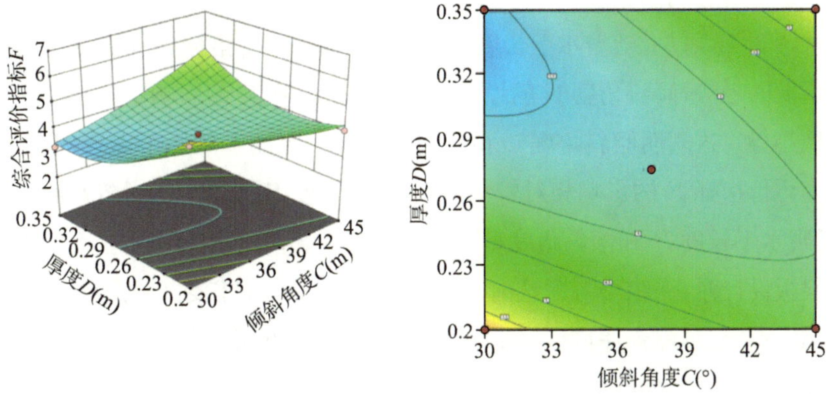

图 3.19 倾斜角度、厚度对综合评价指标 F 的影响

从图 3.14 可以看出，随着整流斜板位置 A 的增加，综合评价指标 F 呈现出一个先降低后升高的变化趋势。这种非线性的变化揭示了整流斜板位置在优化进水流态中的复杂作用及其对综合评价指标 F 的显著影响。水下长度 B 的变化对综合评价指标 F 的影响呈现出较为平缓的降低趋势。表明水下长度 B 也是影响进水流态的一个重要因素，但其对综合评价指标 F 的影响相对较小，不如整流斜板位置 A 那样显著。等值线图揭示了整流斜板位置 A 与水下长度 B 之间的交互作用关系，在特定的参数范围内，可以看到两者之间存在较为显著的交互影响。

从图 3.15 中可以看到，随着整流斜板位置 A 的增加综合评价指标 F 先是逐渐降低至某一最低点，随后又开始呈现上升趋势，而对于倾斜角度 C 的增加，综合评价指标 F 值则显示出一种缓慢的降低趋势，通过等值线图分析了整流斜板位置 A 与倾斜角度 C 之间的交互作用。结果表明，在这两个参数之间，交互作用相对较弱。这意味着在优化整流斜板设计时，可以相对独立地考虑这两个参数的影响，而无须过多关注它们之间的相互作用。

图 3.16 中显示随着整流斜板位置 A 的增加，综合评价指标 F 展现出一种非线性的变化趋势，具体表现为先降低后增加的现象。随着厚度 D 的增加，综合评价指标 F 也呈现出先降低后增加的趋势。从等值线图可以看出，响应等值线图形状呈椭圆形，这表明整流斜板位置 A 与厚度 D 之间存在着显著的交互作用。这种交互作用意味着在优化过程中，不能仅单独考虑两个参数的影响，而是

需要综合考虑它们的相互作用，以找到最优的参数组合。

从图 3.17 可见，随着水下长度 B 的增加，综合评价指标 F 呈现出一种先增加后降低的趋势，倾斜角度 C 的增加对综合评价指标 F 的影响呈现出一种缓慢的降低趋势。这表明倾斜角度 C 虽然也是影响进水流态的一个重要因素，但其对综合评价指标 F 的影响相对较小，不如水下长度 B 显著。通过等高线图的分析，发现水下长度 B 和倾斜角度 C 之间存在较为显著的交互作用。表明在优化整流斜板设计时，需综合考虑这两个参数的影响，以及它们之间的相互作用。

图 3.18 显示综合评价指标 F 随着水下长度 B 的增加，呈现出一个先缓慢增加后又缓慢降低的趋势。表明水下长度 B 在整流斜板设计中的关键作用，它对于优化进水流态、提升综合评价指标 F 具有显著影响。厚度 D 作为另一个重要的设计参数，其变化对综合评价指标 F 的影响同样显著。随着厚度 D 的增加，综合评价指标 F 首先经历了一个急剧降低的阶段，随后又呈现出缓慢增加的趋势。通过等值线图的分析，发现水下长度 B 与厚度 D 之间的交互作用较为显著。在优化整流斜板设计时，需要综合考虑水下长度 B 和厚度 D 的影响，以及它们之间的相互作用。

从图 3.19 可见，随着倾斜角度 C 的增加，综合评价指标 F 呈现出一种缓慢降低的趋势。这表明倾斜角度 C 虽然对进水流态有一定的影响，但其影响程度相对较小。厚度 D 对综合评价指标 F 的影响则较为显著，随着厚度 D 的增加，综合评价指标 F 先急剧降低随后又呈现出缓慢增加的趋势。观察等值线图，可以发现曲线形成了闭合区域，表明这两个参数之间存在一种非线性关系，且它们之间的相互作用对综合评价指标 F 的影响较为显著。

通过上述整流斜板几何设计参数对综合评价指标 F 影响的交互作用分析，可以得出试验中的几何设计参数对整流效果的影响显著性不同，存在明显的层次性差异，即整流斜板位置 A 的影响最为显著，其次是倾斜角度 C，然后是厚度 D，而水下长度 B 的影响相对较弱。

3.4.4 典型工况下二阶响应面模型最优结果分析

通过前述对二阶响应面模型的分析预测，确定了整流斜板的最佳几何参数组合为：斜板位置 A 为 10.219 m、水下长度 B 为 1.73 m、倾斜角度 C 为 44°以

及厚度 D 为 0.305 m，在这组设计参数下，综合评价指标 F 达到最小值 2.37。为了验证通过二阶响应面模型获得的优选结果的可靠性，对选定的最优参数组合进行了数值模拟，模拟结果如表 3.9，综合评价指标 F 的实际值为 2.25，与预测值之间的误差率为 5.3%，表明预测具有较高的可靠性。

表 3.9　典型工况下响应面法优化后整流斜板整流方案数值计算结果表

运行水泵	轴向流速分布均匀度	速度加权平均角
1#	74.33%	70.83°
2#	74.99%	78.02°
4#	42.87%	60.51°
综合评价指标 F：2.25		

经过二阶响应面模型的优化，整流斜板的几何设计参数得到了调整，显著改善了前池水流的流态，如图 3.20 所示，优化后的前池水流流态呈现出明显的改善。原前池内部存在的大尺度漩涡消失，取而代之的是两个小尺度的漩涡。表明通过优化整流斜板的几何设计参数，能够有效地控制水流的流动状态，消除不利于水泵运行的大尺度漩涡，从而提高水泵的进水效率。

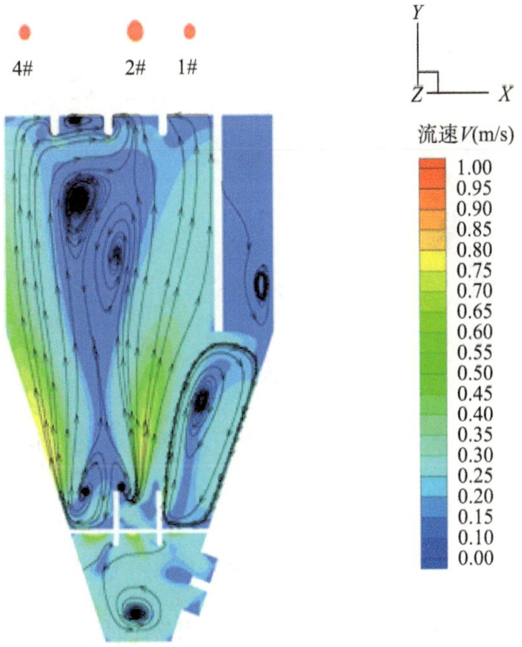

(a) 特征断面 Ⅰ

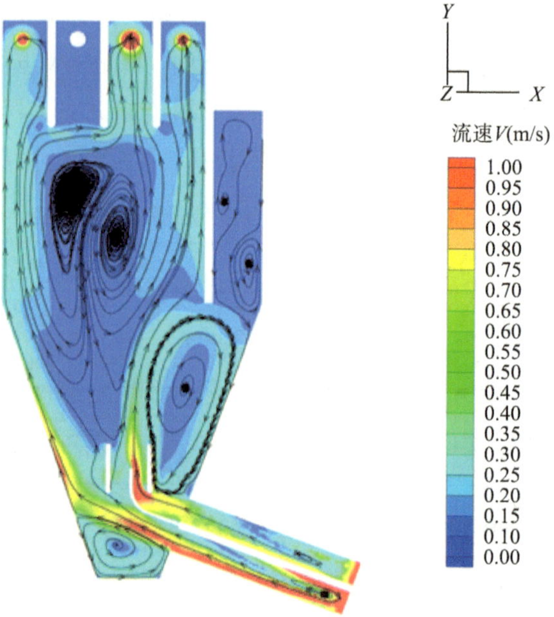

(b) 特征断面Ⅱ

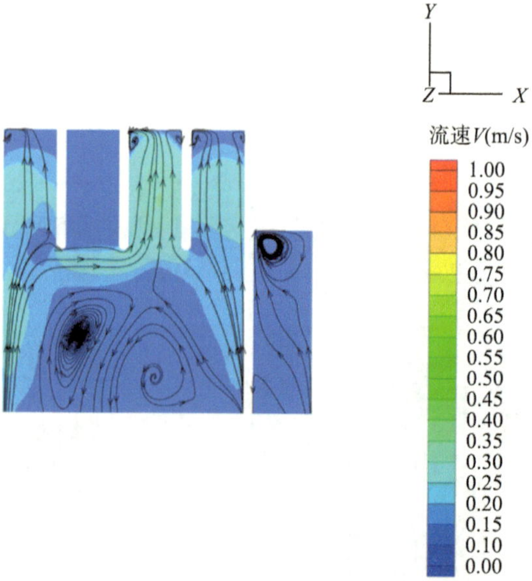

(c) 特征断面Ⅲ

图 3.20　二阶响应面模型最优结果数值模拟各断面流线图

通过整流斜板整流后的水流，在各泵水流纵向中心线的流速剖面图如图 3.21 所示，可以看出水流在经过水跃现象后迅速趋于平直的流动。然而在 2#

泵的流速剖面图中，明显观察到水流在底坡处形成了漩涡。这一现象表明，尽管整流斜板在整体上有效改善水流流态，但在底坡处仍存在流态不佳的情况。

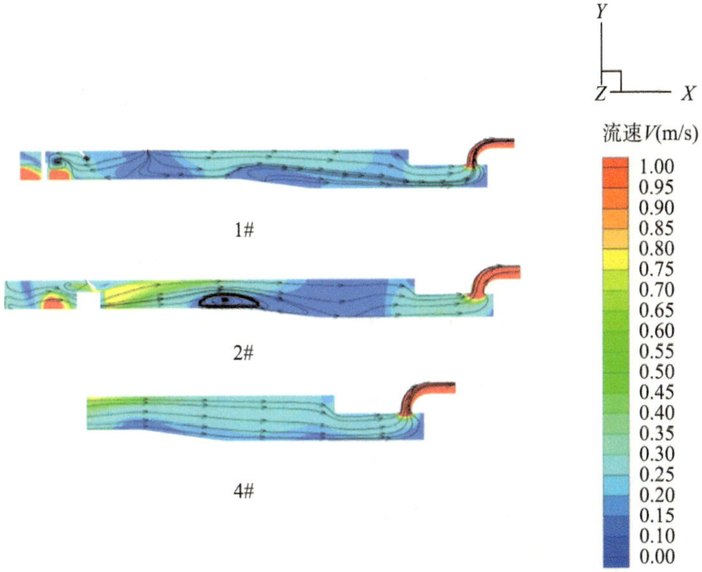

图 3.21　二阶响应面模型最优结果水流纵向中心线流速剖面图

为了进一步验证优化效果，利用数值模拟方法对特定纵剖面Ⅰ（Y=50.5 m）处的1#、2#和4#水泵的进水流道进行分析。通过计算，得到这些水泵进水流道在轴向流速分布均匀度以及速度加权平均角度的具体数值，如表3.9所示。相较于以正交试验法选定的最优方案，1#水泵的进水流道轴向流速分布均匀度降低了15.81%，速度加权平均角降低了6.06°；2#水泵的进水流道轴向流速分布均匀度提高了10.5%，速度加权平均角增加了7.74°；4#水泵的进水流道轴向流速分布均匀度增加了26.14%，速度加权平均角增加了7.43°，综合评价指标F降低了0.44。

综上所述，通过二阶响应面模型优化获得的整流斜板几何参数，相较于正交试验法预测的参数，通过数值模拟验证了参数更优。正交试验法作为一种常用的参数设计方法，受限于只能设计固定参数，无法全面考虑参数之间的交互作用以及非线性影响，在参数设计寻优方面存在局限性。相较之下，二阶响应面模型能够更准确地描述参数与响应之间的关系，在参数寻优方面展现出了其优势性，从而得出更优的参数组合。

3.4.5 对比工况下整流斜板参数检验

采用相同的数值模拟方法预测对比工况下泵站前池内的水流流态，对二阶响应面模型设计出的最优设计参数进行适应性验证，模拟结果如图 3.22 和图 3.23 所示。

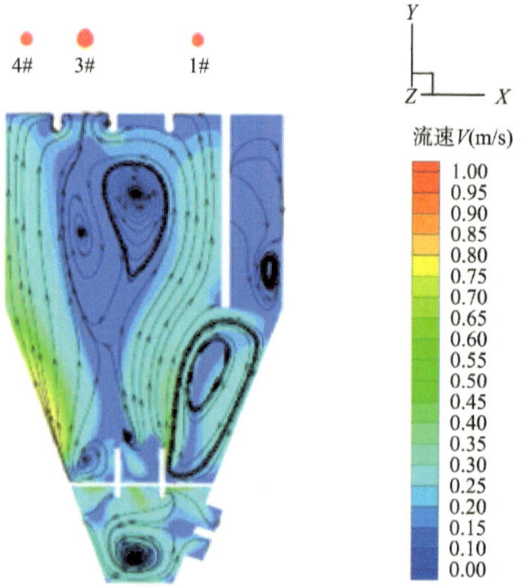

(a) 特征断面 Ⅰ

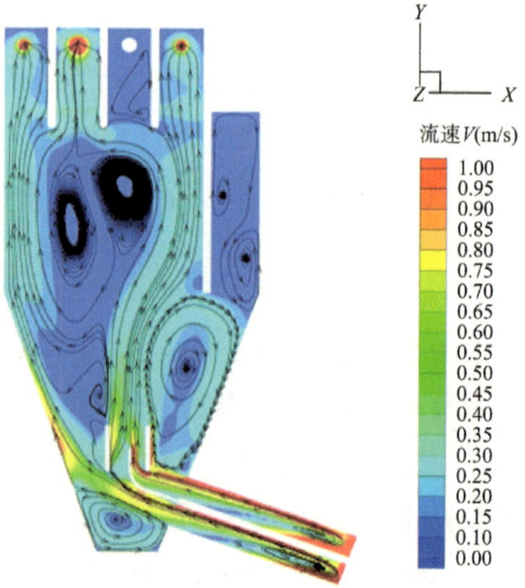

(b) 特征断面 Ⅱ

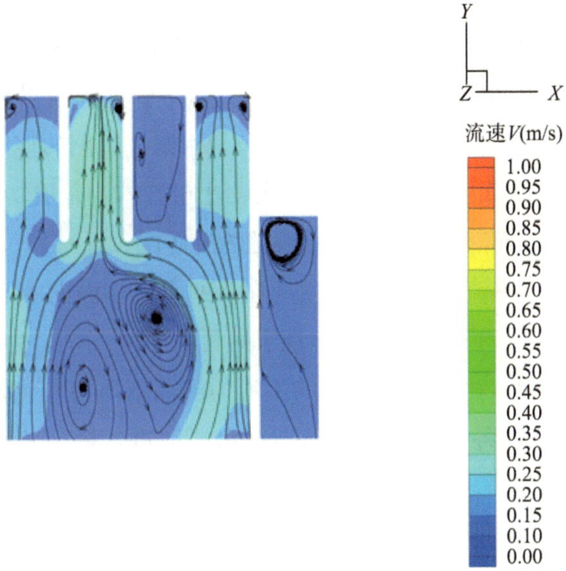

(c) 特征断面Ⅲ

图 3.22　对比工况下响应面法优化后各断面流线图

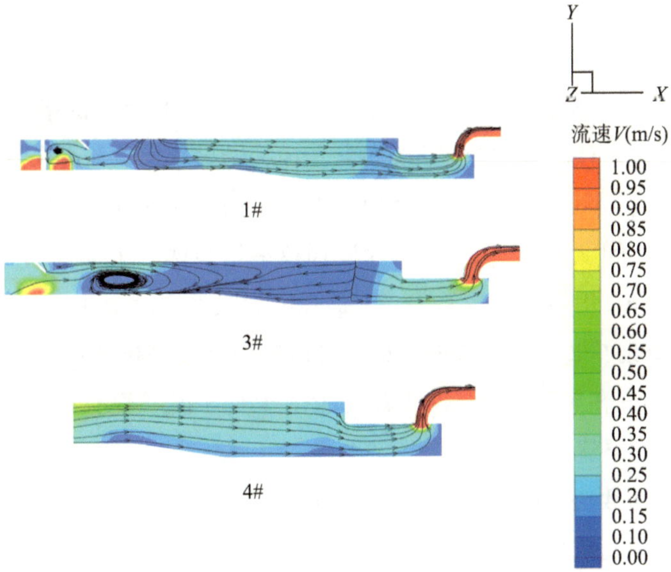

图 3.23　对比工况下响应面法优化后水流纵向中心线流速剖面图

从图3.22可以看出，在1＃和3＃水泵的进水流道前部出现了两处明显的局部漩涡现象。这些漩涡主要形成在1＃和3＃水泵进水侧的前段，其产生原因可能与水流在经过整流斜板后的流态调整有关，尽管这些漩涡的存在可能会对局部流场产生一定影响，但并没有对1＃和3＃水泵进水侧的整体流动状态产生过于不利的影响。这表明整流斜板的优化设计在整体上是成功的，能够有效地改善前池水流流态，同时保持水泵进水通道的流畅性。

图3.23展示了整流斜板经过优化处理后的水流在纵向中心线的流速剖面图。从图中可以观察到，在1＃泵处出现了短暂的回流现象，这一现象可能是水流在经过整流斜板后，由于流速分布的不均匀或局部压力变化，部分水流产生了反向流动。尽管这种回流现象可能会对水泵的进水效率产生一定影响，但考虑到整体流态的改善，这种影响是相对较小的。此外，在3＃泵处观察到了局部漩涡的产生。这些漩涡可能是水流在经过特定区域时，受到边界条件或流速变化的影响，导致水流方向发生偏转并产生旋转运动。虽然局部漩涡在一定程度上影响了该区域的流态，但并未对整体水流造成显著的不利影响。

计算对比工况的数值模拟成果后得出：1＃泵进水流道的轴向流速分布均匀度达到了77.57％，速度加权平均角为75.29°；3＃泵进水流道的轴向流速分布均匀度为75.98％，速度加权平均角为79.84°；4＃泵进水流道的轴向流速分布均匀度为46.15％，速度加权平均角为63.17°，此时综合评价指标F为2.04。与正交试验法设计的最优参数方案的数值模拟结果相比，1＃进水流道的轴向流速分布均匀度提高了8.08％，速度加权平均角增加了8.19°；3＃进水流道的轴向流速分布均匀度提高了1.07％，速度加权平均角增加了5.83°；4＃进水流道的轴向流速分布均匀度提高了33.24％，速度加权平均角增加了12.91°，综合评价指标F降低了1.08。结果充分证明二阶响应面模型优化后的整流斜板几何设计参数，不仅在典型运行条件下有效，也在其他工况下显示出了良好的适应性和比较优越的整流效果。

结合前述数值模拟结果，采用响应面法得出的整流斜板最优几何参数整流效果要优于正交试验法，表明响应面法比正交试验法更适用于多参数综合寻优。

3.5 基于BPNN-GA方法的整流斜板参数优化

在传统前池整流工程措施(整流构筑物)的参数设计中引入正交试验法、响应面法进行设计参数比选,能够有效降低试验次数、简化设计流程,且通常能够取得比较好的优化结果。但学者们经过大量的应用研究后也指出,正交试验法在优化泵站进水结构参数时,虽然可以分析不同参数对目标函数的影响,但只能分析独立的测试点,存在精度较低,可预测性较差等不足,对于复杂模型问题则会进一步放大其不足。响应面法基于试验结果拟合出响应变量与设计变量之间的多项式函数关系,较之正交试验方法,其在精度和可预测性表现更优。同样地,在面对复杂模型问题时,可以在局部区域内比较精确地近似目标函数,但在捕捉全局最优解时存在不足。

当前随着计算机的计算能力持续增强,深度学习、神经网络和智能算法在诸多行业中快速进步并得到广泛使用。人工神经网络作为一种源自大脑神经功能的信息处理系统,具备自适应性、非线性特性以及记忆联想等特征,因此,在面对复杂非线性系统时,人工神经网络成为了一种新兴的建模方法。

于永海等[8]应用BPNN-GA方法对整流底坎进行了参数优化,本节介绍通过BPNN-GA方法对整流斜板的设计参数进行优化,在特定范围内找到最优设计参数,并与前述章节中的正交试验法与响应面法选出的最优设计参数结果进行对比,以期分析各个方法的优势与适应性,为水利工程领域带来更多创新且实用的设计优化计算方案。

3.5.1 反向传播神经网络(BPNN)模型

人工神经网络(Artificial Neural Network,ANN),是20世纪80年代以来人工智能领域兴起的研究热点。它从信息处理角度对人脑神经元网络进行抽象,建立某种简单模型,按不同的连接方式组成不同的网络。在工程与学术界也常直接简称为神经网络或类神经网络。神经网络是一种运算模型,由大量的节点(或称神经元)之间相互联接构成。每个节点代表一种特定的输出函数,称为激活函数或激励函数(Activation Function)。每两个节点间的连接都代表一个通过该连接信号的加权值,称为权重,这相当于人工神经网络的记忆。网络的输出因网络的连接方式、权重值及激励函数的不同而不同。而网络自身通常都是对自然界某种算法或者函数的逼近,也可是对一种逻辑策略的表达。

反向传播神经网络(BPNN)在 20 世纪 80 年代中期迅速崛起,是一种先进的多层前馈网络架构。BPNN 的基础机制涉及使用误差反向传播算法进行训练。这种架构框架通常包括输入层、一个或多个隐藏层以及输出层,与线性神经网络截然不同,BPNN 模型包含多个隐藏层,强调其在处理线性不可分问题上的卓越能力,表征模型在复杂问题解决场景中的熟练性,展示其在有效解码和学习复杂模式方面的能力,此外,通过调整网络的拓扑结构以及权重和阈值,BPNN 模型还可以实现从输入到输出的各种非线性映射。BPNN 模型凭借其强大的数据处理能力在人工神经网络领域迅速受到各行各业的热烈追捧,其多层次的结构和灵活的参数调整使得 BPNN 模型在复杂问题的建模和解决过程中表现出色。BPNN 模型可以误差反向传播,可以通过多次迭代细化网络参数以持续提高性能。这让 BPNN 模型具有灵活性和自适应性,使其成为分析和处理实际问题中复杂关系的强大工具,这种灵活性在于 BPNN 模型能够根据反馈的误差信号,优化隐藏层内部的参数配置,进而改善模型整体的预测或分析性能,该过程的迭代优化不仅能针对已知数据集实现性能提升,也增强了模型对新数据的泛化能力。

3.5.1.1 BPNN 模型组成

BPNN 模型多为分层多层网络结构,如图 3.24 所示,其结构核心由输入层、隐藏层以及输出层三个主要部分构成,输入层负责接纳原始数据并将之传递至后续层级,隐藏层含有众多神经元,主要执行对输入数据的特征抽取与转换,输出层则负责将加工后的信息输出。相邻层之间采用了全连接的方式进行神经元间的互联,不包含反馈连接且各层内部不存在神经元互联,每层的神经元数目根据层的功能和设计而有所不同,每个神经元的连接权重各异,这些权重在信号传递中起到调节作用,决定了信号的重要性。在模型的训练过程中,这些权重通过不断的迭代调整,以期达到预期的最佳性能。此外,除输入层之外,训练过程还

涉及对神经元设定阈值，这对于确定神经元的激活状态至关重要。当实际值与模型预测值之间的差异超出预期接受范围时，系统会触发反馈机制，即误差反向传播机制，通过优化模型中的权值和阈值，反复进行训练直至误差值达到要求，从而得到最佳的网络拓扑结构。这种反向误差传播的机制让 BPNN 模型可以优化模型参数，不断提升性能，因此，BPNN 模型在处理各种复杂任务中往往表现出色。

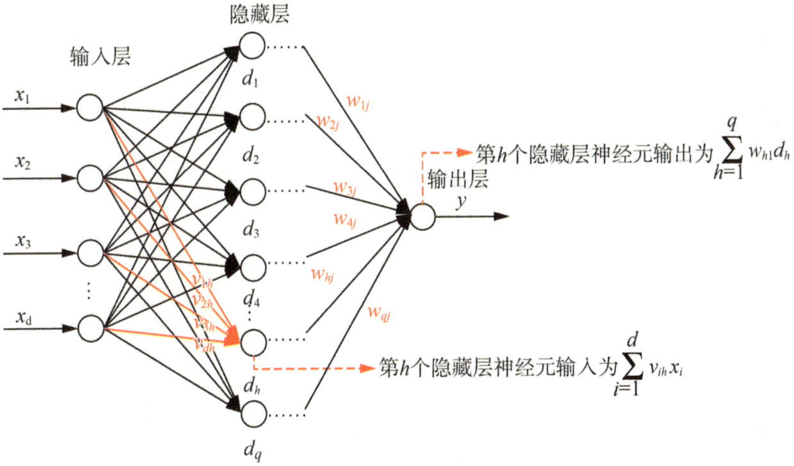

图 3.24 BPNN 模型结构图

3.5.1.2 模型中神经元的结构

神经网络通过调整神经元间的连接方式和相应的权重与阈值，实现对输入信息的转换与输出，从而实现对信息的处理，其结构示意图如图 3.25 所示。

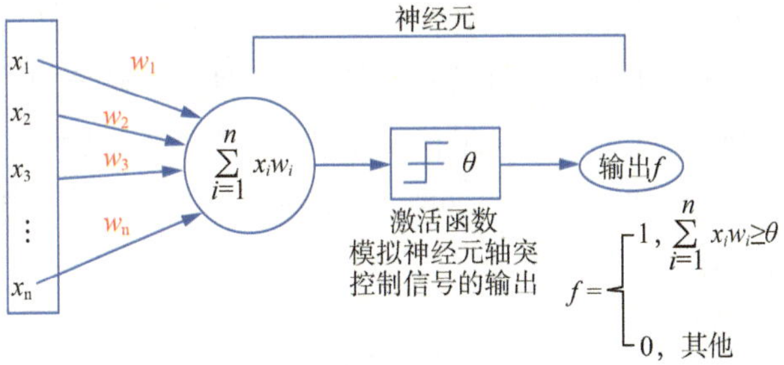

图 3.25 BPNN 模型结构示意图

在处理复杂数据模型时，神经网络通过应用激活函数来引入非线性特性，使得神经网络可以逼近任何非线性函数。激活函数的选择对于神经网络的学习效率非常关键，因为不同的激活函数拥有独特的数学特性。一些常用的激活函数包括 Sigmoid、双曲正切 Tanh、线性整流单元 ReLU 及其衍生变体（如 Leaky-ReLU、可调参数的 P-ReLU），以及指数线性单元 ELU 等。其中，Sigmoid 型函数是使用频率最高的一种，其表达式为：

$$f(x)=\frac{1}{1+e^{-x}} \tag{3.6}$$

Sigmoid 函数具有 S 形曲线特征，可将任意值的输入映射到(0, 1)区间内，且函数具备连续性和可微性，这两个属性有助于神经网络在反向传播算法中计算梯度。

Tanh 函数是另一种常见的激活函数，其表达式为：

$$f(x)=\frac{e^{2x}-1}{e^{2x}+1} \tag{3.7}$$

双曲正切函数 Tanh，作为一种激活函数，将输入值映射到(−1,1)的区间内。与 Sigmoid 函数相比，Tanh 函数的一个显著优势在于其输出均值大致为零，在某种程度上实现了输出的自然中心化。这种中心化有助于缓解训练过程中的梯度降低优化问题，使得 Tanh 函数特别适用于那些需要考虑输入数据正负平衡的神经网络模型。

线性整流函数 ReLU 是一种简单而有效的激活函数，其表达式为：

$$f(x)=\max(0,x) \tag{3.8}$$

线性整流函数 ReLU，可将所有正输入值直接传递而将负输入值置为零。因 ReLU 函数的线性、非饱和性，在训练深度神经网络时显著加快了收敛速度，使得梯度在正区间内保持不变，从而有效缓解了梯度消失问题。

Leaky-ReLU 函数是对 ReLU 的改进，通过引入一个小的负数斜率，解决了 ReLU 在负值区间输出为 0 的现象：

$$f(x)=\max(ax,x) \tag{3.9}$$

式中：a 是一个较小的正数，通常接近零。

P-ReLU 是 Leaky-ReLU 的进一步改进，通过使斜率成为可学习的参数，提高了模型的表达能力。

指数线性单元 ELU 函数是一种具有指数增长的激活函数：

$$f(x)=\begin{cases} x \\ a(\mathrm{e}^{x}-1) \end{cases} \tag{3.10}$$

指数线性单元 ELU 能够比其他激活函数更有效地增强模型的稳健性和促进快速收敛。选择适宜的激活函数依赖于特定任务的需求以及数据集的特征，因此，必须综合评估这些激活函数的属性及其对模型性能可能产生的影响。

Sigmoid 函数图像如图 3.26 所示，其取值范围始终在 0 到 1 之间；当输入 x 为 0 时，Sigmoid 函数的输出值恰好为 0.5，这表示函数在原点处具有对称性；且 Sigmoid 函数的斜率在 $x\in(-0.6,0.6)$ 区间较大。对式(3.6)两边关于 x 求导得：

$$f'(x)=\frac{\mathrm{e}^{-x}}{(1+\mathrm{e}^{-x})^{2}}=\frac{1}{1+\mathrm{e}^{-x}}-\frac{1}{(1+\mathrm{e}^{-x})^{2}}=f(x)-f(x)^{2} \tag{3.11}$$

且

$$\lim_{x\to+\infty}\frac{1}{1+\mathrm{c}^{-x}}=1,\ \lim_{x\to-\infty}\frac{1}{1+\mathrm{e}^{-x}}=0 \tag{3.12}$$

函数 $f'(x)$ 值域在开区间(0,0.25)，见图 3.26，当 $x=0$ 时，该函数最大值为 0.25。在神经网络的初始化阶段，权重被随机分配在[0,1]的闭区间内，根据

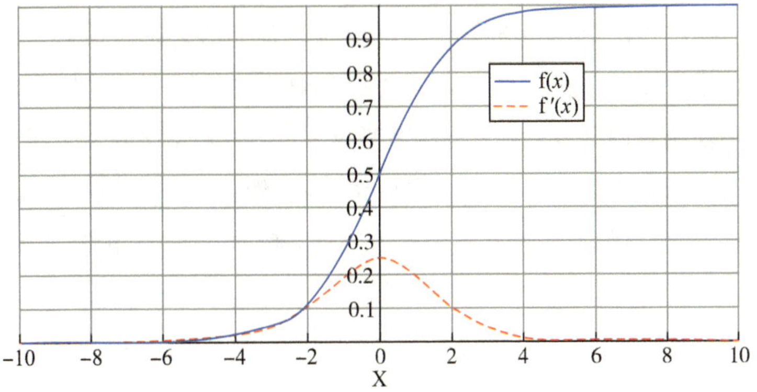

图 3.26　Sigmoid 函数及导数图像

反向传播算法的数学推导，在反向传播过程中，梯度值每经过一层会减少至其原始值的 0.25 倍。由于 Sigmoid 函数是连续可导的，在整个定义域内都可以计算导数，使得梯度降低等优化算法能够顺利进行。因此，在本例中的激活函数选用 Sigmoid 函数。

3.5.1.3 BPNN 模型原理

对于 BPNN 模型的输入层与输出层，通常以列向量的形式表达：

$$\boldsymbol{X}=(x_1,x_2,x_3...,x_n)^{\mathrm{T}} \tag{3.13}$$

$$\boldsymbol{Y}=(y_1,y_2,y_3...,y_n)^{\mathrm{T}} \tag{3.14}$$

BPNN 模型无须预先设定输入与输出之间的精确数学关系式，因为它具备自我学习和训练的能力，能够自主发掘数据中的特定规律。当给定输入时，BPNN 模型能够通过不断调整自身的网络权重和偏差，使得输出结果尽可能接近期望的输出值。BPNN 模型包括信号的正向传播和误差的反向传播两个主要过程，在正向传播阶段，输入信号首先被送入输入层，随后这些信号会流向隐藏层的各个神经元进行初步处理，经过隐藏层内神经元对信号的加权计算和激活函数的非线性转换后，处理过的信息继续传递至输出层。在这个过程中，每一层的神经元仅负责将信息传递给紧接着的下一层，确保信息在神经网络中逐层流动。当输出层的实际结果与预期值存在显著差距时，系统会触发反向传播机制，这一机制促使误差信号沿着之前的传播路径逆向流动，从输出层回溯至输入层，在神经网络的反向传播过程中，误差信号会被用来调整各个神经元的权重和阈值，以不断地迭代和优化，逐步缩小实际输出与预期值之间的误差，直至达到或接近预设的最小误差目标。梯度降低法是反向传播的核心优化算法，其基本思想是通过不断调整网络参数，使误差逐渐减小，最终实现收敛。在这个过程中，误差信号沿着从输出到输入的方向进行调整，这使得网络参数能够得到有效地优化。通过多次迭代训练，网络逐渐提升性能，能够学习并预测复杂规律。

3.5.1.4 BPNN 模型流程

1. 网络初始化

假设输入层节点为 n，隐藏层的节点个数为 l，输出层的节点个数为 m。输入层到隐藏层的权重 w_{ij}，隐藏层到输出层的权重为 w_{jk}，输入层到隐藏层的偏置为 a_j，隐藏层到输出层的偏置为 b_k，学习速率为 η，激活函数为 $f(x)$，选取 Sigmoid 函数。

2. 隐藏层输出

由三层 BPNN 模型示意图所示，隐藏层的输出 H_j 为：

$$H_j = g\left(\sum_{i=1}^{n} w_{ij}x_i + a_j\right) \tag{3.15}$$

3. 输出层的输出

$$O_k = \sum_{j=1}^{l} H_j w_{jk} + b_k \tag{3.16}$$

4. 误差的计算

取误差公式为：

$$E = \frac{1}{2}\sum_{k=1}^{m}(Y_k - O_k)^2 \tag{3.17}$$

式中：Y_k 为输出层向量元素。

记 $Y_k - O_k = e_k$，则 E 可以表示为：

$$E = \frac{1}{2}\sum_{k=1}^{m} {e_k}^2 \tag{3.18}$$

5. 权重更新

权重更新公式为：

$$w_{ij} = w_{ij} + \eta H_j(1 - H_j)x_i \sum_{k=1}^{m} w_{jk}e_k \tag{3.19}$$

$$w_{jk} = w_{jk} + \eta H_j e_j \tag{3.20}$$

BPNN 模型误差反向传播的过程，通过优化网络权重和阈值，使模型的预测输出与期望输出之间的误差达到最小，即 $\min E$。

隐藏层到输出层的权重更新

$$\frac{\partial E}{\partial w_{jk}} = \sum_{k=1}^{m}(Y_k - O_k)\left(-\frac{\partial O_k}{\partial w_{jk}}\right) = (Y_k - O_k)(-H_j) = -e_k H_j \tag{3.21}$$

则权重更新公式为：

$$w_{jk}=w_{jk}+\eta H_j e_j \tag{3.22}$$

输入层到隐藏层的权重更新

$$\frac{\partial E}{\partial a_j}=\frac{\partial E}{\partial H_j}\cdot\frac{\partial H_j}{\partial a_j} \tag{3.23}$$

式中：

$$\begin{aligned}\frac{\partial E}{\partial H_j}&=(y_1-O_1)\left(-\frac{\partial O_1}{\partial H_j}\right)+\cdots+(y_m-O_m)\left(-\frac{\partial O_m}{\partial H_m}\right)\\&=-(y_1-O_1)w_{j1}-\cdots-(y_m-O_m)w_{jm}\\&=-\sum\nolimits_{k=1}^{m}(Y_k-O_k)w_{jk}\\&=-\sum\nolimits_{k=1}^{m}e_k w_{jk}\end{aligned} \tag{3.24}$$

$$\frac{\partial H_j}{\partial a_j}=\frac{\partial g\left(\sum\nolimits_{i=1}^{n}w_{ij}x_i+a_j\right)}{\partial a_j}$$

$$=g\left(\sum\nolimits_{i=1}^{n}w_{ij}x_i+a_j\right)\cdot\left[1-g\left(\sum\nolimits_{i=1}^{n}w_{ij}x_i+a_j\right)\right]\cdot\frac{\partial\left(\sum\nolimits_{i=1}^{n}w_{ij}x_i+a_j\right)}{\partial w_{ij}}$$

$$=H_j(1-H_j)x_i \tag{3.25}$$

则权重更新公式为

$$w_{ij}=w_{ij}+\eta H_j(1-H_j)x_i\sum_{k=1}^{m}w_{jk}e_k \tag{3.26}$$

6. 偏置更新

隐藏层到输出层偏置更新

$$\frac{\partial E}{\partial b_k}=(Y_k-O_k)\left(-\frac{\partial O_k}{\partial b_k}\right)=-e_k \tag{3.27}$$

则偏置的更新公式为

$$b_k=b_k+\eta e_k \tag{3.28}$$

输入层到隐藏层偏置更新

$$\frac{\partial E}{\partial a_j}=\frac{\partial E}{\partial H_j}\frac{\partial H_j}{\partial a_j} \tag{3.29}$$

式中：

$$\begin{aligned}\frac{\partial E}{\partial H_j}&=(y_1-O_1)\left(-\frac{\partial O_1}{\partial H_j}\right)+\cdots+(y_m-O_m)\left(-\frac{\partial O_m}{\partial H_j}\right)\\&=-(y_1-O_1)w_{j1}-\cdots-(y_m-O_m)w_{jm}\\&=-\sum\nolimits_{k=1}^{m}(Y_k-O_k)w_{jk}\\&=-\sum\nolimits_{k=1}^{m}e_kw_{jk}\end{aligned} \tag{3.30}$$

$$\begin{aligned}\frac{\partial H_j}{\partial a_j}&=\frac{\partial g\left(\sum\nolimits_{i=1}^{n}w_{ij}x_i+a_j\right)}{\partial a_j}\\&=g\left(\sum\nolimits_{i=1}^{n}w_{ij}x_i+a_j\right)\left[1-g\left(\sum\nolimits_{i=1}^{n}w_{ij}x_i+a_j\right)\right]\frac{\partial\left(\sum\nolimits_{i=1}^{n}w_{ij}x_i+a_j\right)}{\partial a_j}\\&=H_j(1-H_j)\end{aligned} \tag{3.31}$$

则偏置更新公式为：

$$a_k=a_k+\eta H_j(1-H_j)\sum_{k=1}^{m}w_{jk}e_k \tag{3.32}$$

7. 判断算法迭代是否结束

常见的 BPNN 模型训练终止条件包括：预先设定一个迭代次数的上限，当达到这个上限时训练过程会停止；设置一个误差阈值，当连续两次迭代之间的误差变化小于这个阈值时，也认为模型已经收敛，从而终止训练。

3.5.1.5 BPNN 模型性能评价指标

神经网络模型的评价指标可根据性质分为分类性质和回归性质两类。在解决回归问题时，为全面准确地衡量模型的性能，常采用五种关键的评估指标。分别是均方误差（*MSE*）、均方根误差（*RMSE*）、平均绝对误差（*MAE*）、平均绝对百分比误差（*MAPE*）以及决定系数（R^2）。其中，*MAPE* 和 R^2 两个指标由于具有无量纲特性，即不依赖于数据的具体量纲或单位，因此在评估神经网络性能时更为精确和可靠。

1. 均方误差

MSE 是一种衡量预测值与真实值之间差异大小的指标，它衡量了预测值与真实值之间的整体偏差程度。其表达式为：

$$MSE = \frac{1}{n}\sum_{k=1}^{n}(y_k - Y_k)^2 \tag{3.33}$$

2. 均方根误差

RMSE 是均方误差的平方根，它反映了预测误差的标准偏差，因此更直观地度量了预测误差的大小。其表达式为：

$$RMSE = \sqrt{\frac{1}{n}\sum_{k=1}^{n}(y_k - Y_k)^2} \tag{3.34}$$

3. 平均绝对误差

MAE 是预测值与真实值之间绝对差值的平均值，它衡量了预测值与真实值之间的平均误差程度。其表达式为：

$$MAE = \frac{1}{n}\sum_{k=1}^{n}|y_k - Y_k| \tag{3.35}$$

4. 平均绝对百分比误差

MAPE 则是平均绝对误差与真实值的比值的百分比平均值，用于度量相对误差的大小。其表达式为：

$$MAPE = \frac{100\%}{n}\sum_{k=1}^{n}\left|\frac{y_k - Y_k}{y_k}\right| \tag{3.36}$$

5. 决定系数

R^2 衡量模型对观测数据的拟合程度，它表示模型可以解释的方差比例。R^2 的取值范围在 0 到 1 之间，值越接近 1 表示模型拟合程度越好，而值越接近 0 则表示模型拟合程度较差。其表达式为：

$$R^2 = 1 - \frac{\sum_{k}^{n} = 1(y_k - Y_k)^2}{\sum_{k=1}^{n}(y_k - \bar{y})^2} \tag{3.37}$$

式(3.33)～式(3.37)中：n 代表样本总数；k 代表第 k 个抽样样本；Y_k 代表第 k 个样本的预测值；y_k 代表对应样本的真实值；$\bar{y}$ 代表真实值的均值。

3.5.2 遗传算法(GA)

遗传算法是一种随机搜索算法，它是通过借鉴自然界生物的选择和遗传机制发展而来的，是自然遗传学和计算机科学相互渗透结合的新的计算方法。该算法是一种模拟生物进化过程的优化技术，通过模拟自然选择、遗传交叉和变异等生物进化机制，从而实现对解空间的高效搜索。该算法从一个初始种群开始，通过对个体的随机选择、交叉配对和基因变异操作，逐步产生出适应度更高的后代，推动种群在解空间中向更优解进化，经过多轮迭代发展出在给定环境条件下最具适应性的个体群体，以此方式寻找到问题的优质解。遗传算法相较于传统的数理统计方法，其显著优势在于直接对参数的编码进行操作。这种操作方式使得遗传算法在处理复杂的优化问题时表现出色，尤其是那些传统优化技术难以应对的非线性、多峰值问题。常见的编码方式有二进制编码、格雷编码和符号编码，其中二进制编码是最为广泛使用的，该编码方式将目标参数转换为二进制数值，然后进行运算。与单点优化方法不同，遗传算法通过多个个体同时进行搜索来实现多点探索，这有助于避免陷入局部最优的问题，同时提高算法的运算速度。个体的寻优路径并非遵循固定的模式，而是依赖于概率选择的机制，诸如轮盘赌策略，来确定其寻优的导向。在遗传算法的运作中，适应度函数的挑选和构建至关重要。该函数不仅用以评判个体的优劣，更指引着算法的走向与最终成效。因此，在选择适应度函数时，需经过周密的考量与权衡，以确保对问题的精准建模和高效解决。

遗传算法以其强大的全局搜索能力和对多种问题的适应性得到了广泛的应用。其具备以下优势。

1. 全局搜索能力：遗传算法通过维护解的多样性和执行遗传操作如交叉和变异来增强其全局搜索能力，相较于传统基于梯度的优化方法，这一机制使其更有可能逃离局部最优，发现全局最优解。这种方法在处理高度非线性和多峰值问题时表现出显著的优势。

2. 适应复杂问题：遗传算法依赖于个体的适应度评分而非问题的具体数学

属性，这一特性使其能够有效处理那些数学表示复杂、难以求导的问题。因此，在面对复杂性高、难以使用传统方法求解的问题时，遗传算法展现出其优异的解决能力。

3. 灵活性：遗传算法不要求问题有明确的数学表达形式，适应度函数的设计可以基于实际问题的需求灵活构建，使其能够应用于那些难以用传统数学模型描述的问题。

4. 抗噪声能力：遗传算法在面对带有噪声的问题时展现出良好的鲁棒性。算法通过反复的遗传操作和种群中个体的多样性维持，能够有效应对噪声带来的不确定性影响。

5. 并行处理能力：由于遗传算法在评估适应度、执行选择、交叉和变异操作时可针对种群中的多个个体独立进行，因此非常适合并行计算，这使其在处理大规模问题时尤为有效，显著提高了算法的运算效率。

6. 适应性与持续学习：遗传算法能够模拟生物进化的持续适应过程，在动态变化的环境中通过不断进化来适应新条件。这种机制为算法提供了灵活适应环境变化的能力，有助于在长期运行中保持解的相关性和有效性。

3.5.2.1 遗传算法流程

1. 创建初始种群

遗传算法启动时，首先生成一个由随机生成的候选解构成的初始种群，以染色体形式表示，每个染色体代表一个潜在解，为算法提供一个广泛的搜索起点，确保初始解空间的广度和多样性，以便算法能从多方向探索解空间。

2. 评估适应性

算法通过适应度函数对每个个体进行评估，以确定其对问题解决的适应程度。适应度评估在最初创建种群及每一轮遗传操作产生新一代后执行，为算法提供指导，确保种群向更优解的方向进化。

3. 选择、交叉和变异

通过在种群上实施选择、交配和变异等操作，创造出基于当前性能较好的新一代个体。

选择：根据个体的适应度，从当前种群中选择优秀个体，为下一代的生成提供"基因"。高适应度的个体被选中的概率更高，从而保留优秀特征。

交叉:选定的个体对通过染色体的部分交换生成新的后代,模拟生物遗传中的重组现象,促进优秀特征在种群中的传播。

变异:以小概率随机修改新个体的某些基因,引入新的变异以探索解空间,增加种群多样性,避免过早收敛。

4. 算法终止条件

在确定何时终止算法时,可以考虑多种条件,其中两种最常见的停止条件包括:

(1) 达到最大迭代数

设定一个预定的最大演化迭代数,当遗传算法完成了这个数量的迭代时,算法将停止运行。这个条件有助于限制算法的运行时间和计算资源消耗。

(2) 收敛到最优解

另一个常见的条件是观察遗传算法在过去几代中是否取得了显著的进展,通过跟踪每一代的最优适应度值,并与几代前的最佳值比较,如果这两个值之间的差距低于特定的阈值,则可以认为算法已经找到了最优解并终止执行。图3.27为基本遗传算法的流程图。

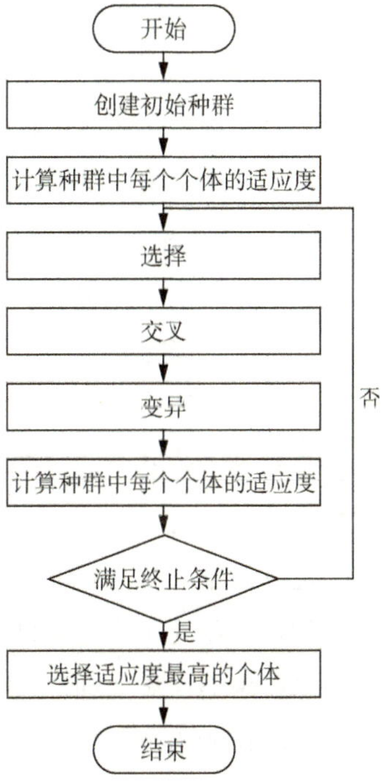

图3.27 遗传算法流程图

3.5.2.2 遗传算子的设定

1. 选择算子

在选择算子的操作中,虽然不直接催生新个体,但它是评估个体适应度的关键环节。通过对比子代个体的适应度值,选择算子负责筛选出适应度较高的个体,淘汰适应度较低的个体。这一过程旨在逐步提升种群中个体的整体适应度水平,使之不断逼近最优解。选择方法的优劣对算法的最终结果具有显著影响,不当的算子选择可能导致种群中相似个体的数量增加,进而阻碍进化的正常进行,甚至可能引发早熟现象。轮盘赌法因其有效性和实用性而备受青睐。轮盘赌法是一种基于适应度值的概率选择方法,模拟了一个赌盘的机制。在这个机制中,个体的适应度值越高,其被选中的概率就越大。通过这种方式，选择算子能够促使适应度较高的个体更有可能成为下一代的父母，有利于传递有益的遗传信息。轮盘赌是一种传统的方法，它是指个体在种群中被选中的概率与其适应度 F_i 成比例，即

$$P_i = \frac{F_i}{\sum_{i=1}^{M} F_i} \tag{3.38}$$

式中：种群规模用字母 M 表示；F_i 为个体适应度；$\sum_{i=1}^{M} F_i$ 为种群总适应度；P_i 为个体的选择概率。在轮盘赌法中，可以将整个适应度范围视为一个虚拟的轮盘，其中每个个体在轮盘上占据的部分大小与其适应度成正比。选择操作时，随机选择轮盘上的一个位置，即为被选中的个体。由于适应度值越大的个体在轮盘上占据的空间更大，因此它们相对于适应度较低的个体有更高的机会被选中。

轮盘赌法中个体的选择概率与适应度值呈正相关关系，即适应度更高的个体在轮盘赌中有更大的被选中机会。尽管理论上可以直接按照概率进行选择，但实际中，为更精确高效地实现选择过程，通常采用“累积概率”的方法，这种方法能够确保每个个体根据其适应度值获得相应的选择机会，从而更加精确地模拟轮盘赌的选择过程。

2. 交叉算子

交叉算子是基于适应度函数评选结果选出的，用于进一步操作算子。在确定算子后，系统依据适应度函数的评价结果，随机挑选个体进行配对。随后，根据一定的概率规则，两个配对个体间的遗传信息会进行两两互换与重新组合，这一过程被形象地称为交叉操作。交叉操作是产生更优秀个体的重要手段，它有助于形成更为优秀的种群，从而加快优化过程的进展。

该操作的步骤如下。

(1) 个体选择：利用适应度函数的评估结果，随机从当前种群中挑选出个体进行配对操作。

(2) 配对个体：选定的个体成对进行配对，为后续的交叉操作做准备。

(3) 交叉操作：通过设定的概率，在配对的个体中进行两两交换和重新组合的操作。这一步旨在创造新的个体，结合了父代个体的信息。

(4) 生成新个体：经过交叉操作后，产生的新个体代表下一代种群中的一

部分。

3. 变异算子

变异是个体发生细微变化的过程，其发生的概率很低，并且较少受到遗传算法中其他因素的影响。变异的主要作用是为算法提供随机探索的能力，并维护种群的多样性，目的是防止种群过早地收敛到某一特定状态，避免过早陷入局部最优解。变异算子主要包括基本位变异算子、均匀突变算子、逆转算子和自适应变异算子等。

3.5.2.3 遗传参数设定

遗传算法的运行过程中，其运行结果受多个参数影响，包括种群规模、交叉概率、变异概率、串长以及最大进化代数等。

1. 种群规模

种群规模是遗传算法性能的关键参数，决定了搜索效率与优化能力。它平衡了解空间覆盖与算法多样性，影响全局搜索，避免了局部最优。适宜的规模(通常 10～200)既可保证探索全面性，又可控制计算负担，实现高效全局优化。此选择需权衡探索深度与计算效率。

2. 交叉概率

交叉概率是指在遗传算法中执行交叉操作以生成新个体的概率，适当的交叉概率对于算法的性能至关重要，若提高交叉概率，可以加快新个体的生成速度，从而提升算法的运行效率，然而过高的交叉概率可能导致算法过早收敛于局部最优解，从而影响其全局搜索能力和整体性能。经过多次试验和研究，通常将交叉概率设置在 0.5～1 以在全局优化和运算效率之间取得平衡。这样的取值范围有助于算法在搜索过程中既保持足够的探索能力，又能保证一定的收敛速度。

3. 变异概率

变异概率是描述在遗传算法中发生变异的基因数与总基因数之比的参数，对维持种群多样性起着关键作用。变异概率过低时，会使某些的信息难以显现，导致信息的流失，同时新信息的产生也会受到阻碍，进而降低种群的多样性，最终可能导致算法倾向于寻找局部最优解，而非全局最优解，后代个体中可能出现不利于算法搜索的不良基因。经过多项研究的验证，为了确保算法的有效性和稳定性，变异概率的合理取值范围通常应在 0.000 1～0.1。

4. 串长

在遗传算法中，解的精确度和个体编码长度之间存在权衡关系，提高编码的串长能提升算法的精度，使其更精确地适应问题的细节和复杂性。然而，算法精度的提升往往伴随着计算成本的增加。因此，在设定编码串长时，需权衡表达能力的提升与计算效率之间的得失，以找到最佳的平衡点。

5. 最大进化代数

最大进化代数关系到算法的终止条件，参数的设置需考虑问题的复杂程度和可用的计算资源。在运行的初期，通常会设定一个相对较低的最大进化代数，然后根据算法在实际运行中的表现进行动态调整。通常，最大进化代数的推荐设置为 50～100 代，这样在确保算法有足够的迭代次数来逼近最优解的同时也避免过度消耗计算资源，从而实现算法运行效率的优化。

通过以上分析可知，参数配置对遗传算法的效率和效果具有决定性作用。合理的参数设置是算法实现其预定目标的前提条件。在不同的应用场景中，参数的理想值可能会有所不同，要通过试验验证最优的参数配置，以确保算法性能达到最佳。这一过程涉及动态且基于经验的调整，以达到遗传算法效能最大化，确保其在解决特定问题时的高效表现。

3.5.3 典型工况下 BPNN-GA 方法的搭建

借助神经网络技术，构建了一个针对泵站前池整流斜板设计参数的优化模型。本模型摒弃了传统的数学函数表示方式，转而采用了一种网络结构作为表达形式。这种转变使得模型能够灵活应对复杂的非线性关系，从而提高了模型的适应性和泛化能力。在优化过程中，算法不再受限于目标函数的连续性和可微分性，从而大大拓宽了优化问题的处理范围。通过对比不同的优化策略，发现遗传算法在无需深入探究优化问题数学属性的情况下，依然能够保持强大的全局搜索能力。在神经网络的训练阶段，针对目标函数的特性构建了一个 BPNN 模型，利用目标函数的非线性输出数据作为训练样本训练出一个能高效预测函数输出的神经网络模型，随后采用遗传算法进行极值寻优工作，其中 BPNN 模型的结构函数作为衡量个体适应度的关键指标，通过执行选择、交叉和变异等遗传操作最终成功确定目标函数的全局最优解以及对应的输入参数值，从而实现对泵站前池整流斜板设计参数的优化。图3.28展示了BPNN-GA方法的流程，该算法的主要优势在于其出色的适应性，能轻松应对复杂的非线性问题。通过训练神经网络能够精准地拟合各种特性的函数关系，而遗传算法的全局搜索能力则有效地避免了陷入局部最优解的困境，从而显著提升了整个优化过程的全局性能。

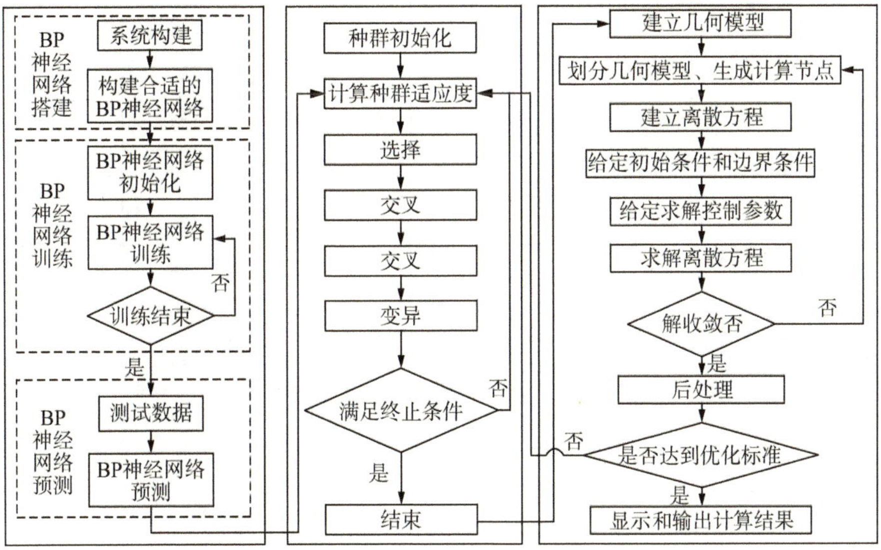

图3.28 BPNN-GA方法流程图

3.5.3.1 训练集与验证机选择

本节中为构建一个全面高效的数据集，依据前文所确定的整流斜板最优参数范围，即整流斜板位置A(10～13 m)、水下长度B(1.7～3.2 m)、倾斜角度C(30°～45°)、厚度D(0.2～0.35 m)，随机生成了100组设计参数。应用CFD方法，对这100组不同配置的整流斜板结构参数下的流态进行数值模拟分析，从而确定综合评价指标F，如表3.10所示。为了优化神经网络模型的训练过程并提升其预测的准确性，从上述生成的100组数据中选取90组作为训练集，剩余的10组作为测试集，可确保神经网络在训练阶段能够充分学习并理解整流斜板设计参数与流态之间的复杂关系，同时测试集的存在也有助于评估模型的泛化能力，确保其在实际应用中能够准确预测整流斜板的性能。

表 3.10 BPNN-GA 方法数据集

序号	A(m)	B(m)	C(°)	D(m)	轴向流速分布均匀度(%)	速度加权平均角(°)	综合评价指标 F
1	12.19	3.07	41.67	0.26	39.06	77.51	3.19
2	11.27	2.19	38.86	0.25	39.81	57.9	4.7
3	12.39	2.35	41.53	0.22	37.68	56.69	5.12
4	12.1	1.82	30.24	0.3	15.37	49.56	15.26
5	11.32	3.26	41.93	0.28	40.51	53.54	5.17
6	12.76	2.84	34.71	0.26	38.56	59.54	4.67
7	10.02	2.01	43.86	0.22	49.56	62.27	3.41
8	12.02	2.3	38.49	0.34	39.87	57.67	4.72
9	12.2	1.95	38.93	0.27	41.45	56.38	4.69
10	11.97	2.47	31.43	0.26	30.88	58.9	5.92
11	12.79	1.97	31.76	0.26	22.23	55.57	8.93
12	10.1	3.22	39.61	0.34	41.78	61.94	4.08
13	10.44	2.54	35	0.26	51.39	67.61	2.94
14	10.05	2.09	34.74	0.27	53.22	64.48	3.03
15	10.31	1.79	36	0.31	30.45	62.35	5.55
16	12.89	2.54	35.17	0.26	28.06	71.68	4.96
17	11.64	2.52	43	0.26	42.68	61.53	4.03
18	11.54	2.67	30.11	0.33	54.42	70.26	2.63
19	12.83	2.97	38.7	0.23	41.01	65.07	3.88
20	12.05	2.83	43.46	0.27	59.24	68.52	2.5
21	12.13	2.88	44.37	0.21	55.66	60.04	3.2
22	10.26	3.07	36.85	0.26	42.49	60.4	4.15
23	10.62	2.64	36.92	0.21	67.98	70.84	2.08
24	11.02	2.27	41.45	0.35	11.32	57.31	16.78
25	12.95	2.37	40.63	0.21	25.44	58.77	7.21
26	10.12	2.01	35.06	0.29	63.65	73.8	2.1
27	10.95	2.07	35.98	0.2	54.24	63.91	3.01

续表

序号	A(m)	B(m)	C(°)	D(m)	轴向流速分布均匀度(%)	速度加权平均角(°)	综合评价指标 F
28	12.86	2.05	34.12	0.31	34.33	56.51	5.65
29	11.67	2.69	30.6	0.31	60.91	66.91	2.51
30	12.4	2.38	44.56	0.34	25.4	51.58	8.7
31	11.53	1.83	30.97	0.3	23.94	61.65	7.16
32	10.86	3.13	35.28	0.22	74.85	76.69	1.69
33	12.62	2.03	32.1	0.21	53.18	76.43	2.39
34	12.55	2.66	41.2	0.21	65.26	69.45	2.23
35	11.48	2.49	36.97	0.33	60.01	69.35	2.43
36	11.51	2.1	31.56	0.2	37.51	62.77	4.46
37	11.5	2.91	35.82	0.22	55.19	65.95	2.83
38	11.01	2.09	43.65	0.33	35.3	59.53	5.1
39	12.1	2.86	40.23	0.27	57.36	67	2.67
40	11.13	2.72	40.89	0.26	30.01	64.1	5.42
41	10.75	2.83	34.33	0.32	70.17	68.29	2.12
42	10.32	2.31	31.39	0.29	50.51	68.43	2.94
43	11.01	1.85	38.56	0.34	27.63	60.17	6.42
44	12.36	2.94	39.43	0.24	25.55	59.77	7.01
45	12.38	2.43	41.96	0.28	21.05	52.02	10.37
46	12.82	2.49	35.63	0.33	60.04	68.2	2.48
47	10.09	2.51	40.24	0.29	63.57	68.87	2.32
48	12.52	3.2	30.28	0.21	68.99	74.64	1.91
49	12.62	2.18	36.48	0.22	2.47	51.97	88.51
50	10.45	2.12	32.28	0.21	46.32	61.78	3.69
51	11.35	3	35.3	0.26	51.43	60.94	3.39
52	11.95	2.98	38.49	0.22	72.61	74.68	1.81
53	11.34	2.06	43.76	0.25	0.81	47.85	305.22
54	11.07	1.93	35.74	0.24	31.03	64.08	5.24

续表

序号	A(m)	B(m)	C(°)	D(m)	轴向流速分布均匀度(%)	速度加权平均角(°)	综合评价指标 F
55	12.99	2.59	41.32	0.31	41.38	63.41	3.99
56	11.73	1.98	40.59	0.33	41.11	63.93	3.97
57	12.06	2.48	42.72	0.31	28.85	55.93	6.82
58	11.98	2.4	42.29	0.32	30.49	52.42	7.08
59	12.29	2.89	31.85	0.2	71.49	77.76	1.74
60	11.7	1.74	30.75	0.29	44.25	67.73	3.4
61	11.32	2.25	42.48	0.34	30.81	66.21	5.04
62	11.77	2.04	41.38	0.34	6.77	50.13	34.05
63	11.77	2.8	42.5	0.21	27.76	62.74	6.03
64	11.58	2.32	31.04	0.3	41.7	64.83	3.84
65	11.89	1.7	36.73	0.34	50.82	65.55	3.1
66	11.97	2.47	37.02	0.29	35.64	58.28	5.21
67	12.87	2.34	36.56	0.29	36.64	63.01	4.54
68	11.63	3.17	31.3	0.32	72.76	74.37	1.82
69	12.54	1.76	31.47	0.23	2.79	38.82	124.21
70	12.47	1.88	36.47	0.33	37.82	69.97	3.81
71	11.64	2.11	31.57	0.25	8.09	40.87	39.26
72	12.58	2.89	43.75	0.31	40.55	58.67	4.53
73	12.02	1.9	39.06	0.34	30.09	54.21	6.83
74	10.94	2.87	32.63	0.22	73.72	73.28	1.83
75	11.08	1.81	35.44	0.25	29.76	56.65	6.49
76	10.99	2.85	31.72	0.33	39.42	64.05	4.13
77	11.5	2.93	33.34	0.35	59.41	72.55	2.3
78	12.26	3.13	33.34	0.25	56.2	68.6	2.63
79	12.36	2.71	33.7	0.28	52.49	66.18	2.96
80	11.56	2.81	37.33	0.3	65.71	74.95	1.99
81	10.25	2.21	32.16	0.23	57.08	70.41	2.5

续表

序号	A(m)	B(m)	C(°)	D(m)	轴向流速分布均匀度(%)	速度加权平均角(°)	综合评价指标 F
82	10.98	2.86	34.89	0.3	65.07	75.83	1.98
83	12.36	2.36	33.6	0.28	39.93	59	4.57
84	11.15	2.19	39.6	0.25	24.89	68.51	5.96
85	12.07	1.87	34.26	0.26	35.8	62.04	4.75
86	10.02	2.85	37.69	0.3	61.44	53.27	3.43
87	11.13	2.87	42.35	0.27	46.55	61.24	3.72
88	12.81	2.79	31.31	0.33	59.16	73.26	2.28
89	12.09	2.7	39.51	0.31	52.11	66.12	2.99
90	11.51	1.71	41.46	0.34	25.55	59.37	7.08
91	11.5	3.25	32.44	0.23	78.68	74.88	1.67
92	12.67	1.86	30.32	0.34	33.38	51.28	6.68
93	11.7	2.31	43.8	0.35	77.38	79.2	1.56
94	12.65	1.99	32.07	0.32	37.14	59.85	4.81
95	11.38	2.8	35.76	0.25	53.72	59.6	3.35
96	11.41	3.11	36.84	0.21	67.34	75.7	1.92
97	12.9	2.2	37.77	0.33	49.91	66.68	3.08
98	12	1.73	36.56	0.34	24.31	56.06	8.06
99	11.91	2.8	34.5	0.31	23.58	58.72	7.79
100	11.27	2.71	33.47	0.28	63.25	71.02	2.23

3.5.3.2 BPNN-GA 方法的搭建

在本节中，为精确地表示整流斜板设计参数与综合评价指标 F 之间的关系，选择三层结构的 BPNN 模型作为核心训练模型，输入层设置了 4 个神经元，分别对应整流斜板的四个关键设计参数：整流斜板的位置、水下长度、倾斜角度以及厚度，模型的输出层则通过一个神经元来输出综合评价指标 F 的值，从而实现对整流斜板性能的有效评估。在模型构建过程中，通过试验分析发现，当隐藏层设置为 2 个神经元时，模型能够在保证计算效率的同时，达到较高的预测精度。

选择合适的超参数有利于提升模型的优化性能、加速收敛速度及增强预测准确性。表 3.11 和表 3.12 详细列出了本模型的超参数的配置信息，包括学习率、迭代次数、交叉率和变异率等。这些超参数经过多次试验和调整旨在确保 BPNN 模型在处理复杂的优化任务时，能够展现出优质的训练效果和优化性能。

表 3.11　BPNN 模型超参数设置

迭代次数	学习率	训练精度	训练函数	传递函数
1 000	0.001	0.000 1	trainlm	tansig

表 3.12　遗传算法超参数设置

种群规模	变异率	进化代数	交叉率
20	0.1	100	0.3

本节通过对 BPNN-GA 方法在整流斜板设计参数优化预测中的表现进行分析，以评估其预测准确性。对比算法在训练集中预测值与实际值的绝对误差，以及全面分析算法在独立测试集上的预测性能，从而衡量算法预测结果与实际观察结果之间的匹配度。图 3.29～图 3.32 详细展示了 BPNN-GA 方法在训练及

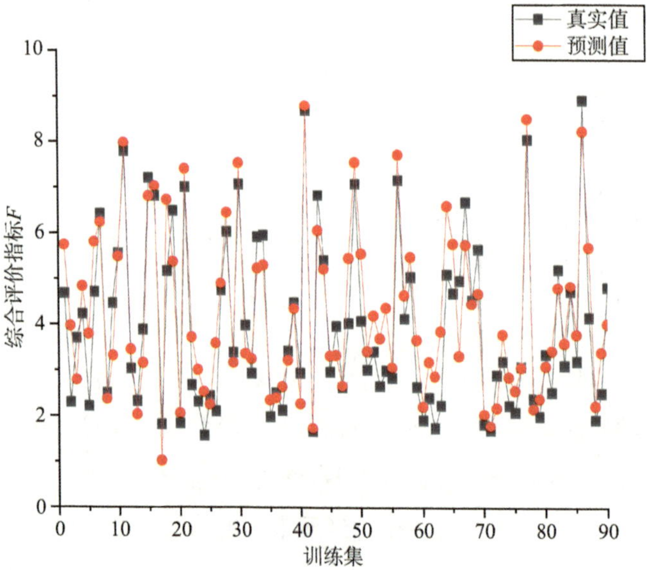

图 3.29　训练集预测结果

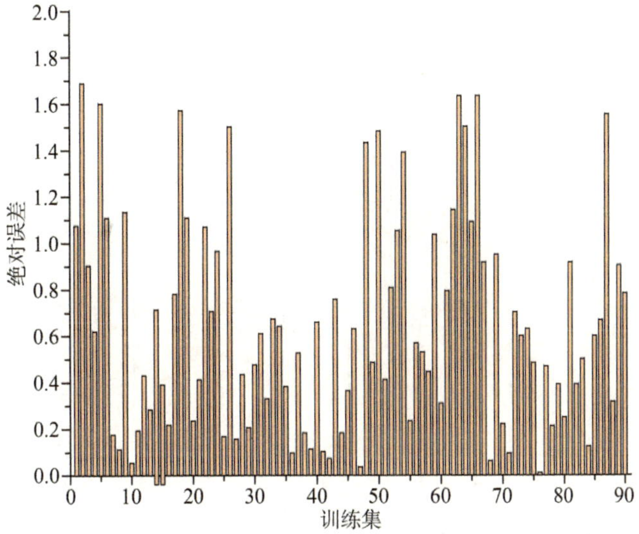

图 3.30　训练集绝对误差

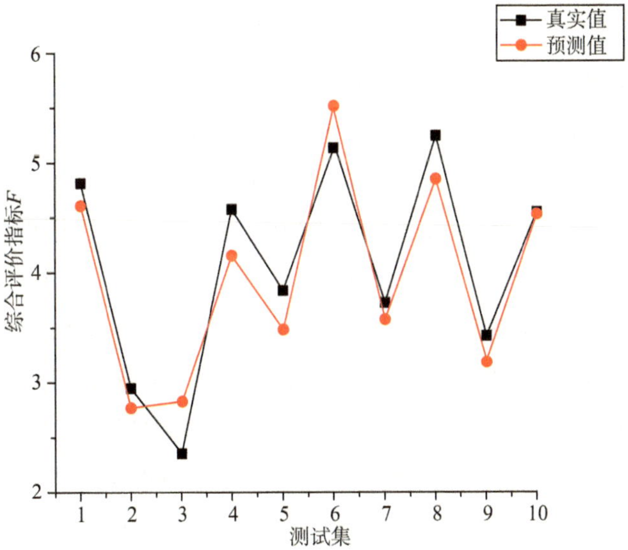

图 3.31　测试集预测结果

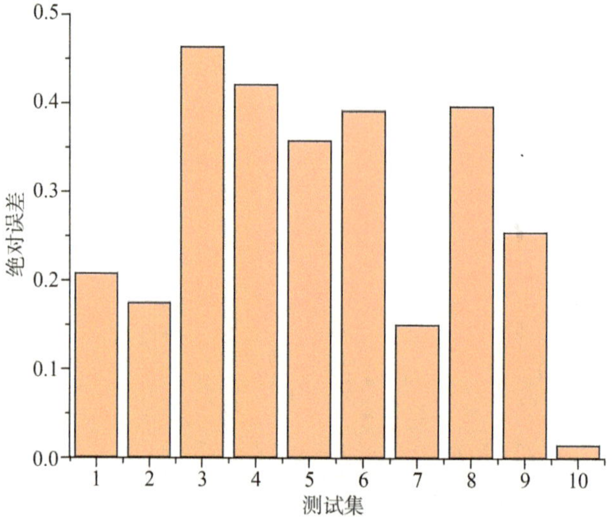

图 3.32　测试集绝对误差

测试数据集上的输出结果。通过对比算法预测值与真实值，可以观察到算法在数据拟合方面的能力。同时通过对绝对误差的分析，可以量化算法预测的准确性，从而更全面地评估其性能。

经过对训练集和测试集的综合分析，BPNN-GA 方法展现出卓越的性能，不仅能够有效捕捉训练数据的内在规律，而且在独立测试集中也表现出与训练数据相匹配的稳定性能，显示出其强大的泛化能力。从预测精度的角度来看，BPNN 模型的预测结果与实际观测值之间的偏差保持在较低水平，证明其具有较高的预测准确性。为全面评估 BPNN-GA 方法的性能，采用多种性能评价指标，包括均方根误差（*RMSE*）、平均绝对误差（*MAE*）以及平均绝对百分比误差（*MAPE*）。表 3.13 和表 3.14 详细列出了训练集与测试集上的这些性能评价指标。此外，利用遗传算法对 BPNN 模型输出的整流斜板设计参数进行了多目标优化。通过设定合适的参数范围和约束条件，遗传算法在搜索空间中不断迭代进化，最终成功找到了一组最优设计参数组合。这组参数能够使得 BPNN 模型预测的综合评价指标 F 达到最小值，从而实现整流斜板设计参数的优化。最终确定的最优设计参数组合为：整流斜板位置 A 为 12.03 m，水下长度 B 为 3.03 m，倾斜角度 C 为 31°，厚度 D 为 0.34 m。

表 3.13 训练集误差结果

RMSE	*MAE*	*MAPE*	R^2
0.78	0.64	16%	0.92

表 3.14 测试集误差结果

RMSE	*MAE*	*MAPE*	R^2
0.31	0.28	8%	0.95

3.5.4 典型工况下 BPNN-GA 最优结果分析

采用 BPNN-GA 方法确定整流斜板设计参数的最优解后进行了数值模拟计算，针对纵剖面Ⅰ($Y=50.5$ m)处的 1#、2# 和 4# 水泵进水流场进行了分析。通过数值模拟，得到各水泵进水道内的轴向流速分布均匀度和速度加权平均角的计算结果，如表 3.15。与基于二阶响应面模型所确定的最优设计方案相比，BPNN-GA 方法优化后的参数配置有显著的性能优势。具体而言，1# 水泵进流水道内的轴向流速分布均匀度提升了 3.46%，同时速度加权平均角增加了 3.78°。对于 2# 水泵，虽然其进水流道内的轴向流速分布均匀度提升幅度相对较小，仅为 0.48%，但速度加权平均角的增加达到了 3.97°。而 4# 水泵进水流道的水力性能提升尤为显著，其轴向流速分布均匀度提升了高达 36.01%，速度加权平均角也增加了 20.48°，综合评价指标 F 降低了 0.69。这一显著改进充分证明了 BPNN-GA 方法在优化整流斜板设计参数方面的卓越效果，即能够有效地改善水泵进水侧通道的流态，提升整体性能。综上所述，通过调整设计参数，BPNN-GA 方法显著提高了轴向流速分布的均匀度与速度加权平均角，从而有效地提升了水泵进水通道侧的水力性能。这一结果为泵站前池整流斜板的优化设计提供了有力的支持，也进一步验证了 BPNN-GA 方法在解决复杂工程优化问题中的实用性和有效性。

表 3.15 典型工况下 BPNN-GA 整流斜板整流方案数值计算结果表

运行水泵	轴向流速分布均匀度	速度加权平均角
1#	77.79%	74.61°
2#	75.47%	81.99°
4#	78.88%	80.99°
综合评价指标 F:1.56		

采用数值模拟方法剖析 BPNN-GA 方法优化后的整流斜板设计方案对特征断面Ⅰ、Ⅱ和Ⅲ上水流动态性的影响，如图 3.33 所示，模拟结果展示了优化设计方案对水流动态性的显著影响。虽然在 1# 水泵进水流道前部形成了一定规模的漩涡，但这些漩涡并未对进水流道的整体流态产生明显的负面效应。相较于基于二阶响应面模型所得出的最优设计方案，BPNN-GA 方法优化后的方案在多个方面均表现出显著的优势。首先，优化设计方案使得漩涡发生位置与进水流道之间的距离增大，这有助于减少漩涡对进水流道内水流的影响，从而保证了水流的稳定性和连续性。其次，优化设计方案使得流线更为平滑流畅，减少了水流中的湍流和涡旋，降低了能量损失。此外，优化设计方案还使得各进水流道内的水流分布更为均匀一致，这有助于提高水泵站的运行效率和稳定性。为了进一步阐释整流斜板对水流动力学的调控机制，分析 1#、2# 和 4# 水泵的水流纵向中心线流速剖面图，如图 3.34 所示。通过分析，发现优化后的整流斜板设计发挥了显著的导流效应。在整流斜板的作用下，水流向底层转移，形成了两股不同的水流。一股水流在斜板上方向发生翻滚，形成了回流现象，有助于改善水流的流动状态，减少湍流和涡旋的产生。而另一股底层水流则得到了有效地扩散，形成了更为均匀的水流分布。这种底层水流的均匀分布以及较大的流速不仅有助于提高水泵站的抽水能力，还有效防止了泥沙的沉积，从而确保了水泵站的安全稳定运行。

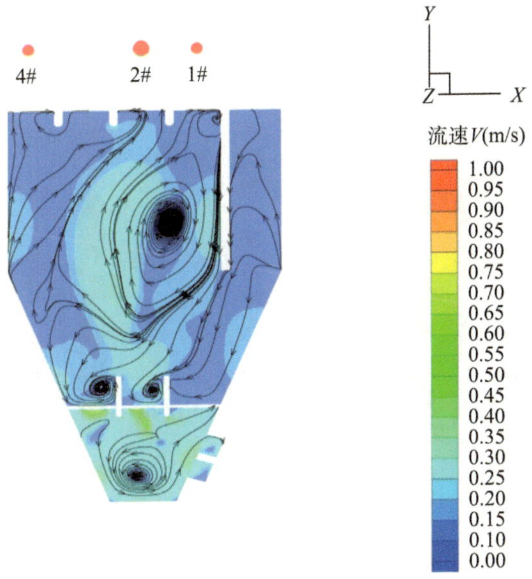

(a) 特征断面Ⅰ

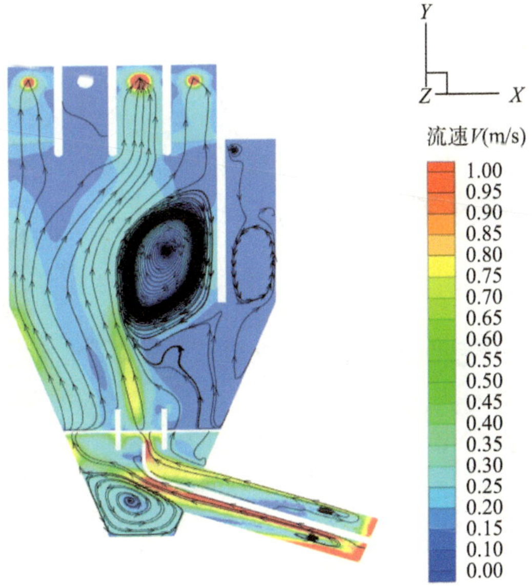

(b) 特征断面Ⅱ

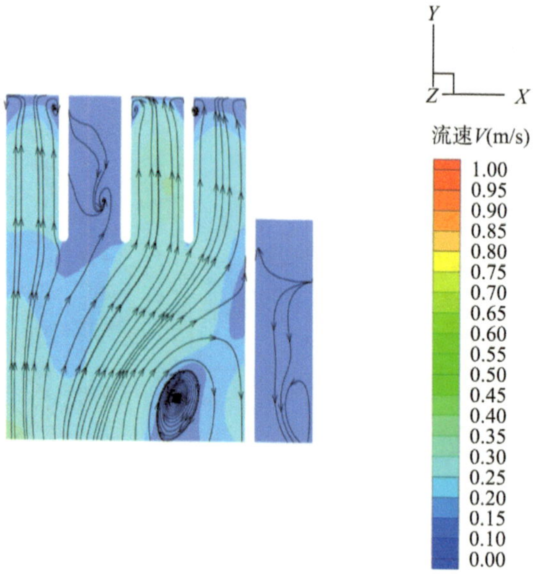

(c) 特征断面Ⅲ

图 3.33　BPNN-GA 方法最优结果数值模拟各断面流线图

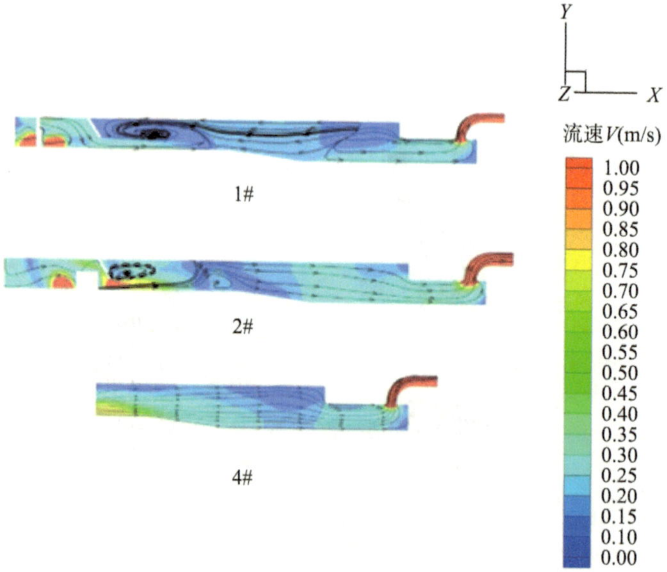

图 3.34　BPNN-GA 方法最优结果水流纵向中心线流速剖面图

3.5.5 对比工况下整流斜板参数检验

为验证 BPNN-GA 方法在整流斜板设计参数优化中的适应性，采用同样的数值模拟方法，在对比工况下对前池内水流流态进行了模拟，结果见图 3.35 和图 3.36 所示。

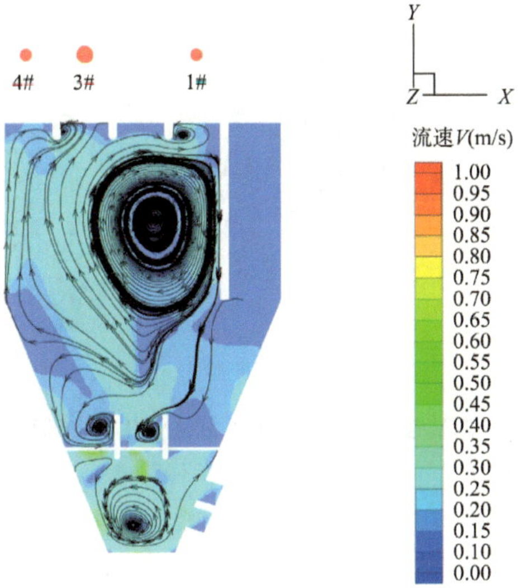

(a) 特征断面Ⅰ

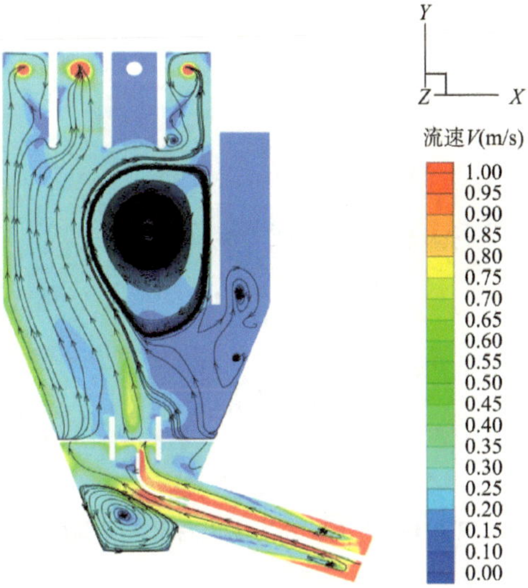

(b) 特征断面Ⅱ

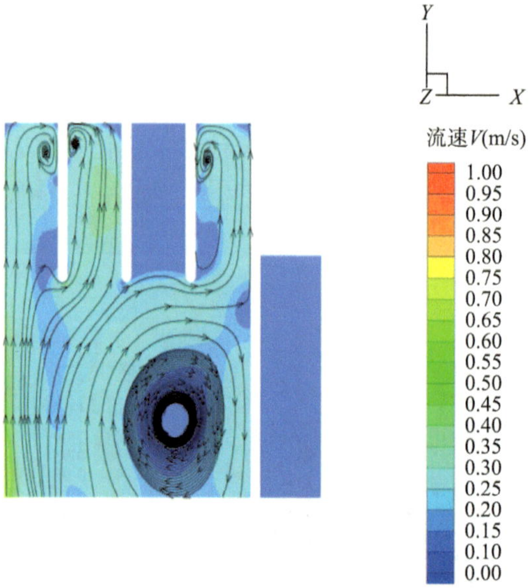

(c) 特征断面Ⅲ

图 3.35　对比工况下 BPNN-GA 方法优化后各断面流线图

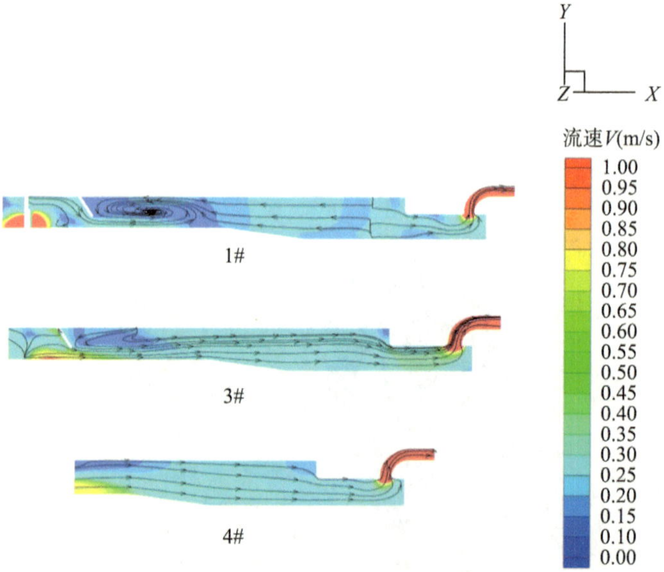

图 3.36　对比工况下 BPNN-GA 方法优化后水流纵向中心线流速剖面图

图 3.35 展示了启动不同组合泵工况下，泵站前池各特征断面上的流线分布

状况。结果显示，在各考察特征断面上，特别是在1#进水流道前，均观测到明显的漩涡形成。这些漩涡的存在对水流流态产生了显著的不利影响，可能导致水流紊乱，使得原本平稳流动的水体变得紊乱。这种紊乱的水流状态不仅会降低水泵的抽水效率，还可能对水泵本身造成损害。而且还会增大能量的损失，从而降低整个系统的能量利用效率。图3.36模拟揭示了经整流斜板优化处理后，各泵进水来流在纵向中心线上的流速分布特征。模拟结果显示在1#进水流道截面上，尽管仍存在小范围的漩涡现象，并伴有较为明显的回流，但较于未经优化的状态，其影响范围已显著缩小，且强度有所减弱。这表明整流斜板的优化设计在一定程度上抑制了漩涡的形成和发展，从而改善了考察区域的流态。在3#和4#进水流道中心截面上，水流状态得到了更为显著的改善。经过整流斜板的引导和调控，水流变得更为顺畅，流速分布更加均匀，未出现不良流态。这种优化效果不仅提升了水泵的抽水效率，还有助于减少水流中的能量损失，提高整个系统的运行效率。

经BPNN-GA方法优化后，各水泵进水流道中来流流态在特征纵剖面处均得到显著改善，1#水泵进水流道的轴向流速分布均匀度达到59.11%，速度加权平均角为61.36°；3#水泵进水流道的轴向流速分布均匀度达到61.83%，速度加权平均角为75.81°；4#水泵进水流道的对应指标分别为67.51%和65.25°，此时综合评价指标F为2.41。

数值模拟结果表明采用BPNN-GA方法提出的整流斜板优化设计能够显著改善泵站前池内的水流流态，减少漩涡和回流现象的发生，提高了水流分布的均匀性和稳定性。以上的结果分析，也验证了本章节提出的BPNN-GA方法在整流斜板设计参数优化中的适应性。

与响应面法所得最优方案相比，BPNN-GA方法得出的优化设计方案在不同工况下的表现呈现出一定差异。对于1#水泵进水流道，其轴向流速分布均匀度降低了18.46%，速度加权平均角减少了13.93°；3#水泵进水流道同样出现轴向流速分布均匀度降低14.15%，速度加权平均角减少4.03°。然而，4#水泵进水流道的轴向流速分布均匀度显著提升了21.36%，速度加权平均角增加了2.08°，综合评价指标F提升了0.37。尽管BPNN-GA方法在本例中的1#水泵和3#水泵进水流道的优化结果低于二阶响应面模型的最优结果，但整体评估表明，该算法在轴向流速分布均匀度及速度加权平均角的整体表现上更为均衡。揭示了 BPNN-GA 方法在泵站进水流道优化设计中的潜在应用价值，尤其是在处理复杂水流流态优化问题时的灵活性和有效性。

在整流斜板几何设计参数的优化过程中，BPNN-GA 方法展现了较好的性能。该算法结合神经网络的强大拟合能力与遗传算法的全局搜索能力，实现了多目标优化设计，并获得整流斜板几何参数的最优解。BPNN-GA 方法在对比工况下所优化的整流斜板设计参数对水流流态产生了积极影响，但适应性没有二阶响应面模型显著。整体而言，由 BPNN 模型设计出的整流斜板几何参数在不同开机组合工况下均具有较好性能表现，能够明显改善水泵站的水流流态和机组性能。

第4章

肘形进水流道两点压差式测流法

大型低扬程泵站在调水工程、防洪工程、农田灌溉排水和城市供排水等方面发挥了重要作用，为跨区域水资源配置、城镇供水、排污、保障工农业生产和居民生活用水作出了巨大贡献。大型低扬程水泵流量是确定抽水量、装置效率与能源单耗的关键参数，它关系能否科学准确地完成原型泵装置性能测试及工程后评估，继而检验大型泵装置的研究、设计和制造水平，促进水泵及水泵站行业科技进步。大型低扬程水泵的进水流道短、过流断面从矩形逐渐过渡到圆形且为钢筋混凝土现浇而成，应用流速仪法、食盐浓度法、内贴式超声波流量计及绕流管测流法等直接测流方法存在诸多不足，如不适宜长期监测、安装不方便、测量误差大、数据可靠性差和后期维护困难等。传统的进水流道压差测流法是一种间接测流方法，需要事先确定水泵流量与进水流道压差之间的函数关系，以便通过实时或在线测得的压差获得对应的流量。但其现场率定时，一方面常用的测流方法包括流速仪法、食盐浓度法、河流 ADCP 等，现场工作量大、限制条件多、花费时间多且测试误差较大；另一方面，通过均压环测量断面平均压差，断面取压点数量多、预埋要求高、工作量大，进而大大影响了该测流法的简便性和精确度。目前可以结合现有的先进技术和科学方法对压差测流法存在的系数率定、取压测点等问题进行深入研究。于永海等[9]应用 CFD 方法对灯泡式贯流泵的流量与压差关系进行了预测。Zhu 等[10]研究提出了大型低扬程水泵肘形进水流道两点压差式测流法，有效地解决了大型立式低扬程泵中存在的流量测试与监测的难题，取得的研究成果对大型低扬程水泵实际运行流量的测试及大型梯级泵站的流量监控与调节具有一定的理论指导和现实意义。

4.1 肘形进水流道压差测点的确定

本节通过构建的肘形进水流道流场 CFD 计算数学模型分别对无隔墩肘形进水流道和有隔墩肘形进水流道水流流场进行数值计算，以预测肘形进水流道壁面上的压强分布规律。在肘形进水流道的进口段和弯曲段上拟选若干测压点来观察压强的分布规律，拟选观测点时依据控制变量法，沿同一高程、多个高程选取若干个测压点，而且要保证同一竖直方向和多个竖直方向都存在若干个测压点,以判断单一测压点在不同流量条件下压强的变化规律、单一流量条件下不同测压点之间压强的分布规律、同一高程上测压点之间压强的分布规律以及同一竖直方向上测压点之间压强的分布规律。判断进口段的流场稳定性主要依据伯努利方程,首先在同一测压点处,随着水泵流量的增大,测压点压强应该逐渐降低;其次由于本研究的肘形进水流道的过流断面是渐缩的,与沿程阻力的影响相比,过流断面的缩小使得流速增大更明显,所以肘形进水流道进口段的流速应该是越来越大,位置势能相同时测压点压强应该逐渐减小,如果不符合规律,那么其流场势必不稳定。另外,在弯曲段上主要判断同一过流断面上测压点由弯管内侧到弯管外侧的过程中压强的分布规律,以及同一竖直方向上不同高程测压点处压强的分布规律。最后,依据揭示的肘形进水流道压强分布规律对两个测压点的位置进行确定,为后续确定的水泵流量与肘形进水流道两侧压点压差函数关系式的精度提供了保证,同时也为装置模型试验和实际工程中安装差压变送器提供了参考。

4.1.1 无隔墩肘形进水流道测压点的确定

4.1.1.1 拟选测压点的具体位置

图 4.1 所示的无隔墩泵站肘形进水流道结构型式,是目前国内块基型泵房中最常见的一种,其形状为不同曲率半径断面的渐缩弯管,包括进口段和弯曲段。其中(a)为立面图,(b)为平面图。肘形进水流道主要几何参数包括:进水池宽度 B_m、进水池长 L_m、进水池水深 H_m、肘形进水流道长度 l_m、肘形进水流道进口宽度 b_m、肘形进水流道高度 h_m,D_m 为吸水管直径。

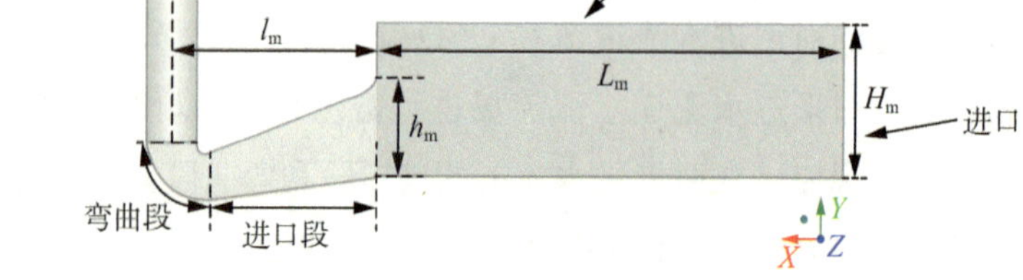

(a) 立面图

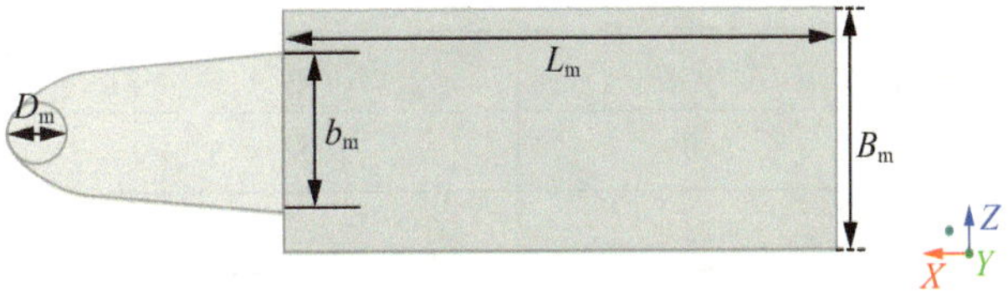

(b) 平面图

图 4.1 无隔墩泵站肘形进水流道结构型式

为充分反映无隔墩肘形进水流道壁面上的压强分布，此处压强指静压(Static Pressure)，在肘形进水流道弯管前进口段选取 18 个测压点。表 4.1、表 4.2 和表 4.3 分别为肘形进水流道进口段 $y=300$ mm、$y=200$ mm 和 $y=100$ mm 测压点的拟选坐标，其中测压点(x, y, z)是相对泵站模型坐标原点(0, 0, 0)而言，测压点均在进水流道的边壁上，测压点的拟选坐标随着编号的递增越靠近肘形进水流道弯曲段。选取测压点时先确定 y 的值，再通过 x 的值以等差 100 mm 递增，z 的值自动确定。图 4.2、图 4.3 和图 4.4 分别为肘形进水流道进口段 $y=300$ mm、$y=200$ mm 和 $y=100$ mm 时测压点的具体坐标位置，其中(a)为平面图，(b)为立面图。

表 4.1 $y=300$ mm 时进口段测压点的坐标值

编号	x(mm)	y(mm)	z(mm)
1	100	300	−403.93
2	200	300	−397.80
3	300	300	−391.28
4	400	300	−384.29

表 4.2 $y=200$ mm 时进口段测压点的坐标值

编号	x(mm)	y(mm)	z(mm)
1	100	200	−402.41
2	200	200	−396.23
3	300	200	−389.59
4	400	200	−382.50

续表

编号	x(mm)	y(mm)	z(mm)
5	500	200	−374.79
6	600	200	−366.39
7	700	200	−357.25

表 4.3　y=100 mm 时进口段测压点的坐标值

编号	x(mm)	y(mm)	z(mm)
1	100	100	−400.90
2	200	100	−394.64
3	300	100	−387.87
4	400	100	−380.68
5	500	100	−372.75
6	600	100	−364.25
7	700	100	−354.88

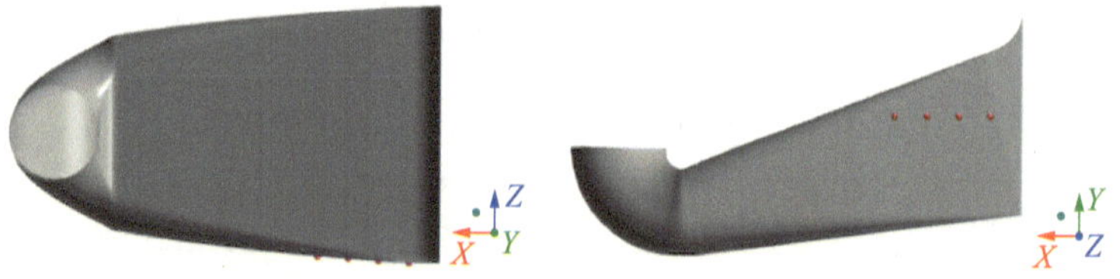

(a) 平面图　　(b) 立面图

图 4.2　y=300 mm 时进口段测压点的具体位置

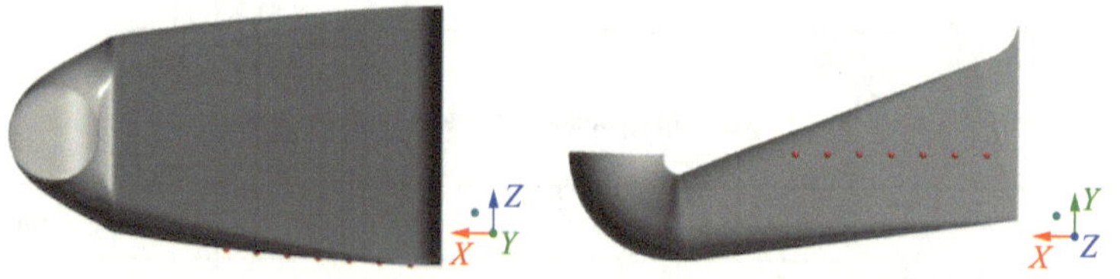

(a) 平面图　　(b) 立面图

图 4.3　y=200 mm 时进口段测压点的具体位置

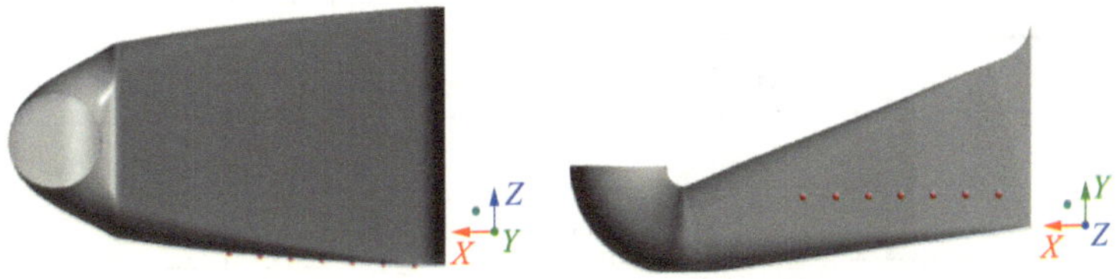

(a) 平面图　　(b) 立面图

图 4.4　y=100 mm 时进口段测压点的具体位置

同样地，在肘形进水流道弯曲段选取 32 个测压点，表 4.4、表 4.5、表 4.6 和表 4.7 分别为肘形进水流道弯曲段 $y=140$ mm、$y=150$ mm、$y=160$ mm 和 $y=170$ mm 时测压点的拟选坐标，其中测压点$(x,\ y,\ z)$是相对泵站模型坐标原点(0，0，0)而言，测压点均在进水流道的边壁上。测压点的拟选坐标随着编号的递增，其位置由弯曲断面的内侧向外侧靠近。选取测压点时先确定 y 的值，再通过 z 的值等差 50 mm 递减，由于弯曲段的过流断面为圆形，每个 z 值对应两个坐标点，分别对应着肘形进水流道弯曲段的内侧和外侧，x 的值自动确定。图 4.5、图 4.6、图 4.7 和图 4.8 分别为肘形进水流道弯曲段 $y=140$ mm、$y=150$ mm、$y=160$ mm 和 $y=170$ mm 测压点的具体坐标位置，其中(a)为平面图，(b)为立面图。

表 4.4　y=140 mm 时弯曲段测压点的坐标值

编号	x(mm)	y(mm)	z(mm)
1	1 090.36	140	0
2	1 090.36	140	−50
3	1 090.36	140	−100
4	1 091.08	140	−150
5	1 331.82	140	−150
6	1 383.46	140	−100
7	1 404.56	140	−50
8	1 408.04	140	0

表 4.5　y=150 mm 时弯曲段测压点的坐标值

编号	x(mm)	y(mm)	z(mm)
1	1 102.32	150	0
2	1 102.32	150	−50
3	1 102.32	150	−100
4	1 130.75	150	−150
5	1 328.42	150	−150
6	1 382.88	150	−100
7	1 404.95	150	−50
8	1 409.28	150	0

表 4.6　y=160 mm 时弯曲段测压点的坐标值

编号	x(mm)	y(mm)	z(mm)
1	1 109.61	160	0
2	1 109.61	160	−50
3	1 111.03	160	−100
4	1 162.63	160	−150
5	1 323.05	160	−150
6	1 381.83	160	−100
7	1 405.33	160	−50
8	1 410.52	160	0

表 4.7　y=170 mm 时弯曲段测压点的坐标值

编号	x(mm)	y(mm)	z(mm)
1	1 114.26	170	0
2	1 114.26	170	−50
3	1 122.83	170	−100
4	1 185.19	170	−150
5	1 316.21	170	−150
6	1 380.70	170	−100

续表

编号	x(mm)	y(mm)	z(mm)
7	1 405.69	170	−50
8	1 411.75	170	0

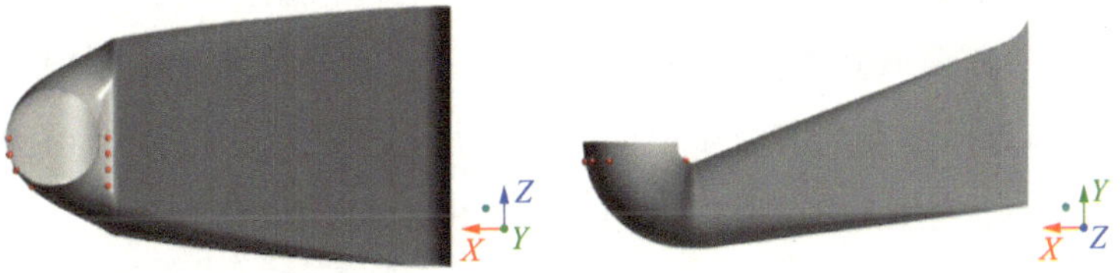

(a) 平面图　　(b) 立面图

图 4.5　y=140 mm 时弯曲段测压点的具体位置

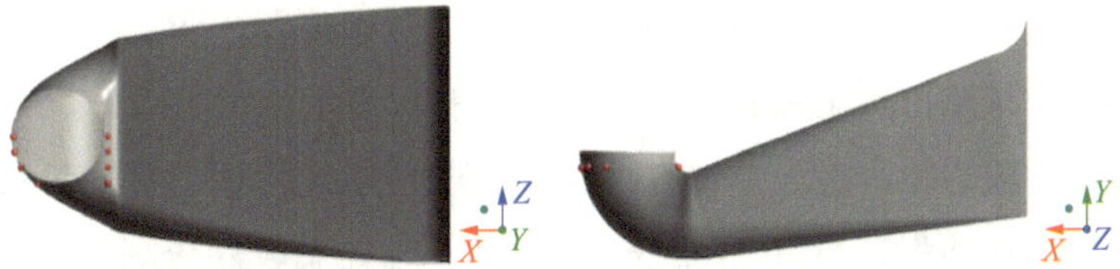

(a) 平面图　　(b) 立面图

图 4.6　y=150 mm 时弯曲段测压点的具体位置

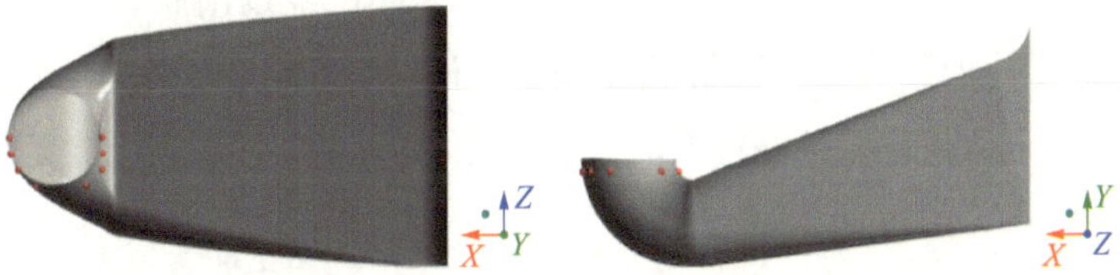

(a) 平面图　　(b) 立面图

图 4.7　y=160 mm 时弯曲段测压点的具体位置

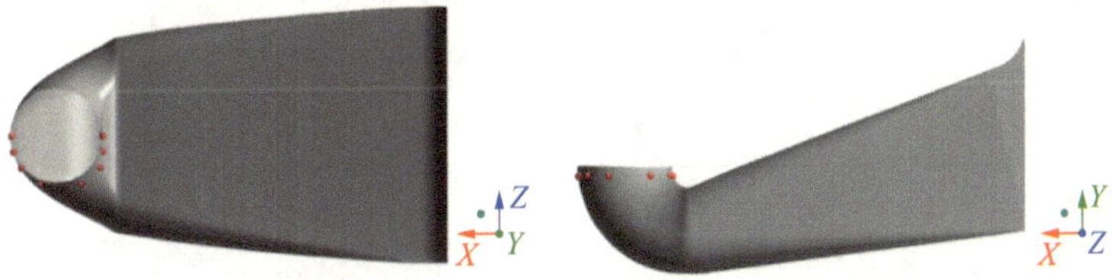

(a) 平面图　　(b) 立面图

图 4.8　y=170 mm 时弯曲段测压点的具体位置

4.1.1.2 流场计算结果与分析

图 4.9(a)为肘形进水流道进口段 $y=300$ mm 条件下 x 值不同的 4 个测压点处压强的变化规律，图例的序号为表 4.1 中的编号。测压点位置不同，压强的变化趋势也呈现出不同的变化规律，由于 4 个测压点随流量的变化规律没有交叉现象，那么只需要取其中任意一个流量条件下的测压点处的压强值，即可反映出 4 个测压点处压强在所有流量上的分布规律。图 4.9(b)所示为流量 $Q=0.365$ m^3/s 时 4 个测压点压强的变化规律，从图中可以看出随着测压点的位置越靠近肘形进水流道弯曲段，测压点处的压强呈先增大后减小的变化趋势。从图 4.9 中还可以看出，测压点 1 的压强随着流量的增大而减小，而测压点 2 的压强变化趋势则相反，但测压点 3 的压强变化趋势又和测压点 1 处的压强变化趋势相同，这表明在水流流动过程中，壁面压强的变化趋势存在变化的过程，造成这种变化的原因是测压点 1 和测压点 2 都处于肘形进水流道进口处，受到水流从进水池向进水流道输水过程中过流面积变化的影响，进水池的过流面积较大，而进水流道的过流面积较小，在这个变化过程中水流流态较复杂，水流流速有由小增大的过程，可能出现附壁涡等不良流态，所以测压点的位置不宜选择在此处，容易受到流态变化的干扰。测压点 3 和测压点 4 远离进水流道的进口处，两个测压点处的压强值都随着流量的增大而减小，表明已经逐渐脱离进水流道进口处水流流态变化的影响。尽管测压点 3 处的压强值整体上比测压点 4 的压强值大，但从测压点取值稳定性和精度的角度来看，测压点 3 存在着可能受到进水流

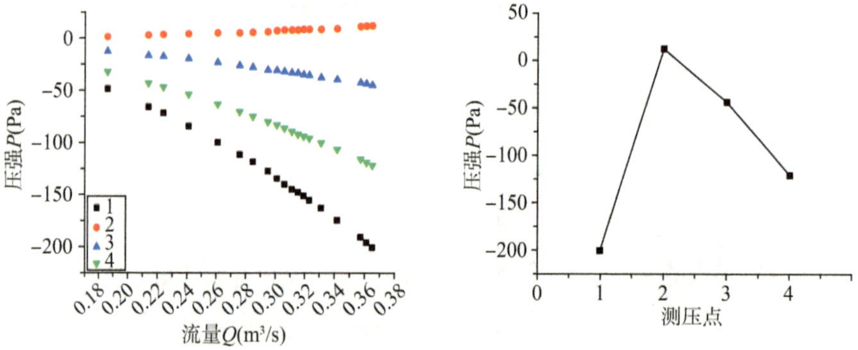

(a) 不同流量各测压点压强的变化规律　　(b) 同一流量压强随测压点位置变化规律

图 4.9　无隔墩进口段 $y=300$ mm 测压点处压强的变化趋势

道进口流态影响的风险。所以如果在 $y=300$ mm 处选择测压点的位置，测压点4为最佳测压点选择位置。

图4.10(a)为肘形进水流道进口段 $y=200$ mm 条件下 x 值不同的7个测压点压强的变化规律，图例的序号为表4.2中的编号，图中各测压点的压强均随着流量的增大而减小。测压点位置不同，压强的变化幅度呈现出不同的规律。从图4.10(a)中可以看出，当流量较小时，各个测压点处的压强变化不明显，但仍然可以看出压强值随着测压点位置的不同而不同；随着流量的增大，压强值随测压点位置的变化越来越明显。图4.10(b)所示为流量 $Q=0.365\ m^3/s$ 时7个测压点压强的变化规律，从图中可以看出当测压点位置由进水流道进口段沿水流方向移动时，其压强先急剧增大，然后增幅缓慢，当增大到某个极值后逐渐减小，与 $y=300$ mm 时表现出的规律相同。在 $y=200$ mm 高程线上，测压点1和测压点2受到进水池和进水流道交界处水流交替的影响，压强变化不稳定，不适宜将此处作为测压点。虽然从测压点3开始压强呈现出逐渐降低的趋势，但为了避免选择的测压点的压强受到不良流态的影响，保证测压点处的水流处于稳定的状态，在 $y=200$ mm 处选择测压点时，可选择范围应尽量控制在测压点4至测压点7的范围内。为了保证两侧测压点的压差要足够大，进口段的压强要越大越好，所以测压点4为 $y=200$ mm 时的最佳测压点。

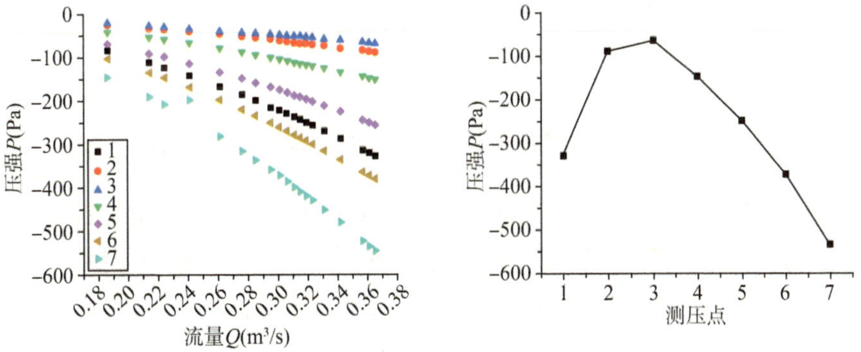

(a) 不同流量各测压点压强的变化规律　　(b) 同一流量压强随测压点位置变化规律

图4.10　无隔墩进口段 $y=200$ mm 测压点处压强的变化趋势

图4.11(a)为肘形进水流道进口段 $y=100$ mm 条件下 x 值不同的7个测压点处压强的变化规律，图例的序号为表4.3中的编号，图中各测点的压强同样

随着流量的增大而减小。y＝200 mm 与 y＝100 mm 的高程上测压点压强的变化趋势存在着相似性，随着测压点位置不同呈现出不同的变化规律。当流量较小时，各个测压点处的压强变化不明显，当流量较大时压强值随测压点位置的改变呈现的变化趋势非常明显。图 4.11(b)所示为流量 Q＝0.365 m^3/s 时 7 个测压点压强的变化规律，从图中可以看出当测压点位置由进水流道进口段沿水流方向移动时，其压强缓慢地增大，然后逐渐减小。从计算结果来看，y＝100 mm 时测压点 1 和测压点 2 同样受到进水池和进水流道交界处水流流动的影响，压强变化不稳定；从测压点 3 开始呈现出压强逐渐降低的趋势。为了保证测压点处的水流处于一种稳定的状态，所以在 y＝100 mm 处选择测压点时，其选择范围应在测压点 4 至测压点 7 之间。再根据两侧测压点的压差足够大的原则，测压点 4 更适合被选择为测压点。

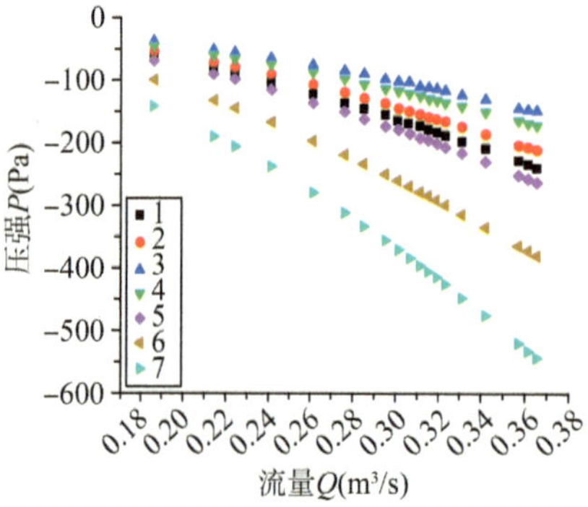

(a) 不同流量各测压点压强的变化规律

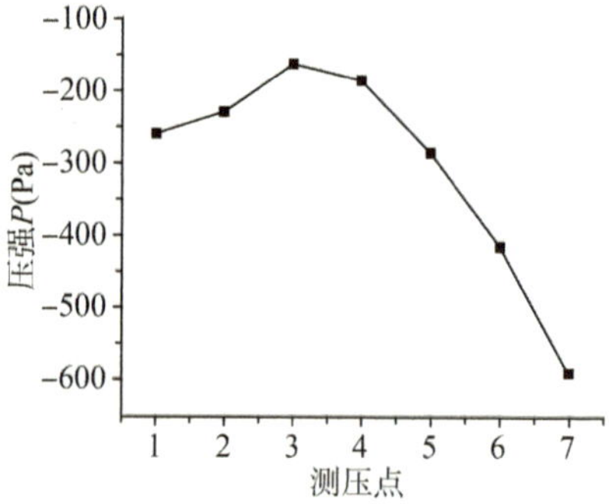

(b) 同一流量压强随测压点位置变化规律

图 4.11　无隔墩进口段 y＝100 mm 测压点处压强的变化趋势

图 4.12 为肘形进水流道进口段测压点压强沿 y 方向随 x 坐标不同而表现出来的变化趋势(Q＝0.365 m^3/s)，从图中看出随着 y 值的增大，压强整体上呈越来越大的变化趋势。当 x 值确定的情况下选择 y 断面时，应尽量选择进水流道的 y 值偏高的测压点。

综上所述，图 4.9～图 4.11 分别表示肘形进水流道相同高度不同过流断面的测压点处压强的变化规律，图 4.12 表示肘形进水流道相同过流断面的不同高度测压点处压强的变化规律，经过分析可以认为在无隔墩泵站肘形进水流道中，进口段的测压点宜选择在相对中后段且高程较高的位置。

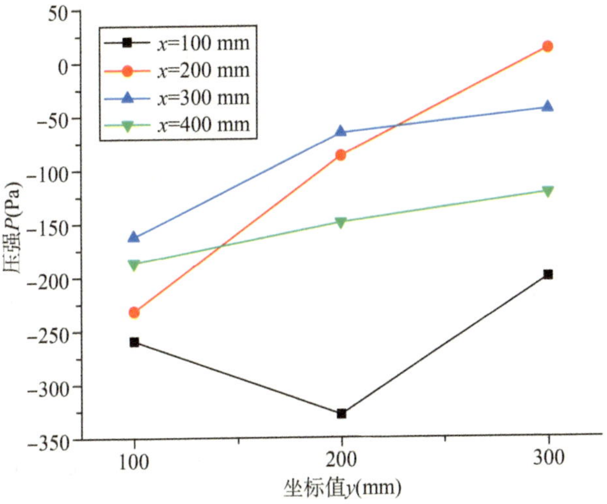

图 4.12　无隔墩进口段沿 y 方向测压点处压强的变化趋势

图 4.13(a)～图 4.16(a)分别表示肘形进水流道弯曲段 $y=140$ mm、$y=150$ mm、$y=160$ mm 和 $y=170$ mm 时相同过流截面上不同测压点处压强随流量的变化规律，从图中可以看出随流量的增大压强越来越小，但不同测压点之间的压强变化规律又存在差异，同样在每个截面取一个给定流量来观察各断面上测压点在任意流量条件下压强的变化规律。图 4.13(b)～图 4.16(b)分别为肘形进水流道弯曲段 $y=140$ mm、$y=150$ mm、$y=160$ mm 和 $y=170$ mm 过流截面上在流量 $Q=0.365\ m^3/s$ 时测压点压强的变化规律，从图中可以看出在相同过流截面上，压强随肘形进水流道弯曲段测压点的位置由内侧向外侧呈现出越来越大的变化规律。

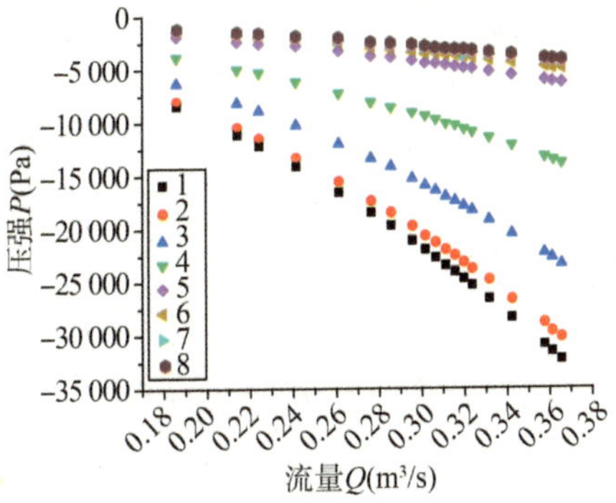

(a) 不同流量各测压点压强的变化规律

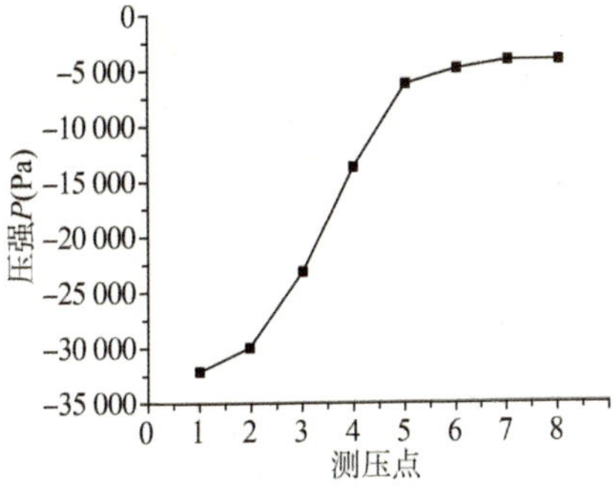

(b) 同一流量压强随测压点位置变化规律

图 4.13　无隔墩弯曲段 y=140 mm 测压点处压强的变化趋势

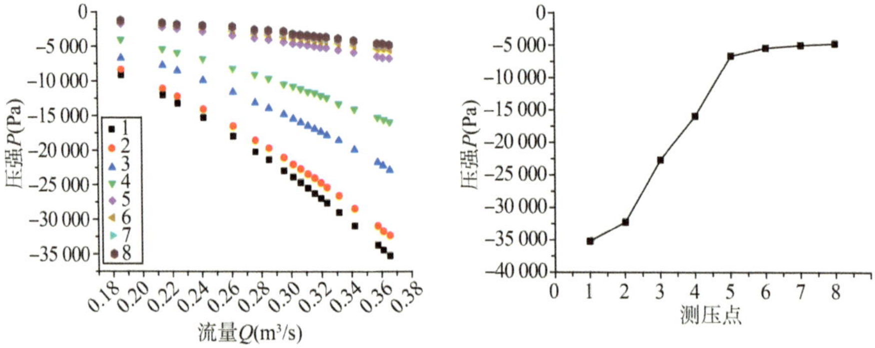

（a）不同流量各测压点压强的变化规律　　（b）同一流量压强随测压点位置变化规律

图 4.14　无隔墩弯曲段 y=150 mm 测压点处压强的变化趋势

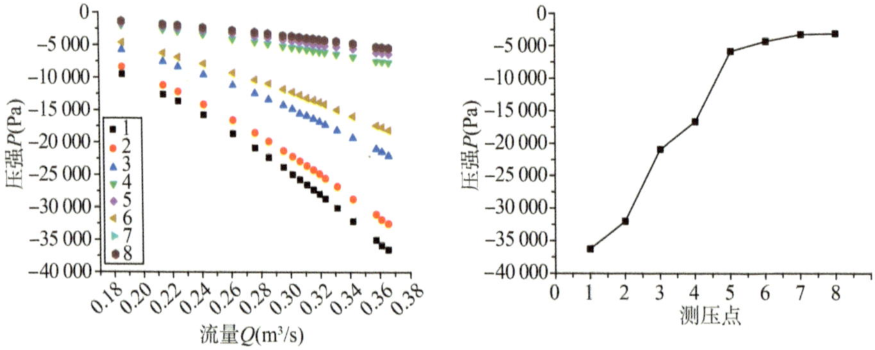

（a）不同流量各测压点压强的变化规律　　（b）同一流量压强随测压点位置变化规律

图 4.15　无隔墩弯曲段 y=160 mm 测压点处压强的变化趋势

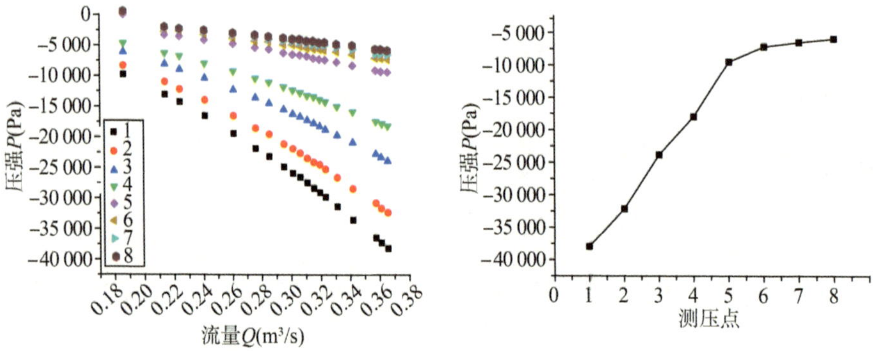

（a）不同流量各测压点压强的变化规律　　（b）同一流量压强随测压点位置变化规律

图 4.16　无隔墩弯曲段 y=170 mm 测压点处压强的变化趋势

图 4.17 为给定 z 值的截面上测压点的压强随着 y 值变化的趋势图，图中“+”表示肘形进水流道弯曲段的内侧，“-”表示肘形进水流道弯曲段的外侧，从图中可以看出在给定 z 值的过流截面上测压点的压强随着 y 值的增大逐渐降低，但是降低幅度较小。

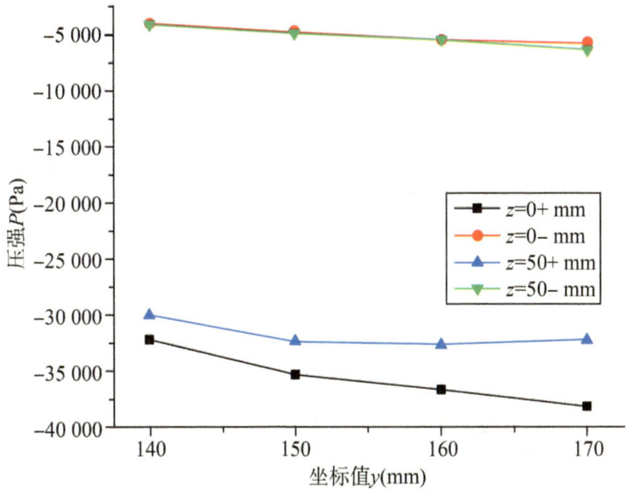

图 4.17　无隔墩弯曲段沿 y 方向测压点处压强的变化趋势

综上所述，在肘形进水流道弯曲段测压点的压强由弯管的内侧向外侧逐渐增大，随着测压点对应弯管高度的升高，压强逐渐降低。从无隔墩泵站肘形进水流道进口段和弯曲段的压强大小来看，在进口段和弯曲段各取一个测压点，当两个测压点之间的压差足够大时有利于率定水泵流量与肘形进水流道两测压点压差，所以选择弯曲段测压点时应尽可能选择肘形弯管的内侧，在壁面上的高度越高越好，此时测压点处压强较小。

4.1.2 有隔墩肘形进水流道测压点的确定

4.1.2.1　拟选测压点的具体位置

图 4.18 所示为有隔墩泵站肘形进水流道结构型式，其中(a)为立面图，(b)为平面图。肘形进水流道同样采用目前国内块基型泵房中常见的进水流道，其

形状为具有不同曲率半径断面的渐缩弯管，包括进口段和弯曲段。主要几何参数包括：进水池宽度 B_m、进水池长 L_m、进水池水深 H_m、肘形进水流道长度 l_m、肘形进水流道进口宽度 b_m、肘形进水流道高度 h_m，D_m 为吸水管直径。与无隔墩泵站不同的是，有隔墩泵站进水流道中设置了隔墩，同时考虑了闸门槽对水流流态的影响，隔墩的长度为 b，宽度为 c，两侧闸门槽的厚度为 a。

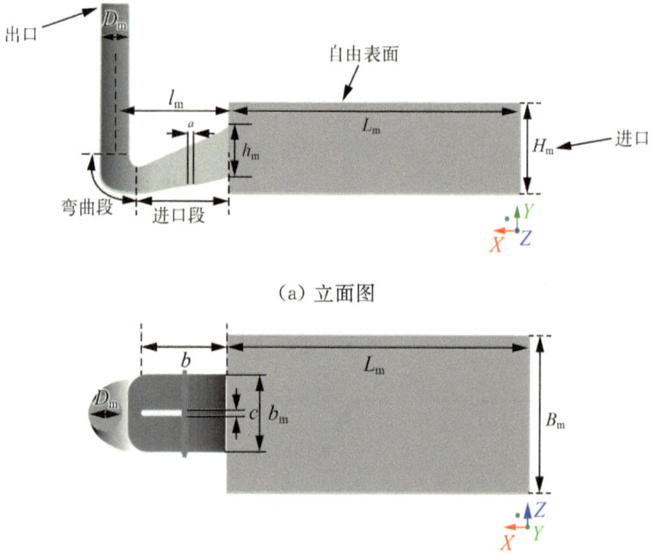

(a) 立面图

(b) 平面图

图 4.18　有隔墩泵站肘形进水流道结构型式

肘形进水流道中设置了隔墩和闸门槽，显然这对肘形进水流道中水流流场存在一定程度的影响，但是还未有资料显示其对壁面压强分布的影响程度。为充分反映有隔墩和闸门槽条件下肘形进水流道进口段壁面上的压强分布(此处压强同样指静压)，在肘形进水流道弯管前进口段选取 56 个测压点。表 4.8～表 4.14 分别为肘形进水流道进口段 $y=-50$ mm、$y=-10$ mm、$y=0$ mm、$y=50$ mm、$y=100$ mm、$y=150$ mm 和 $y=200$ mm 测压点的拟选坐标值。测压点(x, y, z)相对于泵站模型坐标原点(0, 0, 0)，测压点均在进水流道的边壁上。测压点的拟选坐标随着编号的递增而越靠近肘形进水流道的弯曲段。在选取测压点时先确定 y 的值，再通过改变 x 的值来确定测压点的具体坐标，z 的值根据 x、y 的值而自动确定。其中当 $x \geqslant 350$ mm 时的测压点位于闸门槽之前，而当 $x \leqslant 500$ mm 时的测压点位于闸门槽之后。图 4.19～图 4.25 分别为肘形

进水流道进口段 $y=-50$ mm、$y=-10$ mm、$y=0$ mm、$y=50$ mm、$y=100$ mm、$y=150$ mm 和 $y=200$ mm 测压点的具体坐标位置，其中(a)为平面图，(b)为立面图。

表 4.8　$y=-50$ mm 时进口段测压点的坐标值

编号	x(mm)	y(mm)	z(mm)
1	100	−50	−375.00
2	200	−50	−375.00
3	300	−50	−375.00
4	350	−50	−375.00
5	500	−50	−375.00
6	600	−50	−375.00
7	700	−50	−374.72
8	800	−50	−371.58

表 4.9　$y=-10$ mm 时进口段测压点的坐标值

编号	x(mm)	y(mm)	z(mm)
1	100	−10	−375.00
2	200	−10	−375.00
3	300	−10	−375.00
4	350	−10	−375.00
5	500	−10	−375.00
6	600	−10	−375.00
7	700	−10	−374.72
8	800	−10	−371.62
9	900	−10	−358.09

表 4.10　$y=0$ mm 时进口段测压点的坐标值

编号	x(mm)	y(mm)	z(mm)
1	100	0	−375.00

续表

编号	x(mm)	y(mm)	z(mm)
2	200	0	−375.00
3	300	0	−375.00
4	350	0	−375.00
5	500	0	−375.00
6	600	0	−375.00
7	700	0	−374.72
8	800	0	−371.63
9	900	0	−357.43

表 4.11　y=50 mm 时进口段测压点的坐标值

编号	x(mm)	y(mm)	z(mm)
1	100	50	−375.00
2	200	50	−375.00
3	300	50	−375.00
4	350	50	−375.00
5	500	50	−375.00
6	600	50	−375.00
7	700	50	−374.72
8	800	50	−371.68
9	900	50	−352.42

表 4.12　y=100 mm 时进口段测压点的坐标值

编号	x(mm)	y(mm)	z(mm)
1	100	100	−375.00
2	200	100	−375.00
3	300	100	−375.00
4	350	100	−375.00
5	500	100	−375.00

续表

编号	x(mm)	y(mm)	z(mm)
6	600	100	−375.00
7	700	100	−374.71
8	800	100	−371.74

表 4.13　y=150 mm 时进口段测压点的坐标值

编号	x(mm)	y(mm)	z(mm)
1	100	150	−375.00
2	200	150	−375.00
3	300	150	−375.00
4	350	150	−375.00
5	500	150	−375.00
6	600	150	−375.00
7	700	150	−374.71

表 4.14　y=200 mm 时进口段测压点的坐标值

编号	x(mm)	y(mm)	z(mm)
1	100	200	−375.00
2	200	200	−375.00
3	300	200	−375.00
4	350	200	−375.00
5	500	200	−375.00
6	600	200	−375.00

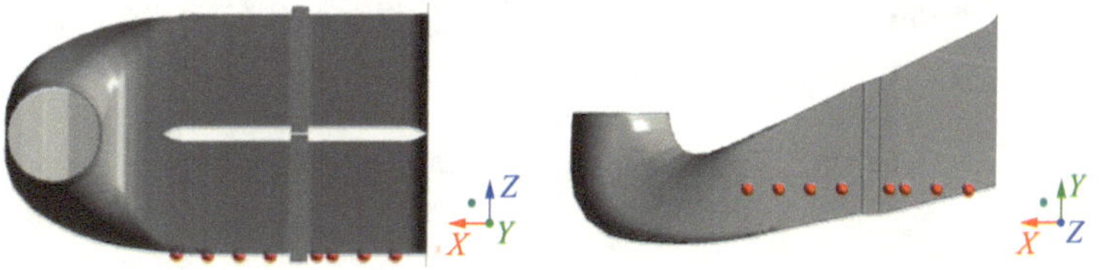

(a) 平面图　　(b) 立面图

图 4.19　y=−50 mm 时进口段测压点的具体位置

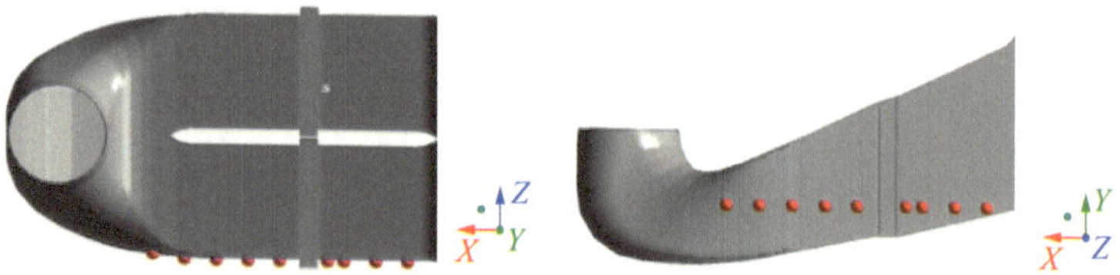

(a) 平面图　　(b) 立面图

图 4.20　$y=-10$ mm 时进口段测压点的具体位置

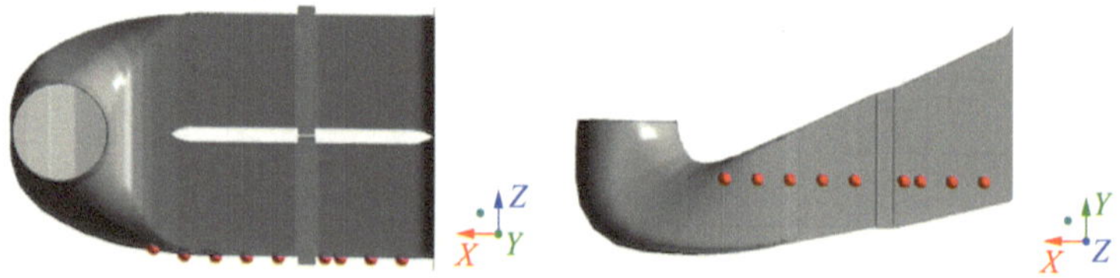

(a) 平面图　　(b) 立面图

图 4.21　$y=0$ mm 时进口段测压点的具体位置

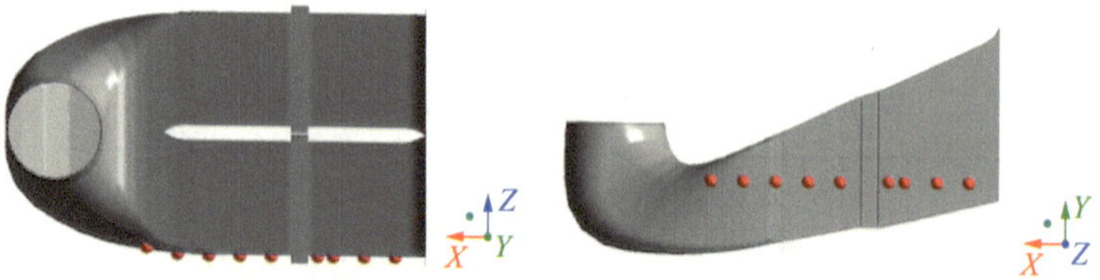

(a) 平面图　　(b) 立面图

图 4.22　$y=50$ mm 时进口段测压点的具体位置

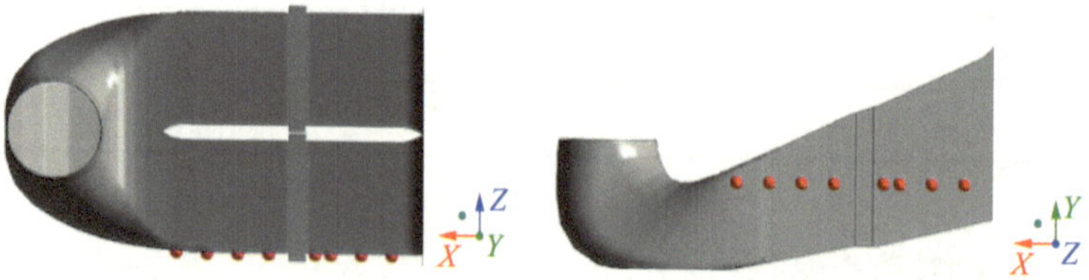

(a) 平面图　　(b) 立面图

图 4.23　$y=100$ mm 时进口段测压点的具体位置

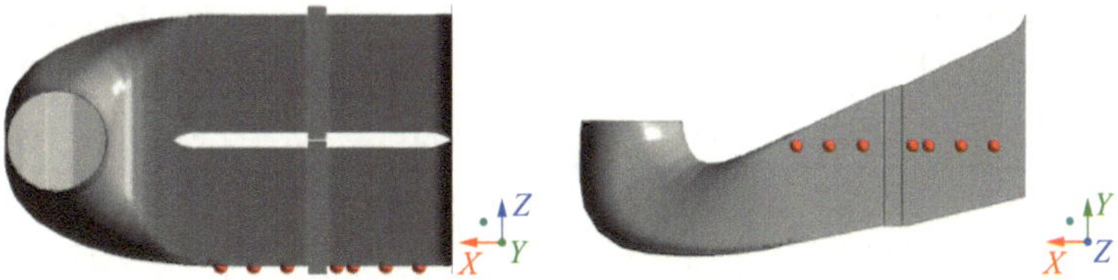

(a) 平面图　　(b) 立面图

图 4.24　$y=150$ mm 时进口段测压点的具体位置

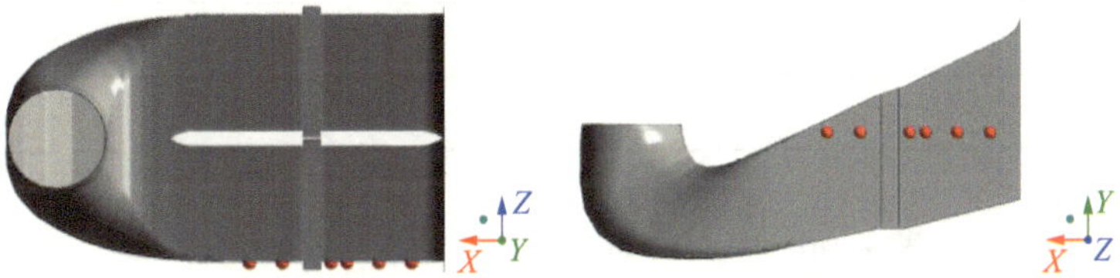

(a) 平面图　　(b) 立面图

图 4.25　$y=200$ mm 时进口段测压点的具体位置

在肘形进水流道弯曲段选取 48 个测压点，表 4.15～表 4.18 分别为肘形进水流道弯曲段 $y=120$ mm、$y=140$ mm、$y=160$ mm 和 $y=180$ mm 测压点的拟选坐标值。测压点(x, y, z)相对于泵站模型坐标原点(0, 0, 0)，测压点均在进水流道弯曲段的边壁上。随着编号的递增，测压点的位置由肘形弯曲段的内侧向外侧靠近。选取测压点时先确定 y 的值，再将 z 的值递减，由于弯曲段为圆环形，每个 z 值对应两个坐标点，分别对应着肘形进水流道弯曲段的内侧和外侧，最终确定 x 的值。图 4.26～图 4.29 分别为肘形进水流道弯曲段 $y=120$ mm、$y=140$ mm、$y=160$ mm 和 $y=180$ mm 测压点的具体坐标位置，其中(a)为平面图，(b)为立面图。

表 4.15　$y=120$ mm 时弯曲段测压点的坐标值

编号	x(mm)	y(mm)	z(mm)
1	1 012.57	120	0
2	1 012.57	120	−40
3	1 012.57	120	−80
4	1 012.78	120	−120

续表

编号	x(mm)	y(mm)	z(mm)
5	1 017.77	120	−140
6	1 035.19	120	−160
7	1 280.09	120	−160
8	1 307.77	120	−140
9	1 326.12	120	−120
10	1 348.19	120	−80
11	1 356.96	120	−40
12	1 357.37	120	0

表 4.16　$y=140$ mm 时弯曲段测压点的坐标值

编号	x(mm)	y(mm)	z(mm)
1	1 025.27	140	0
2	1 025.27	140	−40
3	1 025.27	140	−80
4	1 033.65	140	−120
5	1 047.75	140	−140
6	1 076.36	140	−160
7	1 262.37	140	−160
8	1 297.74	140	−140
9	1 319.69	140	−120
10	1 345.18	140	−80
11	1 355.97	140	−40
12	1 357.02	140	0

表 4.17　$y=160$ mm 时弯曲段测压点的坐标值

编号	x(mm)	y(mm)	z(mm)
1	1 034.24	160	0
2	1 034.24	160	−40

续表

编号	x(mm)	y(mm)	z(mm)
3	1 037.41	160	−80
4	1 058.39	160	−120
5	1 081.32	160	−140
6	1 128.37	160	−160
7	1 245.92	160	−160
8	1 291.35	160	−140
9	1 315.25	160	−120
10	1 342.77	160	−80
11	1 354.97	160	−40
12	1 356.68	160	0

表 4.18　y=180 mm 时弯曲段测压点的坐标值

编号	x(mm)	y(mm)	z(mm)
1	1 041.19	180	0
2	1 042.00	180	−40
3	1 052.83	180	−80
4	1 080.53	180	−120
5	1 106.11	180	−140
6	1 163.99	180	−160
7	1 223.25	180	−160
8	1 284.39	180	−140
9	1 310.52	180	−120
10	1 340.18	180	−80
11	1 358.81	180	−40
12	1 356.34	180	0

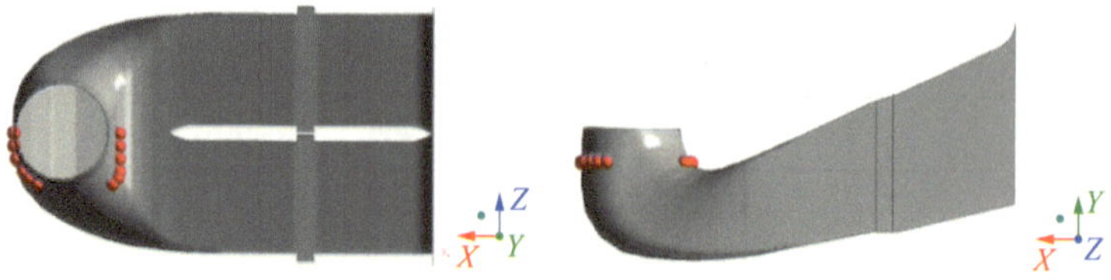

(a) 平面图　　(b) 立面图

图 4.26　y=120 mm 时弯曲段测压点的具体位置

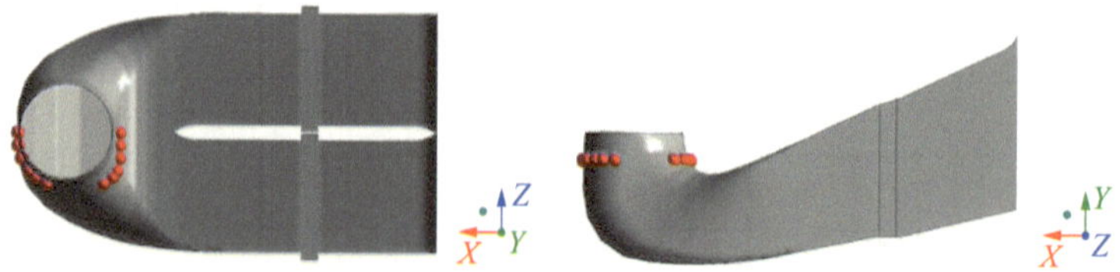

(a) 平面图　　(b) 立面图

图 4.27　y=140 mm 时弯曲段测压点的具体位置

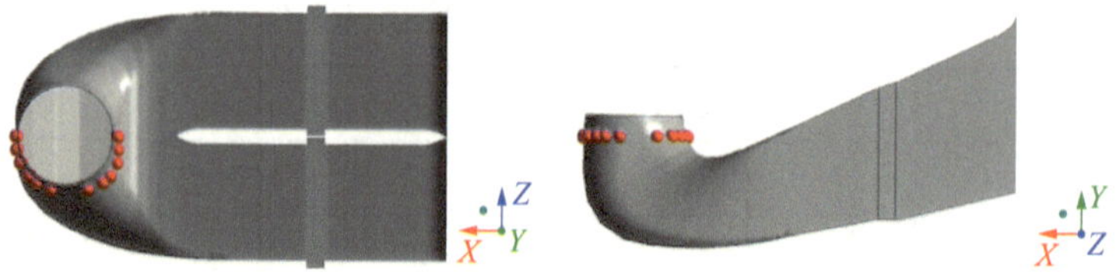

(a) 平面图　　(b) 立面图

图 4.28　y=160 mm 时弯曲段测压点的具体位置

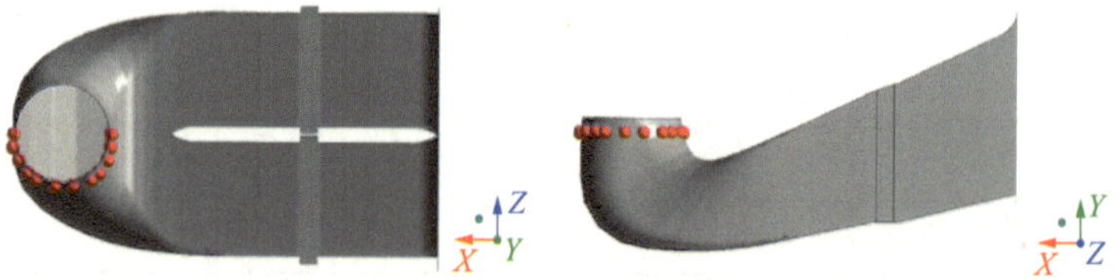

(a) 平面图　　(b) 立面图

图 4.29　y=180 mm 时弯曲段测压点的具体位置

4.1.2.2　流场计算结果与分析

图 4.30(a)为肘形进水流道进口段 $y=-50$ mm，x 值不同的 8 个测压点处压强的变化规律，图例的序号为表 4.8 中的编号。从图中单个测压点来看，8 个测压点处的压强随着流量的增大而减小。其中，测压点 1 处压强降低的趋势最

缓慢，而测压点 8 处压强降低的趋势最明显。这是由于测压点 1 位于拟选坐标的起始位置，相比较而言水流经过此处时的沿程水头损失和局部水头损失都比较小，并且所在位置处于进水池和进水流道的交界处，水流从过流断面面积较大的进水池流入过流面积较小的进水流道中，水流的流速存在一个由小到大的过程，所以测压点处的流速并不等于流量与过流面积的商值，而是介于流量与进水池过流面积商值和流量与进水流道过流面积商值之间，尽管各工况流量的值存在明显的差异，但是各工况流速的差异却明显降低，那么当位置势能不变时，测压点压强值的变化趋势可以认为是动能和水头损失综合值的变化趋势，所以测压点 1 处在各流量条件下压强值的变化趋势缓慢；而测压点 8 位于 $y=-50$ mm 的拟选坐标中最末位置，受到沿程水头损失和局部水头损失等因素的影响最大，并且由于肘形进水流道为渐缩过流断面形式，其流速在同高程拟选坐标中也达到最大，所以测压点 8 所在位置的压强值最小且变化最明显。

从图 4.30(a)还可以看出随着测压点位置的不同，压强的变化趋势也呈现出不同的变化规律，8 个测压点在给定流量下所测试的压强都处在各自的趋势线上，不存在相互交叉的现象，所以任意流量条件下的测压点处的压强值即可反映出 8 个测压点处压强的分布规律。图 4.30(b)所示为流量 $Q=0.221\ \mathrm{m^3/s}$ 时 8 个测压点压强的变化规律，从图中可以看出随着测压点的位置从进水流道进口段向弯曲段靠近的过程中，测压点处的压强整体上表现出逐渐减小的趋势，只有在 $x=600$ mm 处存在突变的现象，其压强高于 $x=500$ mm 测压点的压强，这是由于水流绕过闸门槽时存在一个短暂加速的过程，导致 $x=500$ mm 时压强较低，水流绕过闸门槽后需要进行水流调整，随后在 $x=700$ mm、$x=800$ mm 的测压点处水流调整完成，压强越来越小。

图 4.30(b)中测压点 1～4 位于进水流道闸门槽道之前，测压点 1～4 所处的过流面积越来越小，测压点 1～4 的流速越来越大，因此其压强随着测压点由进水流道进口向闸门槽道靠近而越来越小，但压强的变化趋势均较为平缓，并且其测压精度极可能受到进水池与进水流道水流交汇流态及闸门槽的影响；测压点 5～8 位于进水流道闸门槽道之后，按照水力学原理，其压强变化势必呈逐渐降低趋势，而测压点 6 处压强却高于测压点 5，说明测压点 5 和测压点 6 处的压强受到闸门槽道的影响，水流流态不稳定，从而表明了在闸门槽附近区域选取测压点会严重影响测量值的精度，而测压点 7 和测压点 8 处的水流

经过一段波动后趋近稳定。尽管测压点 7 与测压点 8 所在位置的压强值较低，但压强变化趋势十分明显，而且取压精度可靠，所以在 $y=-50$ mm 时，测压点 8 为最佳测压点。

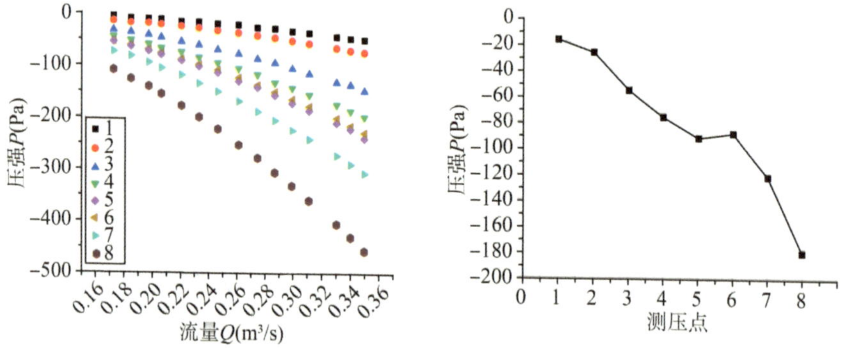

(a) 不同流量各测压点压强的变化规律　　(b) 同一流量压强随测压点位置变化规律

图 4.30　有隔墩进口段 $y=-50$ mm 测压点处压强的变化趋势

图 4.31(a)和图 4.32(a)分别为有隔墩肘形进水流道进口段 $y=-10$ mm 和 $y=0$ mm 时不同流量条件下各测压点处的压强变化规律，可以看出 $y=-10$ mm 和 $y=0$ mm 时各测压点处压强的变化规律相似，闸门槽前压强先降低再增大，当水流绕过闸门槽后压强又逐渐降低，最终趋于稳定。图 4.31(b)和图 4.32(b)所示为流量 $Q=0.221$ m^3/s 时 9 个测压点压强的变化规律，从图中可以更加明显地看出在测压点位置的变化过程中压强变化的趋势。当 $y=-10$ mm 时，测压点 1 处压强随流量变化最小，但随着 y 值的增高各测压点却表现出不同的变化，当 $y=0$ mm 时测压点 4 处压强随流量变化最小，而测压点 1 处的压强随流量变化的幅度变得远大于测压点 4 处的压强变化幅度，此外 $y=0$ mm 和 $y=-10$ mm 时测压点 2 的压强值都很小，并且变化趋势十分明显。上述现象足以表明进水流道进口至闸门槽所在的区域水流变化十分剧烈，流态复杂，如果将测压点布置在此区域势必影响测压精度。$y=0$ mm 和 $y=-10$ mm 时，测压点 5 至测压点 9 的压强变化趋势十分相似，从测压点 5 开始，压强逐渐降低，直至测压点 8 和测压点 9 处时压强略有增大且趋于稳定。综上所述可以推断出，当进口段测压点选择在 $y=-10$ mm 和 $y=0$ mm 时，$x=800$ mm 时的测压点 8 为最佳测压点。

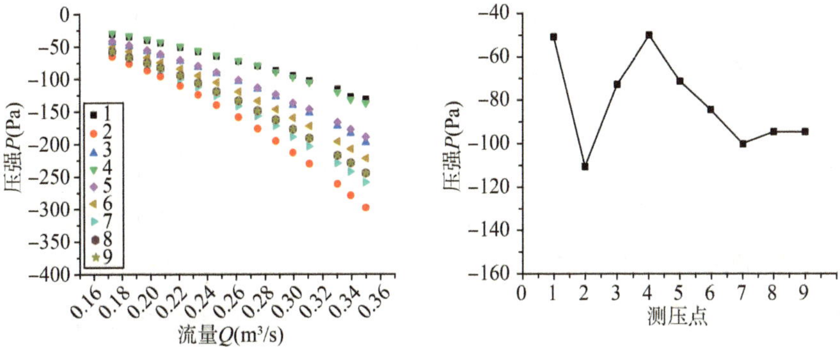

(a) 不同流量各测压点压强的变化规律　　(b) 同一流量压强随测压点位置变化规律

图 4.31　有隔墩进口段 $y=-10$ mm 测压点处压强的变化趋势

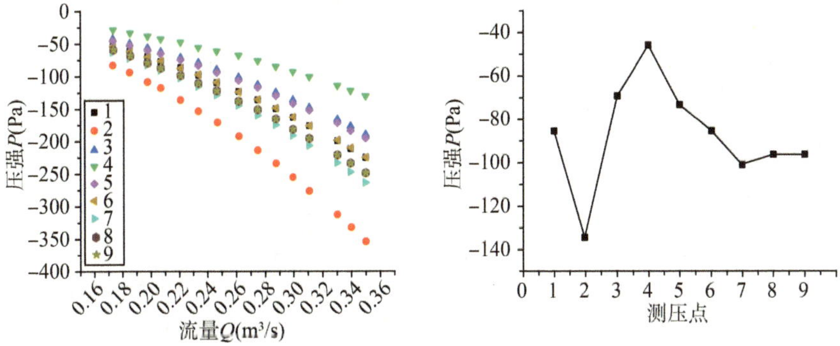

(a) 不同流量各测压点压强的变化规律　　(b) 同一流量压强随测压点位置变化规律

图 4.32　有隔墩进口段 $y=0$ mm 测压点处压强的变化趋势

图 4.33～图 4.36 分别为有隔墩进口段 $y=50$ mm、$y=100$ mm、$y=150$ mm 和 $y=200$ mm 时不同流量条件下各测压点处的压强变化规律。由于肘形进水流道的体型呈倾斜且过流断面渐缩，所以随着 y 值的增大截面距离减小，从而测压点的个数也逐渐减小，从 $y=50$ mm 开始每间隔 50 mm 将减少 1 个测压点，即 $y=50$ mm 拟选 9 个测压点，$y=100$ mm 拟选 8 个测压点，以此类推。从图 4.33(a)～图 4.36(a)可以看出，闸门槽前测压点 1 的壁面压强随着流量的增大逐渐降低，在所有测压点中其压强最小；测压点 2 处的压强的变化趋势随着 y 值的增大发生了变化，$y=50$ mm 时测压点 2 处压强随流量的增大逐渐降低，而当 $y=100$～200 mm 时其压强随流量的增大逐渐增大；测压点 3 和测压点 4 处压强变化规律与测压点 2 变化规律相同。从图 4.33(b)～图 4.36(b)可以看出，

$y=50$ mm、$y=100$ mm、$y=150$ mm 和 $y=200$ mm 闸门槽后测压点处的压强的变化趋势相似，但闸门槽前测压点的压强变化十分明显，总体上表现为测压点 3 和测压点 4 处的压强由逐渐增大转变为逐渐降低的过程，结果表明闸门槽前水流流态较复杂，采集的测压点压强可靠性不高。如果不考虑将测压点布置在闸门槽前，那么从闸门槽后的测压点处的压强变化情况来看，其压强随着流量的增大而逐渐降低，相同高程时（y 值相同）测压点压强随着 x 值的增大（靠近进水流道弯曲段）而越来越小，基本上最后一个测压点处的压强随流量的变化趋势最明显，从而可以推断出 $y=50$ mm 时 $x=900$ mm，$y=100$ mm 时 $x=800$ mm，$y=150$ mm 时 $x=700$ mm，$y=200$ mm 时 $x=600$ mm，这 4 个测压点为给定 y 值时的最佳测压点。

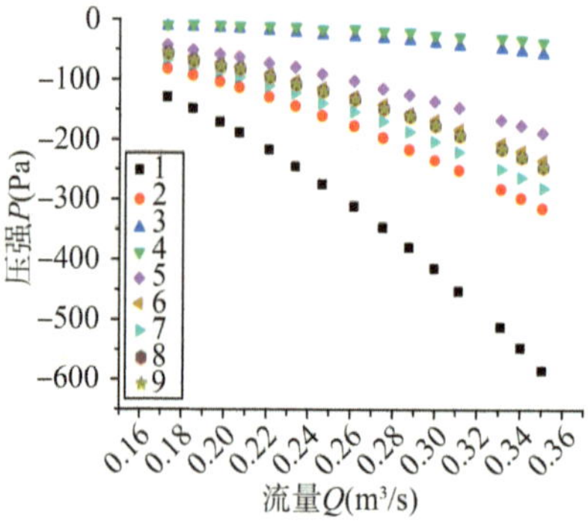

(a) 不同流量各测压点压强的变化规律

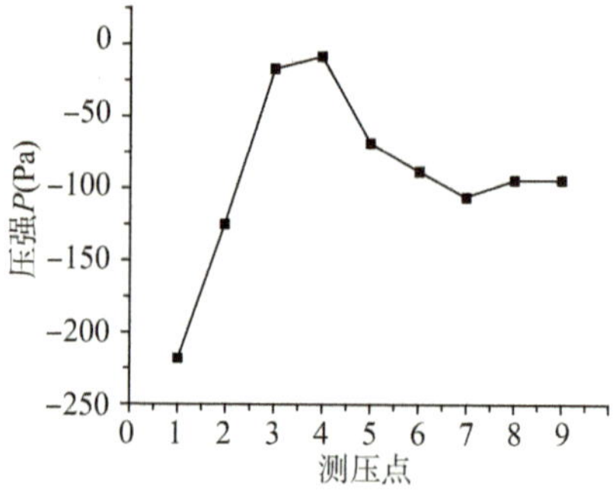

(b) 同一流量压强随测压点位置变化规律

图 4.33　有隔墩进口段 $y=50$ mm 测压点处压强的变化趋势

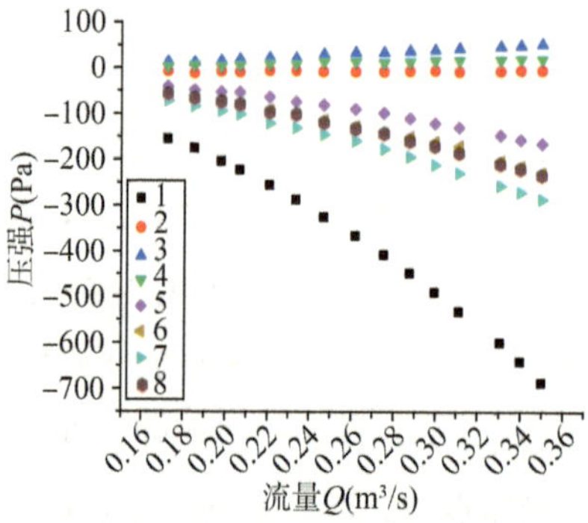

(a) 不同流量各测压点压强的变化规律

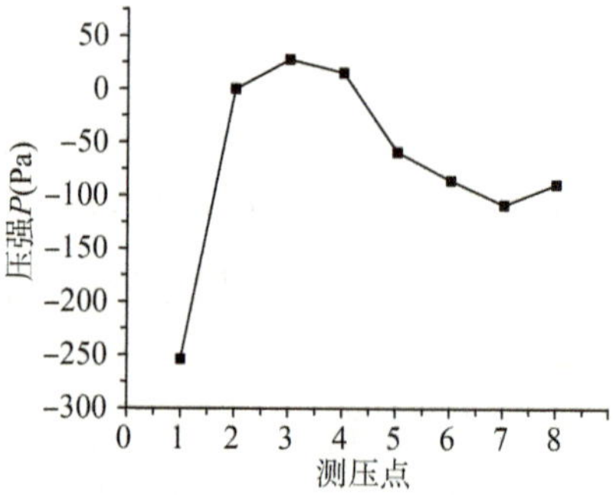

(b)同一流量压强随测压点位置变化规律

图 4.34　有隔墩进口段 $y=100$ mm 测压点处压强的变化趋势

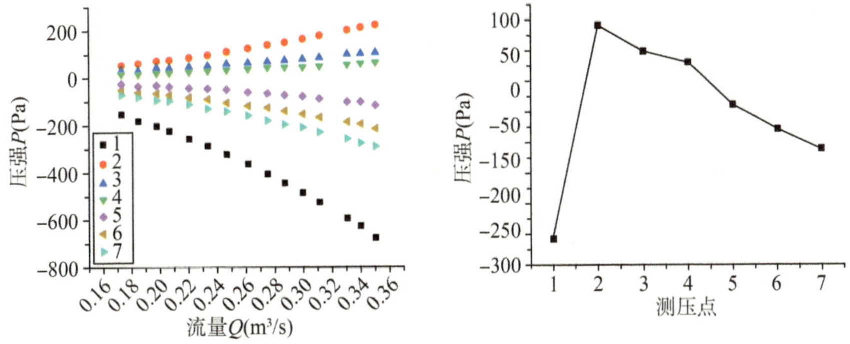

(a) 不同流量各测压点压强的变化规律　　(b) 同一流量压强随测压点位置变化规律

图 4.35　有隔墩进口段 $y=150$ mm 测压点处压强的变化趋势

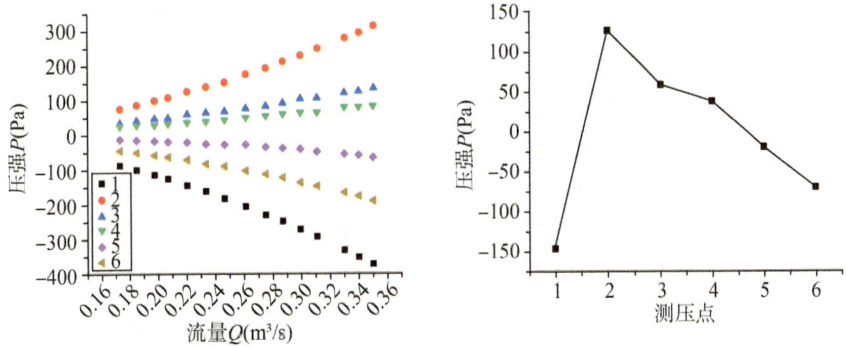

(a) 不同流量各测压点压强的变化规律　　(b)同一流量压强随测压点位置变化规律

图 4.36　有隔墩进口段 $y=200$ mm 测压点处压强的变化趋势

图 4.30～图 4.36 已经清晰地分析出同一高程上测压点随流量的变化规律和相同流量条件下同一高程上测压点处压强随测压点位置的变化规律，从而推断出在给定高程条件下测压点的最佳位置，但是在肘形进水流道进口段只需要布置一个测压点。图 4.37 为有隔墩进口段测压点沿着 y 方向压强的变化趋势，其中测压点 x 值分别选取 500 mm、600 mm 和 700 mm。从图中可以看出，任意给定 x 值的测压点压强随着 y 值的增大先减小后增大，因此在进水流道进口段选择测压点时要保证高程尽量高或者尽量低才行。由于在隔墩末端两边壁的高程差很小，所以本研究倾向于选择高程在−50 mm 至 0 mm 之间的位置，该位置刚好处在隔墩末端进水流道的中间，受到两边边壁的黏性力影响，流速较低时压强更大。综上所述，有隔墩泵站肘形进水流道进口段的测压点宜选择在闸门槽

后、隔墩末端且高程居中的位置。

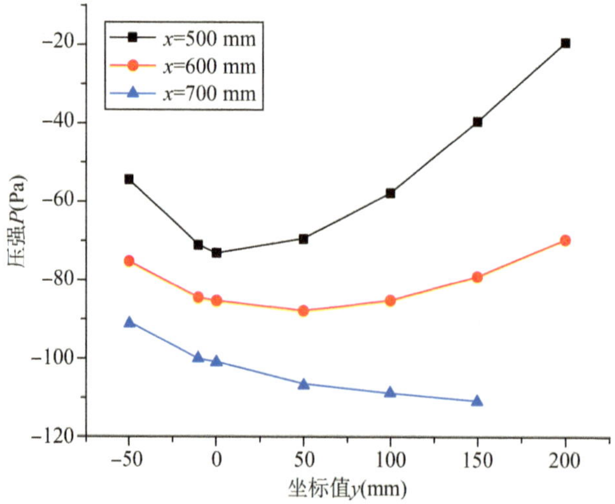

图 4.37　有隔墩进口段测压点沿着 y 方向压强的变化趋势

图 4.38～图 4.41 分别表示有隔墩泵站肘形进水流道弯曲段 y=120 mm、y=140 mm、y=160 mm 和 y=180 mm 时测压点处压强的变化规律。其中图 4.38(a)～图 4.41(a)分别表示有隔墩泵站肘形进水流道弯曲段 y=120 mm、y=140 mm、y=160 mm 和 y=180 mm 时相同过流截面上不同测压点处压强的变化规律，其规律与无隔墩肘形进水流道中肘形进水流道弯曲段压强随流量变化的规律相同，具体表现为随着水泵流量的增大，测压点处的压强越来越小。图 4.38(b)～图 4.41(b)分别为肘形进水流道弯曲段 y=120 mm、y=140 mm、y=160 mm 和 y=180 mm 截面在流量 Q=0.221 m^3/s 时测压点压强随测压点位置的变化规律，从图中可以看出在相同过流截面条件下，压强随肘形进水流道弯曲段测压点的位置由内侧向外侧靠近整体上呈现出越来越大的变化规律。但也存在某些点位不符合该规律，这可能是由于进水流道中存在隔墩和闸门槽，使进水流道弯曲段的水流不均衡，从而导致水流出现突变的现象，使得某些测压点处的压强值与整体的规律不尽相同。在有隔墩肘形进水流道弯曲段上选择测压点时应遵循与无隔墩肘形进水流道相同的原则，尽可能地选择肘形进水流道弯曲段的内侧。

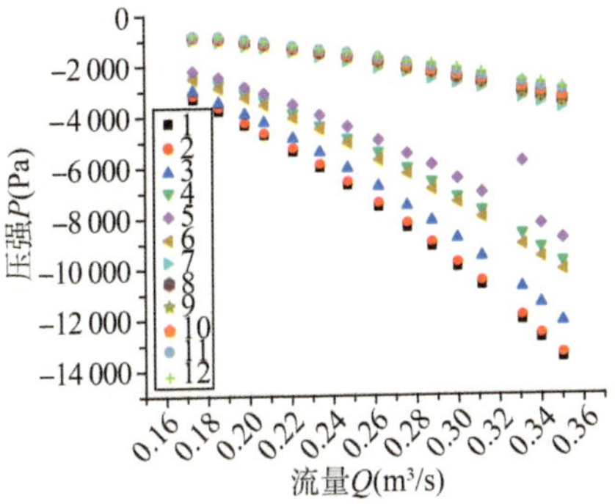

(a) 不同流量各测压点压强的变化规律

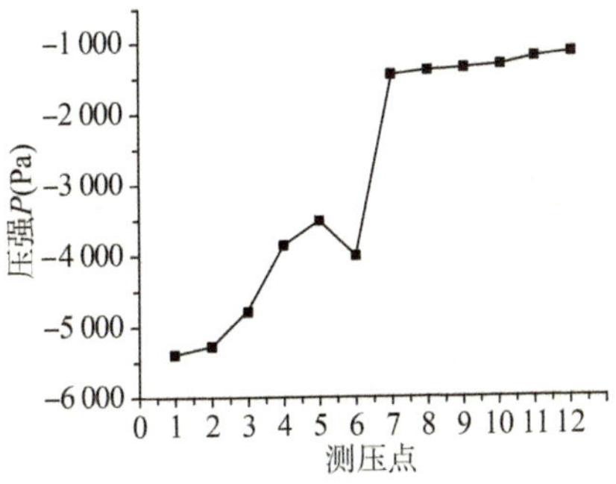

(b) 同一流量压强随测压点位置变化规律

图 4.38 有隔墩弯曲段 y=120 mm 测压点处压强的变化趋势

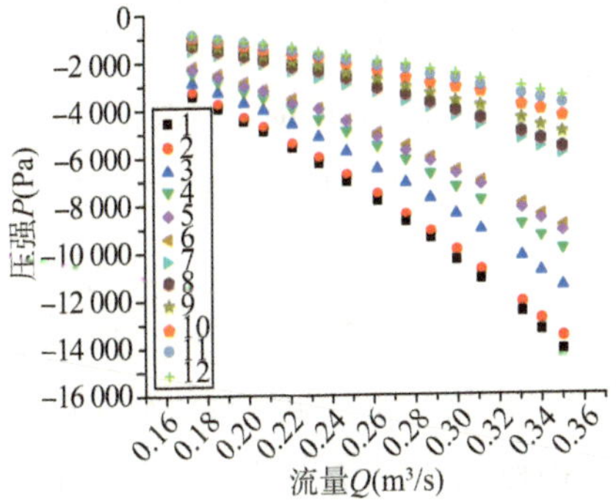

(a) 不同流量各测压点压强的变化规律

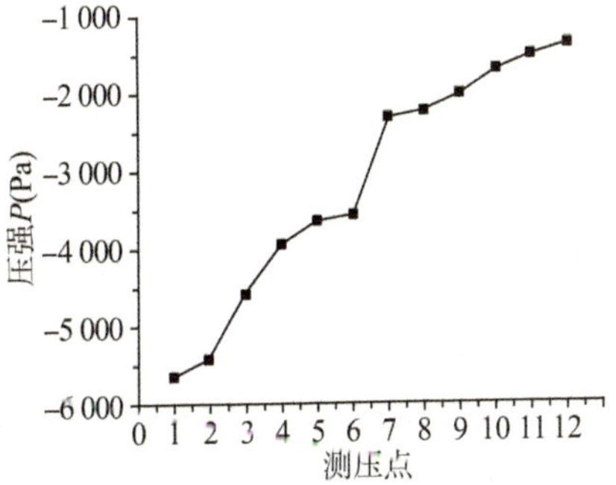

(b) 同一流量压强随测压点位置变化规律

图 4.39 有隔墩弯曲段 y=140 mm 测压点处压强的变化趋势

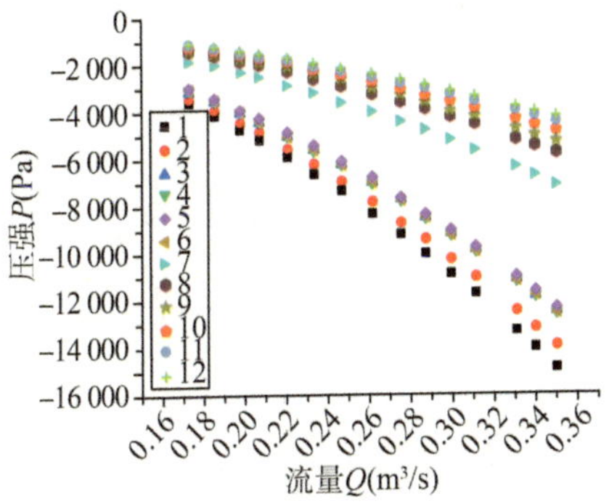

(a) 不同流量各测压点压强的变化规律

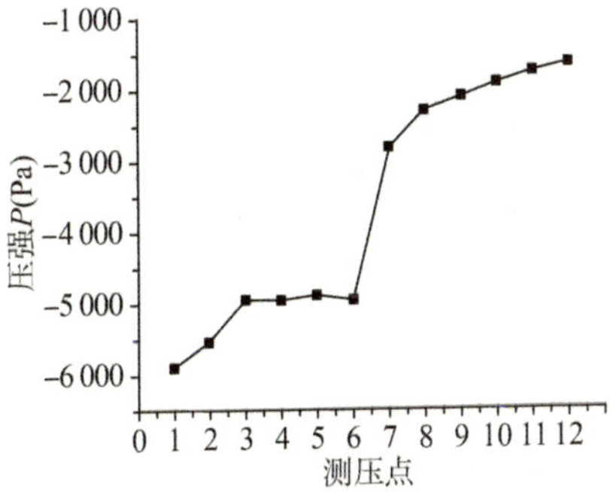

(b) 同一流量压强随测压点位置变化规律

图 4.40 有隔墩弯曲段 y=160 mm 测压点处压强的变化趋势

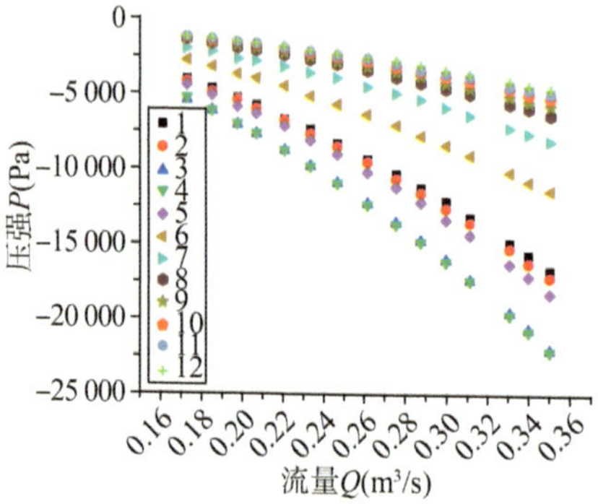

(a) 不同流量各测压点压强的变化规律

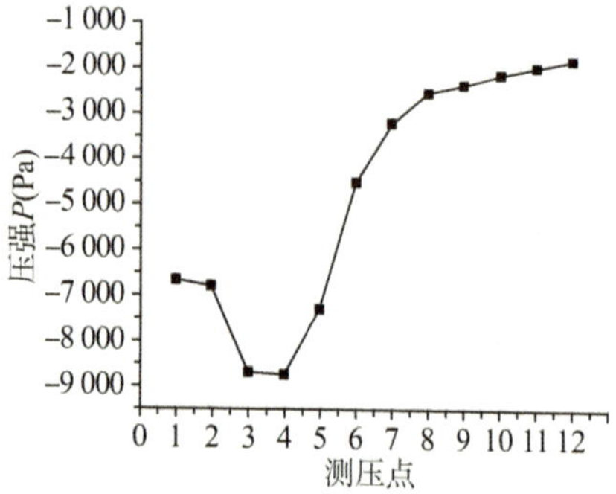

(b) 同一流量压强随测压点位置变化规律

图 4.41　有隔墩弯曲段 $y=180$ mm 测压点处压强的变化趋势

图 4.42 为给定 z 值的截面上测压点的压强随着 y 值变化的趋势图，从图中可以看出给定 z 值的过流截面上测压点的压强随着 y 值的增大逐渐降低。为了使进水流道两测压点之间的压差足够大，弯曲段测压点的压强越小越好，所以测压点选择在 $y=180$ mm 处最佳。除应符合两测压点压差足够大的原则之外，还需要确保测压点采集压强的稳定性和精确度。从图 4.38～4.41 中可以看出 $y=120$ mm 的第 7 个点出现微弱增大的现象，随着 y 值的增大，$y=140$ mm 和 $y=160$ mm 时这个现象变得更加严重，导致 $y=180$ mm 时从第二个测压点开始就出现了与整体规律不同的变化趋势，其内侧的压强变化显得不太稳定。但

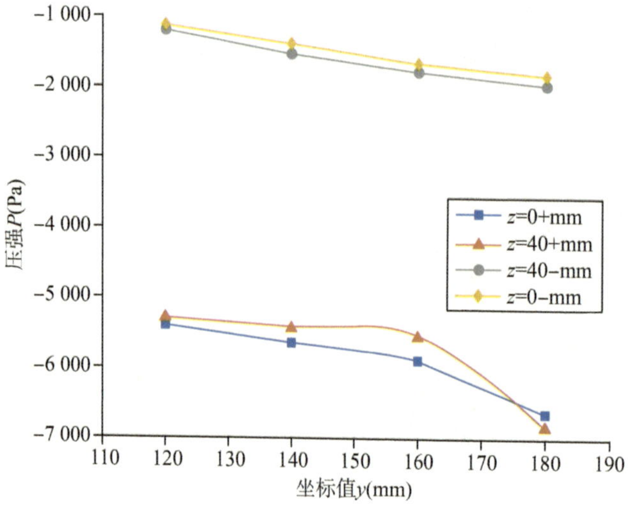

图 4.42　弯曲段各截面测压点的压强随 y 方向的变化趋势

是 $y=120$ mm、$y=140$ mm 和 $y=160$ mm 进水流道内侧压强变化规律基本相似，不存在特殊波动的现象。综合分析可以认为 $y=160$ mm，$z=0$ mm 的测压点为有隔墩弯曲段最优测压点，换言之有隔墩肘形进水流道弯曲段的测压点宜选择在弯管内侧偏上的位置。

综上所述，本研究在进水流道测压点具体位置的确定过程中引入了 CFD 技术，根据构建的大型低扬程水泵肘形进水流道流场计算数学模型，分别对无隔墩泵站和有隔墩泵站的进水流场进行了数值模拟，对肘形进水流道的压强分布规律进行了预测，并得到了肘形进水流道两个测压点的布置方式。

在无隔墩泵站肘形进水流道中，进口段上同一测压点处压强随着流量的增大而降低，同一高程上压强随测压点位置越靠近弯曲段呈先增大后降低的变化趋势，沿竖直方向测压点处压强随着测点高度的增大而增大；弯曲段上同一测压点处压强也随着流量的增大而降低，而同一过流断面上压强随测点由弯管内侧向外侧呈逐渐增大的变化趋势，沿竖直方向测压点的压强随测点高度的增大而降低。而在有隔墩泵站肘形进水流道中，进口段上同一测压点处压强随流量的增大而降低，但不同高程对应的压强分布规律受隔墩和闸门槽的影响而有所差异，高程较低时随着测压点位置越靠近弯曲段呈越来越小的变化趋势，高程居中时随测压点位置越靠近弯曲段呈先减小继而增大再减小的变化趋势，高程较高时测压点位置越靠近弯曲段呈先增大再减小的变化趋势，沿竖直方向测压点处压强随着测点高度的增大表现出先减小后增大的变化趋势；弯曲段上压强分布规律与无隔墩肘形进水流道中的规律一致。综合数值模拟计算结果表明，相对于无隔墩泵站肘形进水流道而言，有隔墩泵站肘形进水流道中的进水条件更为复杂，需要考虑隔墩和闸门槽对测压点位置确定的影响。根据压强分布规律和测压点选取原则，分别在肘形进水流道的进口段和弯曲段上各取一个测压点，两测压点压差足够大且随流量的变化稳定，便于率定水泵流量与进水流道压差的函数关系。在无隔墩泵站肘形进水流道中，进口段的测压点宜选择在相对中后且高程偏高的位置；而在有隔墩泵站中，选取进口段测压点时需要考虑闸门槽和隔墩的影响，宜选择在闸门槽后、隔墩末端且高程居中的位置；无隔墩泵站和有隔墩泵站肘形进水流道弯曲段测压点的选取方式一致，宜选择在弯管内侧且高程偏高的位置。

4.2 压差和流量关系的试验与计算

一方面，为了约束模型数值计算的精度，并为模型计算中湍流模型合理性验证、网格无关性验证和边界条件提供依据，另一方面，为了给下文中对原型数值计算结果进行修正的"压差等相对误差修正公式"提供支撑，本研究分别对有隔墩泵站和无隔墩泵站肘形进水流道进行装置模型试验，以提高原型泵站中水泵流量的预测精度，同时也得到了模型泵装置综合特性曲线，可以相似换算得到原型泵装置综合特性曲线，结合实测的叶片安放角和泵站扬程以检验肘形进水流道两点压差式测流法在实际工程中现场测流的可靠性。

4.2.1 物理模型的建立

模型泵采用南水北调同台试验的 TJ04 - ZL - 07 水力模型，其叶轮为青铜材质，叶轮直径 D_m =300 mm，叶片数 Z =3，导叶叶片数 Z_d=5，轮毂比 0.367，叶根厚度 10 mm，叶尖厚度 7 mm，叶轮间隙 0.15 mm。模型泵装置包括肘形进水流道进口至虹吸式出水流道出口之间的全过流结构，有隔墩模型泵装置见图 4.43，无隔墩模型泵装置见图 4.44，有隔墩泵站和无隔墩泵站的物理模型试验均在扬州大学实验室高精度泵站试验台上进行。模型泵装置的进、出水流道由江苏航天水力设备有限公司提供，用厚钢板焊接制作。为方便观测泵装置内部流态，在进水流道中部和水泵叶轮室外壳位置安装多个透明有机玻璃观测窗。模型泵装置与原型泵装置之间保持几何相似，尺寸偏差满足测量精度要求。原型泵站与模型泵站进水流道满足阻力相似(即 $\lambda_\lambda=\lambda_D^{1/6}$ ，λ_λ 、λ_D 分别为沿程阻力系数比尺和几何比尺)。装置模型试验按欧拉准则(即 $Eu=C$)进行，设计工况下的模型泵装置雷诺数 $Re>1\times10^6$。其中，关于转轮直径及几何比尺，有隔墩泵站中原型水泵的转轮直径 D_p =3 000 mm，模型水泵的转轮直径 D_m = 300 mm，故原、模型几何比尺 λ_D =10.0；无隔墩泵站中原型水泵的转轮直径 D_p=1 850 mm，模型水泵的转轮直径 D_m=300 mm，故原、模型几何比尺 λ_D=

6.17。关于转速，有隔墩原型泵站中水泵转速 $n_p=125$ r/min，按照 $n_pD_p=n_mD_m$ 可算得模型泵装置试验的额定转速为 1 250 r/min；无隔墩原型泵站中水泵转速 $n_p=214.3$ r/min，其模型泵装置试验的额定转速为 1 321.5 r/min。根据相似理论，有隔墩泵站的原、模型水泵流量的比尺 $\lambda_Q=100$，无隔墩泵站的原、模型水泵流量的比尺 $\lambda_Q=38.09$。在试验台上，模型泵装置的结构满足稳固安装与平稳运行的要求，同时其轴系的设计也满足在额定试验转速下稳定运行的要求。

图 4.43　安装在试验台上的有隔墩模型泵装置

图 4.44　安装在试验台上的无隔墩模型泵装置

4.2.2 物理模型试验数据与分析

4.2.2.1 泵站肘形进水流道测压点具体位置的选择

前文已经分别对大型低扬程泵站在有隔墩和无隔墩两种体型条件下的肘形进水流道压强分布规律进行了详细的研究，那么在对物理模型试验中肘形进水流道两个测压点进行选择时，只需要结合原型泵站肘形进水流道上预埋高精度测压传感器的可行性并确保物理模型试验数据采集的准确性即可。图 4.45(a)和图 4.45(b)具体标出了有隔墩泵站肘形进水流道进口段测压点 1 和弯曲段测压点 2 的位置，由于有隔墩泵站物理模型试验进行得比较早，只考虑了在肘形进水流道左进水侧两测压点压强的工况(沿进流方向)。根据物理模型试验可行性及对实际工程现场勘测，得出测压点 1 的坐标为(738.50，−10.00，−374.14)，测压点 2 的坐标为(1 341.90，150.00，−84.42)，单位 mm。

(a) 测压点 1 位置(左进水侧)

(b) 测压点 2 位置(左进水侧)

图 4.45 有隔墩泵站肘形进水流道测压点的具体位置

为了充分研究肘形进水流道中不同进水侧对压强分布的影响，在无隔墩泵站物理模型试验中进行了改进，将无隔墩泵站中肘形进水流道进口段测压点 1 和弯曲段测压点 2 的位置分为左进水侧和右进水侧，左进水侧的两个测压点和右进水侧的两个测压点根据肘形进水流道中心面对称(沿进流方向)。图 4.46(a)给出了装置模型中肘形进水流道进口段右进水侧测压点 1 的具体位置，由于摄影角度的问题未能显示左进水侧测压点 1 的具体位置，图 4.46(b)标出了进水流道弯曲段右进水侧测压点 2 和左进水侧测压点 2 的具体位置。具体的无隔墩泵站肘形进水流道进口段左进水侧测压点 1 的坐标为(300.00,99.30,−387.86)，弯曲段左进水侧测压点 2 的坐标为(1 402.52,158.80,−59.39)，进口段右进水侧坐标点 1 的坐标为(300.00,99.30,387.86)，弯曲段右进水侧坐标点 2 的坐标为(1 402.52,158.80,59.39)，单位 mm。

(a) 测压点 1 位置(右进水侧)

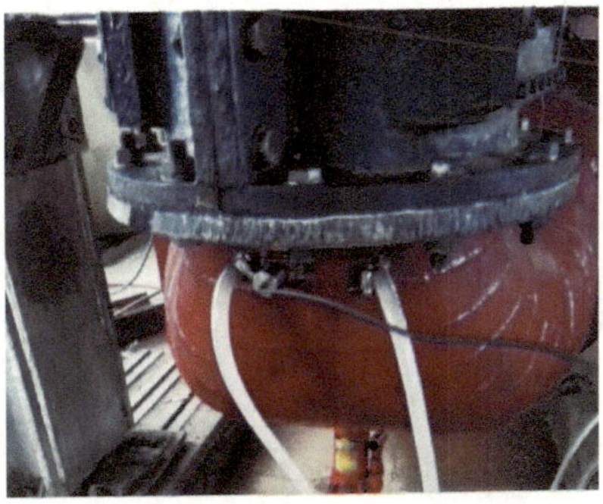

(b) 测压点 2 位置(左进水侧和右进水侧)

图 4.46 无隔墩泵站肘形进水流道测压点的具体位置

4.2.2.2 测量结果与分析

表 4.19 为有隔墩泵站物理模型试验的测量结果，在不同流量条件下分别测得肘形进水流道两个测压点之间的压差值。为了更直观地反映出有隔墩泵站肘形进水流道两个测压点之间的压差随流量的变化规律，将测量结果利用散点图表示，见图 4.47，从图中可以直观地发现肘形进水流道两个测压点之间的压差随流量的增大单调递增且基本呈线性相关分布。

表 4.19 有隔墩泵站肘形进水流道物理模型试验的测量结果

工况	流量 Q(m^3/s)	流速 v(m/s)	压差 ΔP(Pa)	压差 Δh(m)
1	0.221	0.155	1 382.318	0.141
2	0.350	0.245	3 522.735	0.359
3	0.173	0.121	881.919	0.090
4	0.340	0.238	3 325.626	0.339

续表

工况	流量 Q(m³/s)	流速 v(m/s)	压差 ΔP(Pa)	压差 Δh(m)
5	0.330	0.232	3 115.354	0.318
6	0.311	0.218	2 830.978	0.289
7	0.275	0.193	2 177.545	0.222
8	0.299	0.210	2 567.390	0.262
9	0.287	0.202	2 367.190	0.241
10	0.261	0.183	1 958.454	0.200
11	0.247	0.173	1 753.538	0.179
12	0.233	0.164	1 606.727	0.164
13	0.207	0.145	1 221.999	0.125
14	0.198	0.139	1 124.038	0.115
15	0.185	0.130	1 015.480	0.104

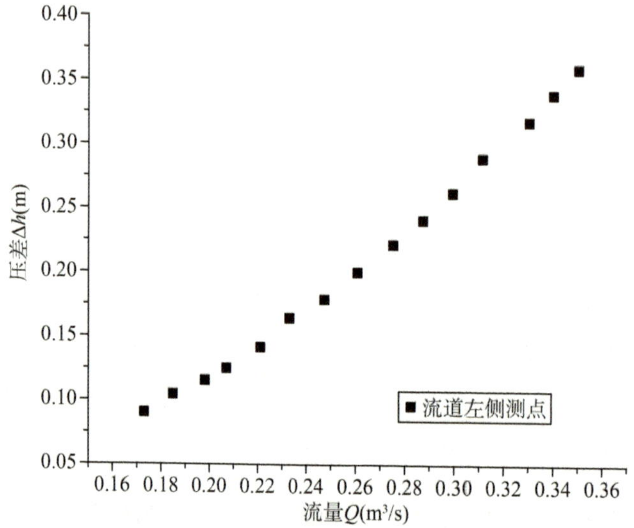

图 4.47 有隔墩泵站肘形进水流道试验中压差随流量的变化趋势

表 4.20 为无隔墩泵站物理模型试验的测量结果，在不同流量条件下分别测得了肘形进水流道左进水侧和右进水侧两组测压点之间的压强差，同样将无隔墩泵站肘形进水流道两侧测压点之间的压差随流量的变化规律利用散点图绘制，见图 4.48。从图 4.48 中可以看出无隔墩泵站肘形进水流道的左进水侧两

测压点压差和右进水侧两测压点压差随流量的变化规律均与有隔墩泵站中相同，即两测压点压差随水泵流量的增大而增大，并且都呈线性相关分布。虽然无隔墩泵站肘形进水流道左进水侧和右进水侧的测压点根据中心面相互对称，但是肘形进水流道左进水侧和右进水侧两测压点压差并不相同，可以明显地看出肘形进水流道右进水侧两测压点压差高于左进水侧，这种差别是由于水泵转轮对流场的影响。

表 4.20　无隔墩泵站肘形进水流道物理模型试验的测量结果

工况	流量 Q (m^3/s)	流速 v (m/s)	左侧压差 ΔP(Pa)	右侧压差 ΔP(Pa)	左侧压差 Δh(m)	右侧压差 Δh(m)
1	0.365	0.326	5178.4	5 744.0	0.528	0.586
2	0.361	0.322	5 122.4	5 673.0	0.522	0.578
3	0.357	0.319	5 006.4	5 570.0	0.510	0.568
4	0.342	0.305	4 700.4	5 182.4	0.479	0.528
5	0.331	0.296	4 368.2	4 853.6	0.445	0.495
6	0.323	0.288	4 143.0	4 573.4	0.422	0.466
7	0.319	0.285	4 117.0	4 489.6	0.420	0.458
8	0.315	0.281	3 931.6	4 363.2	0.401	0.445
9	0.311	0.278	3 802.4	4 234.0	0.388	0.432
10	0.306	0.273	3 719.0	4 118.4	0.379	0.420
11	0.301	0.269	3 556.8	3 969.0	0.363	0.405
12	0.295	0.263	3 417.8	3 837.0	0.348	0.391
13	0.285	0.255	3 207.4	3 581.8	0.327	0.365
14	0.276	0.246	2 976.0	3 345.4	0.303	0.341
15	0.261	0.233	2 682.8	2 988.0	0.273	0.305
16	0.241	0.215	2 265.2	2 540.4	0.231	0.259
17	0.224	0.200	1 909.0	2 189.0	0.195	0.223
18	0.214	0.191	1 766.4	2 027.2	0.180	0.207
19	0.186	0.166	1 348.0	1 545.0	0.137	0.157

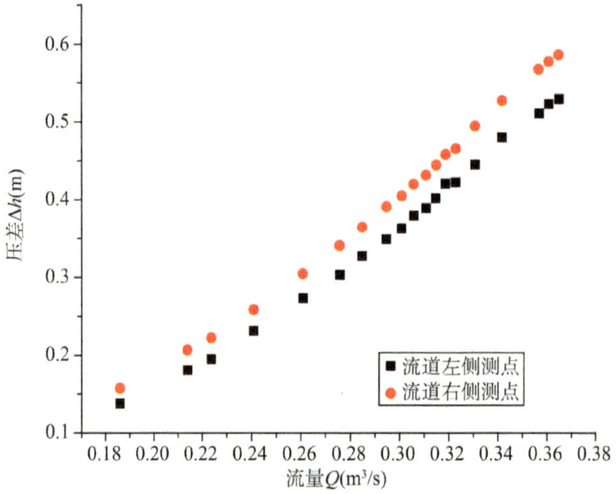

图 4.48 无隔墩泵站肘形进水流道试验中压差随流量的变化趋势

通过物理模型试验测得的有隔墩泵站和无隔墩泵站两种体型的肘形进水流道两测压点压差随流量的变化规律，仅仅从肘形进水流道两测压点压差随水泵流量的变化趋势的角度来分析，可以看出两种体型泵站的变化趋势十分相似，设置隔墩对肘形进水流道两测压点压差随水泵流量的变化规律没有太大的影响；而在同一肘形进水流道中，测压点选择在流道左进水侧或右进水侧时两测压点压差随水泵流量的变化趋势基本一致，但从数值上来看通过肘形进水流道右进水侧两测压点测得的压差比左侧的大。

4.3 原型压差和流量关系的确定

4.3.1 大规模并行计算和云计算平台

数值模拟是求解实际工程问题的重要方法，但随着工程规模的不断增大，其计算和数据密集型的特性也增加了计算量和数据量，对计算精度和计算效率以及数据存储的需求也日益明显。为了提高原型泵站数值精度，本研究求解有隔墩和无隔墩原型泵站数值计算时采用了云计算 Fluent 数值仿真和 128 核大规模并行计算，其中云计算租用的是国家超级计算深圳中心（深圳云计算中心）的云平台，配置了曙光 6000 超级计算系统，峰值计算速度达到 1 271 万亿次/s，拥有先进的高性能硬件平台。

4.3.2 原型数值计算中网格尺寸的确定

前文已经分析了各种因素对模型的肘形进水流道流场计算的影响，在云计算 Fluent 仿真中采用的数值方法与模型数值计算中相同，考虑的是在一个恒定条件（稳态）下来模拟泵站肘形进水流道的水流流场，所以在数值模拟中采用时均 N－S 方程即 RANS 方程作为控制方程；在进口处采用速度进口边界条件，给定速度的大小和方向，并且对肘形进水流道进口前进水池的长度作了延伸，其中有隔墩泵站中为 13.3D_{ph}，D_{ph} 为有隔墩泵站中原型泵的叶轮直径（m），无隔墩泵站中为 9.3D_{pn}，D_{pn} 为无隔墩泵站中原型泵的叶轮直径（m）；出口边界上采用 Outflow 自由出流条件；进口流道前的自由水面不考虑其表面波动，在数值计算中按无应力表面假定简化为对称面条件；采用有限体积法对控制方程进行离散，方程中各输运变量按二阶迎风格式进行离散，离散后的方程组采用 SIMPLEC 算法进行计算求解；闭合 RANS 方程的湍流模型采用 Realizable $k-\varepsilon$ 模型。

前文对肘形进水流道压强分布规律进行了详细的分析并确定了最佳测压点的位置，且综合考虑了装置模型试验和实际工程的可行性，分别对有隔墩泵站和无隔墩泵站肘形进水流道中两个测压点进行确定，那么在原型泵站中只需要将测压点的位置进行几何比尺相似换算即可。通过对数值计算中采用的网格剖分方式和网格无关性进行分析，确定了无隔墩模型泵站和有隔墩模型泵站中模型数值计算中采用的网格数分别为 435 万和 210 万，既满足数值精度又可实现计算资源最大化利用。此处考虑在原型泵站数值计算中采用与缩尺后模型泵站数值计算中相同的网格剖分方式及网格尺寸大小，保证原型泵站和模型泵站的数值计算中网格有限体积的大小是完全相同的，以避免网格间隔的大小随模型尺寸的放大而放大造成的数值误差。但是在原型泵站的数值计算中采用模型数值计算的网格尺寸会导致原型的数值计算中的网格量巨大，目前普通的计算机无法承受如此大的计算量，所以在原型泵站的数值计算中引入了云计算和大规模并行技术以提高原型数值计算的计算效率和计算精度。但在网格处理过程中发现，由于模型泵站中采用的网格尺寸非常小，在原型泵站中直接采用模型泵站网格无关性的网格尺寸无法实现，需要考虑在确保数值精度的前提下适当增大原型泵站数值计算中的网格尺寸，使原型泵站的数值计算得以顺利进行。为了保证原型泵站数值计算与模型泵站数值计算得到的数据相对误差相同，在模型泵站的数值计算中也将采用原型泵站数值计算中适当增大的网格尺寸。

4.3.2.1 有隔墩泵站

在有隔墩原型泵站的网格剖分中采用不同的网格尺寸得到不同的网格总量，其中为充分利用计算资源，所采用的网格尺寸由小到大，相应地，网格总量由大到小分别为 6 342 万、5 157 万、4 247 万、3 112 万和 2 850 万。采用流体计算软件 Fluent 基于云计算环境和大规模并行技术分别对网格剖分完成的原型泵站进行数值计算，对有隔墩模型泵站物理模型试验研究中的测压点坐标进行几何相似换算，从而得到有隔墩原型泵站中进水流道的测压点，采集换算后的 2 个测压点的压强并对其进行作差，从而得到图 4.49 所示的有隔墩原型泵站网格无关性分析。

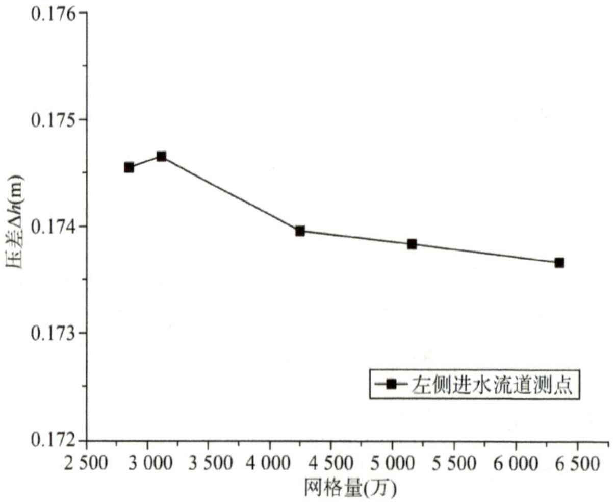

图 4.49 有隔墩原型泵站网格无关性分析

从图 4.49 中可以看出，随着原型泵站网格量的增大，压差呈现减小的变化趋势。其中由于网格尺寸过大，导致网格量为 2 850 万和 3 112 万时测压点之间的压差随网格量的增加反而出现了上升趋势。当原型肘形进水流道的网格量达到6 342万时，两点压差随网格量的变化趋势并未完全呈水平趋势，说明原型泵站的数值计算中需要更小的网格尺寸才能达到较高的数值精度，但当原型泵站的网格量超过6 342万时，现有的云计算软件将无法运行，所以在有隔墩原型泵站中采用网格总量为6 342万时所采用的网格尺寸。对于肘形进水流道进口段和弯曲段的边界层处距离壁面第一层网格 $30<y^+<60$。相对应的模型泵站网格划分中采用原型泵模型中使用的网格尺寸，网格总量为59万，其数值计算结果与网格无关性分析时两测压点之间的压差存在0.2 m的误差，说明放大网格尺寸的做法确实给数值计算带来了附加数值误差。

4.3.2.2 无隔墩泵站

在无隔墩原型泵站的网格剖分中采用了与有隔墩原型泵站中相同的网格处理方法，不同之处在于无隔墩泵站的模型和原型之间的几何比尺较小，给无隔墩原型泵站的网格剖分减轻了压力。网格尺寸仍然采用由小到大的策略，网格总量同样由大到小分别为2 687万、2 490万、1 626万、1 201万、1 011万、733万和587万，采用流体计算软件 Ansys Fluent 进行数值计算，分别采集进水流道左、右两侧两测压点压差，得到图4.50所示的无隔墩原型泵站网格无关性分析。

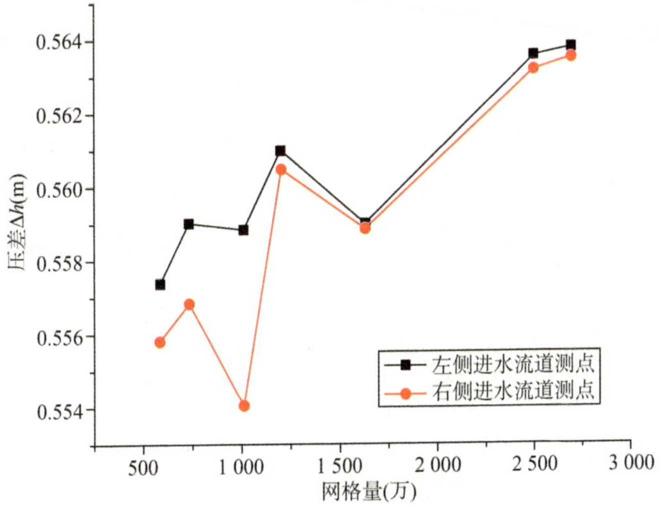

图4.50 无隔墩原型泵站网格无关性分析

从图 4.50 中可以看出，随着网格量的增大，肘形进水流道中的左进水侧和右进水侧两个测压点之间的压差均呈增大趋势。当网格量低于 1 500 万时，2 个测压点之间的压差虽然呈上升趋势，但跌宕起伏，压差随网格量的变化规律不稳定。当原型肘形进水流道的网格量超过 1 500 万时，两测压点压差随网格量的变化趋于稳定，但未呈现出趋于水平直线的现象。由于硬件的关系当无隔墩泵站的网格量达到 2 687 万时，现有云计算条件下的网格划分软件无法运行，所以本研究不得已在无隔墩原型泵站数值计算中选取 2 687 万网格量的网格尺寸。对于肘形进水流道进口段和弯曲段的边界层处距离壁面第一层网格 $30<y^{+}<60$。相对应地，模型泵站网格划分中采用原型的网格尺寸得到的网格总量为 68 万，其数值计算的左进水侧两测压点压差与网格无关性尺寸时两测压点压差相差 0.02 m，右进水侧为 0.03 m，此时无隔墩模型泵站的数值计算仍可以满足精度需求。

4.3.3 有隔墩泵站数值计算结果与分析

4.3.3.1 模型泵站数值计算

对有隔墩模型泵站在不同流量条件下进行数值计算并采集肘形进水流道两个测压点之间的压差，其数值结果见表 4.21。将有隔墩模型泵站的数值计算结果利用散点图表示，如图 4.51 所示，从图中可以看出有隔墩泵站肘形进水流道中两测压点压差随着流量的增大而增大，其变化趋势与有隔墩泵站物理模型试验中压差随流量的变化趋势相同，而且当流量在 0.287 m^3/s 时压差的变化趋势也呈现微弱下凹，表明数值计算对泵站中进水流道压差随流量变化趋势的预测具有可靠性。

表 4.21 有隔墩模型泵站数值计算结果

工况	流量 Q (m^3/s)	流速 v (m/s)	压差 ΔP(Pa)	压差 Δh(m)
1	0.221	0.155	1 789.560	0.182
2	0.350	0.245	4 497.600	0.458
3	0.173	0.121	1 100.484	0.112

续表

工况	流量 Q (m^3/s)	流速 v (m/s)	压差 ΔP(Pa)	压差 Δh(m)
4	0.340	0.238	4 239.006	0.432
5	0.330	0.232	4 003.601	0.408
6	0.311	0.218	3 551.370	0.362
7	0.275	0.193	2 777.420	0.283
8	0.299	0.210	3 292.604	0.336
9	0.287	0.202	3 031.916	0.309
10	0.261	0.183	2 513.083	0.256
11	0.247	0.173	2 235.430	0.228
12	0.233	0.164	2 004.381	0.204
13	0.207	0.145	1 571.275	0.160
14	0.198	0.139	1 437.686	0.147
15	0.185	0.130	1 259.211	0.128

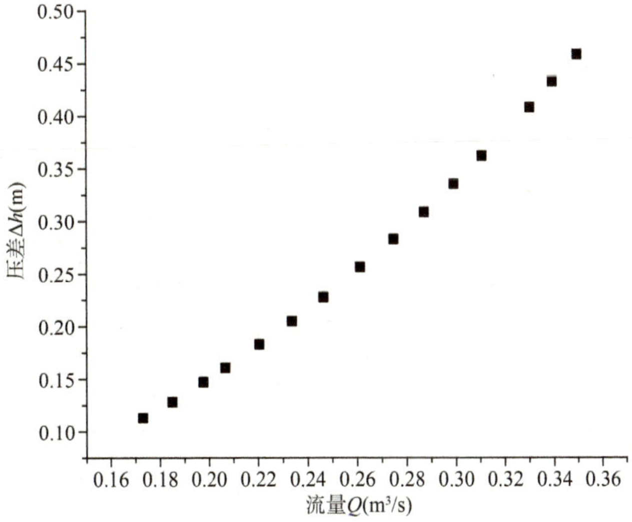

图 4.51 有隔墩模型泵站数值结果

4.3.3.2 原型泵站数值计算

对有隔墩原型泵站在不同流量条件下进行数值计算并对进水流道两测压点压差进行采集，数值计算结果见表 4.22。其中，进口流量采用欧拉相似准则进行换算得到，有隔墩原型泵站肘形进水流道两个测压点的坐标由模型泵站测压点坐标经过几何相似换算得到，测压点 1 的坐标为(7.385，−0.100，−3.741)，测压点 2 的坐标为(13.419，1.500，−0.844)，单位 m。将有隔墩原型泵站的数值计算结果利用散点图表示，如图 4.52 所示，从图中可以看出有隔墩原型泵站肘形进水流道中两个测压点之间的压差随着流量的增大而增大，其变化趋势与有隔墩泵站物理模型试验和有隔墩模型泵站数值计算中压差随流量的变化趋势均相同，且当流量在 28 m^3/s 时压差的变化趋势同样呈现微弱下凹，表明有隔墩原型泵站肘形进水流道的数值计算在压差随流量的变化趋势的预测上是可靠的。

表 4.22 有隔墩原型泵站数值计算结果

工况	流量 $Q(m^3/s)$	流速 $v(m/s)$	压差 ΔP(Pa)	压差 Δh(m)
1	22.060	0.155	1 705.376	0.174
2	34.977	0.245	4 309.211	0.439
3	17.290	0.121	1 047.786	0.107
4	33.957	0.238	4 079.386	0.416
5	33.012	0.232	3 848.828	0.392
6	31.079	0.218	3 348.700	0.341
7	27.484	0.193	2 648.474	0.270
8	29.927	0.210	3 097.015	0.316
9	28.716	0.202	2 853.791	0.291
10	26.143	0.183	2 394.953	0.244
11	24.657	0.173	2 149.187	0.219
12	23.346	0.164	1 903.705	0.194
13	20.664	0.145	1 478.724	0.151
14	19.765	0.139	1 350.315	0.138
15	18.496	0.130	1 182.796	0.121

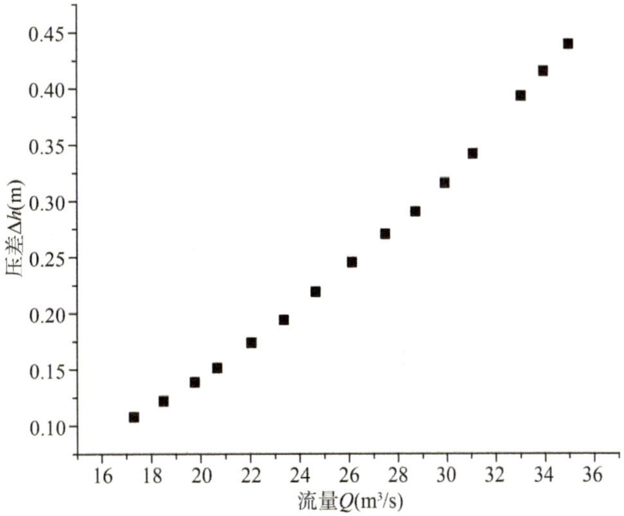

图 4.52　有隔墩原型泵站数值结果

4.3.4 无隔墩泵站数值计算结果与分析

4.3.4.1　模型泵站数值计算

对无隔墩模型泵站在不同流量条件下进行数值计算，分别对无隔墩泵站肘形进水流道左进水侧和右进水侧两个测压点的压差进行采集，其结果见表 4.23。将无隔墩模型泵站数值计算结果利用散点图表示，如图 4.53 所示，从图中可以看出无隔墩泵站肘形进水流道左进水侧和右进水侧两个测压点之间的压差均随着流量的增大而增大，其变化趋势与无隔墩泵站物理模型试验中压差随

表 4.23　无隔墩模型泵站肘形进水流道数值计算结果

工况	流量 Q (m^3/s)	流速 v (m/s)	左侧压差 ΔP(Pa)	左侧压差 Δh(m)	右侧压差 ΔP(Pa)	右侧压差 Δh(m)
1	0.365	0.326	5 340.593	0.544	5 639.983	0.575
2	0.361	0.322	5 225.284	0.533	5 517.467	0.562
3	0.357	0.319	5 108.133	0.521	5 396.351	0.550
4	0.342	0.305	4 690.818	0.478	4 952.752	0.505

续表

工况	流量 Q (m³/s)	流速 v (m/s)	左侧压差 ΔP(Pa)	左侧压差 Δh(m)	右侧压差 ΔP(Pa)	右侧压差 Δh(m)
5	0.331	0.296	4 394.547	0.448	4 639.468	0.473
6	0.323	0.288	4 184.416	0.427	4 418.631	0.450
7	0.319	0.285	4 081.578	0.416	4 310.243	0.439
8	0.315	0.281	3 979.274	0.406	4 203.317	0.428
9	0.311	0.278	3 880.405	0.396	4 096.895	0.418
10	0.306	0.273	3 756.318	0.383	3 966.829	0.404
11	0.301	0.269	3 633.919	0.370	3 838.196	0.391
12	0.295	0.263	3 491.603	0.356	3 687.099	0.376
13	0.285	0.255	3 258.930	0.332	3 441.627	0.351
14	0.276	0.246	3 056.786	0.312	3 228.217	0.329
15	0.261	0.233	2 734.587	0.279	2 887.191	0.294
16	0.241	0.215	2 331.861	0.238	2 461.914	0.251
17	0.224	0.200	2 014.687	0.205	2 127.691	0.217
18	0.214	0.191	1 839.255	0.187	1 942.152	0.198
19	0.186	0.166	1 390.509	0.142	1 467.979	0.150

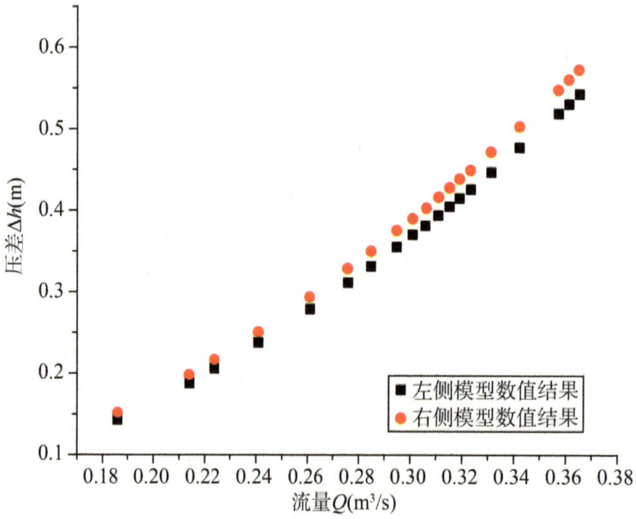

图 4.53　无隔墩模型泵站数值结果

流量的变化趋势基本相同。在无隔墩模型泵站的数值计算中，流量在区间[0.18,0.25]m^3/s 内时进水流道左侧和右侧两测压点压差非常接近，而超过 0.25 m^3/s 时，进水流道左侧和右侧两测压点之间的压差差距逐渐增大，但比物理模型试验中差异小，尤其是小流量工况，这是由于数值模拟中没有考虑水泵转轮对水流流动的影响，数值误差可能会带来细小的差别。

4.3.4.2 原型泵站数值计算

对无隔墩原型泵站在不同流量条件下进行数值计算并对肘形进水流道左进水侧和右进水侧两个测压点压差分别进行采集，数值计算结果见表 4.24。其中，进口流量采用欧拉相似准则进行换算得到，无隔墩原型泵站 2 个测压点的坐标由模型泵站测压点坐标经过几何相似换算得到，左侧测压点 1 的坐标为(1.850,0.612,−2.392)，左侧测压点 2 的坐标为(8.649,0.979,−0.366)，右侧坐标点 1 的坐标为(1.850,0.612,2.392)，右侧坐标点 2 的坐标为(8.649,0.979,0.366)，单位 m。将无隔墩原型泵站的数值计算结果利用散点图表示，如图 4.54 所示，从图中可以看出无隔墩泵站肘形进水流道中两个测压点之间的压差随着流量的增大而增大，其变化趋势与无隔墩泵站物理模型试验和无隔墩模型泵站数值计算中压差随流量的变化趋势相同。但在原型无隔墩肘形进水流道的数值计算中，无论流量的大小，肘形进水流道的左进水侧两测压点压差和右进水侧两测压点压差几乎相等，这是由于原型泵站的数值计算也没有考虑水泵转轮对水流的影响，从侧面来讲基于云计算和大规模并行计算的 Fluent 数值仿真对数值计算的精度非常高。

表 4.24　无隔墩原型泵站肘形进水流道数值计算结果

工况	流量 Q (m^3/s)	流速 v (m/s)	左侧压差 ΔP(Pa)	左侧压差 Δh(m)	右侧压差 ΔP(Pa)	右侧压差 Δh(m)
1	13.880	0.326	5 528.115	0.564	5 524.834	0.563
2	13.728	0.323	5 420.562	0.553	5 404.282	0.551
3	13.576	0.319	5 286.274	0.539	5 283.361	0.539
4	13.006	0.306	4 851.187	0.495	4 848.126	0.494
5	12.587	0.296	4 540.510	0.463	4 537.746	0.463

续表

工况	流量 Q (m^3/s)	流速 v (m/s)	左侧压差 ΔP(Pa)	左侧压差 Δh(m)	右侧压差 ΔP(Pa)	右侧压差 Δh(m)
6	12.283	0.289	4 324.145	0.441	4 321.545	0.441
7	12.131	0.285	4 220.290	0.430	4 217.516	0.430
8	11.979	0.281	4 112.064	0.419	4 109.598	0.419
9	11.827	0.278	4 011.279	0.409	4 008.634	0.409
10	11.637	0.273	3 886.558	0.396	3 884.176	0.396
11	11.447	0.269	3 757.044	0.383	3 754.482	0.383
12	11.218	0.264	3 612.436	0.368	3 610.216	0.368
13	10.838	0.255	3 369.146	0.343	3 366.782	0.343
14	10.496	0.247	3 162.072	0.322	3 159.953	0.322
15	9.925	0.233	2 824.284	0.288	2 822.281	0.288
16	9.165	0.215	2 410.704	0.246	2 408.785	0.246
17	8.518	0.200	2 082.507	0.212	2 080.806	0.212
18	8.138	0.191	1 899.657	0.194	1 898.243	0.194
19	7.073	0.166	1 436.974	0.146	1 435.786	0.146

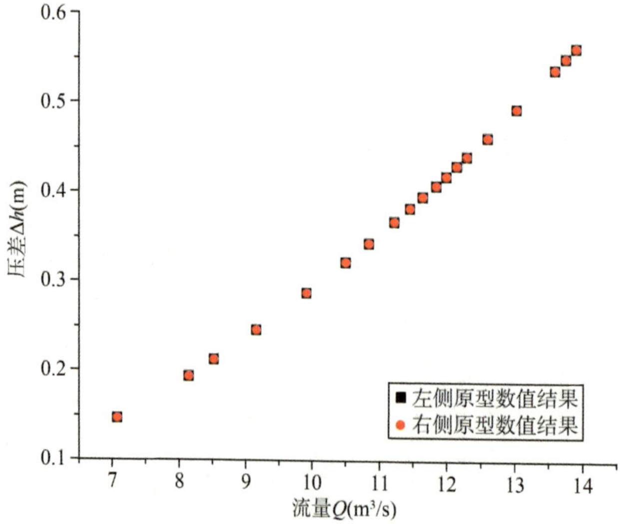

图 4.54 无隔墩原型泵站数值结果

4.3.5 泵站工程现场实测流量的预测

4.3.5.1 物理模型试验结果与模型数值计算结果的比较与分析

前文研究了有隔墩泵站和无隔墩泵站中测压点的适宜位置，并分别通过物理模型试验获得了肘形进水流道两个测压点之间的压差随流量的变化规律，同时研究了基于云计算和大规模并行计算的 Fluent 数值仿真获得的有隔墩泵站和无隔墩泵站原、模型肘形进水流道两个测压点之间的压差随流量的变化规律。通过分析发现，无论物理模型试验还是数值模拟得到的肘形进水流道两个测压点之间的压差随流量的变化趋势均是相同的。但变化趋势相同并不代表数值的相等，下文将对模型条件下的试验结果和数值结果进行数据拟合，以研究试验结果与数值计算结果之间的差别。

1. 有隔墩泵站

图 4.55 为有隔墩模型泵站试验结果和模型数值结果的对比分析，采用最小二乘法对有隔墩泵站模型试验在不同流量条件下肘形进水流道两测压点压差 Δh_{mt} 与水泵流量进行数据拟合，可得到模型试验下水泵流量 Q 与肘形进水流道两测压点压差 Δh_{mt} 的函数关系式：

$$Q=0.583\sqrt{\Delta h_{mt}} \tag{4.1}$$

式中：下标“m”表示模型泵站；“t”表示试验测试；Q 为流量，m^3/s；Δh 为压差，m。

同样地，采用最小二乘法对模型数值计算在不同流量条件下肘形进水流道两测压点压差 Δh_{mc} 与水泵流量 Q 进行数据拟合，获得利用 CFD 方法预测的模型数值计算中水泵流量与肘形进水流道两测压点压差 Δh_{mc} 的函数关系式：

$$Q=0.542\sqrt{\Delta h_{mc}} \tag{4.2}$$

式中：下标“m”表示模型泵站；“c”表示数值模拟；Q 为流量，m^3/s；Δh 为压差，m。

对比式(4.1)和式(4.2)可以看出，将物理模型试验结果拟合得到的水泵流量与肘形进水流道两测压点压差函数关系式的系数较大。从图 4.55 中可以发现，流量相同的条件下，通过数值模拟预测得到的肘形进水流道两测压点压差比物理模型试验得到的结果大，并且这种差异随着流量增大变得越来越明显。

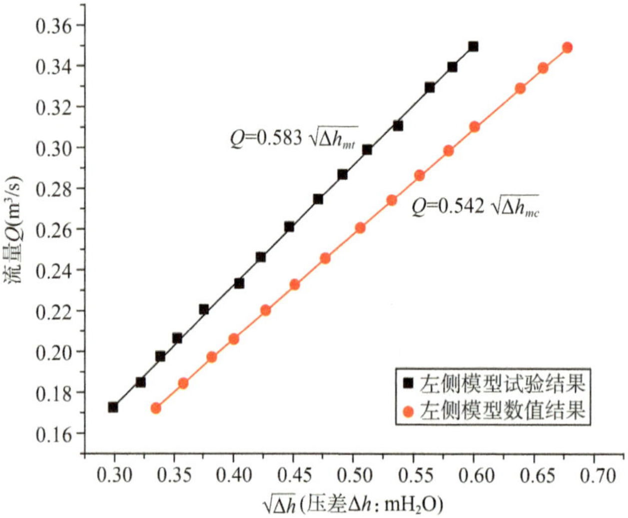

图 4.55　有隔墩模型泵站试验结果和数值结果对比分析

2. 无隔墩泵站

图 4.56 为无隔墩模型泵站肘形进水流道左进水侧模型试验结果和模型数值结果的对比分析，采用最小二乘法对无隔墩模型试验中肘形进水流道左进水侧两测压点压差 Δh_{mt} 与水泵流量进行数据拟合，其中模型试验条件下水泵流量 Q 与肘形进水流道左进水侧两测压点压差 Δh_{mt} 的函数关系式为：

$$Q = 0.498\sqrt{\Delta h_{mt}} \tag{4.3}$$

式中：下标“m”表示模型泵站；“t”表示试验测试；Q 为流量，m^3/s；Δh 为压差，m。

采用最小二乘法对模型数值模拟在不同流量条件下进水流道左进水侧两测压点压差 Δh_{mc} 与水泵流量进行数据拟合，获得利用 CFD 方法预测的模型数值计算中水泵流量与肘形进水流道左进水侧两测压点压差 Δh_{mc} 的函数关系式：

$$Q = 0.494\sqrt{\Delta h_{mc}} \tag{4.4}$$

式中：下标“m”表示模型泵站；“c”表示数值模拟；Q 为流量，m^3/s；Δh 为压差，m。

对比式(4.3)和式(4.4)可以看出，通过物理模型试验得到的水泵流量与肘形进水流道两测压点压差函数关系式的系数比数值模拟得到的水泵流量与肘形进水流道两测压点压差函数关系式的系数大，但两者十分接近。

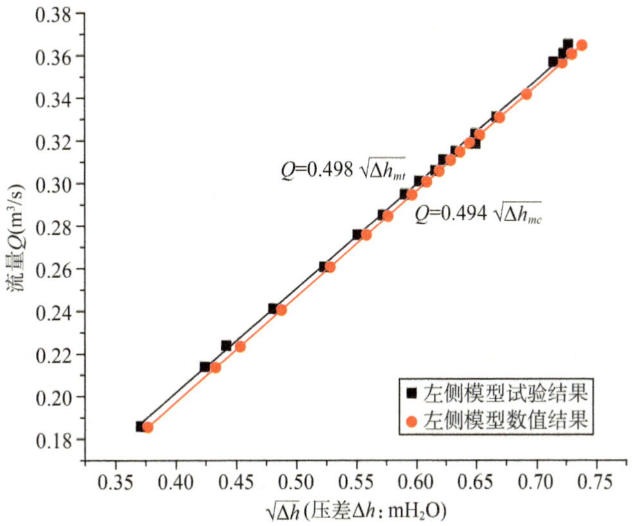

图 4.56 无隔墩模型泵站试验结果和数值结果对比分析(左进水侧)

同样地，对无隔墩模型泵站模型试验结果和数值结果进行了拟合与比较分析，通过对无隔墩模型试验肘形进水流道右进水侧两测压点压差 Δh_{mt} 与对应的水泵流量(图 4.57 中试验结果)进行数据拟合，得到函数关系式为：

$$Q = 0.472\sqrt{\Delta h_{mt}} \tag{4.5}$$

式中：下标“m”表示模型泵站；“t”表示试验测试；Q 为流量，m^3/s；Δh 为压差，m。

再对模型数值计算中肘形进水流道右进水侧两测压点压差 Δh_{mc} 与对应的水泵流量(图 4.57 中数值结果)进行拟合并得到函数关系式：

$$Q = 0.481\sqrt{\Delta h_{mc}} \tag{4.6}$$

式中：下标“m”表示模型泵站；“c”表示数值模拟；Q 为流量，m^3/s；Δh 为压差,m。

对比式(4.5)和式(4.6)可以发现,无隔墩泵站肘形进水流道右进水侧物理模型试验与数值计算的对比结果与进水流道左进水侧相反,通过物理模型试验得到的水泵流量与肘形进水流道两测压点压差函数关系式的系数略小于数值模拟得到的水泵流量与肘形进水流道两测压点压差函数关系式的系数。

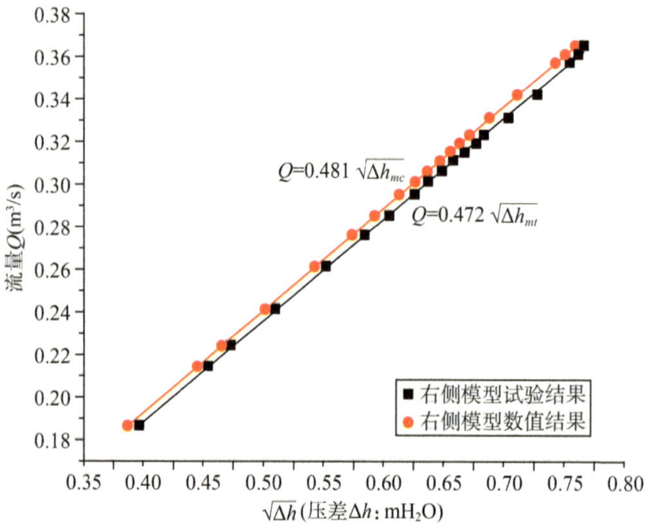

图 4.57 无隔墩模型泵站试验结果和数值结果对比分析(右进水侧)

4.3.5.2 原、模型"压差等相对误差修正公式"

在泵站工程领域的相关研究中,虽然数值模拟方法越来越普及,但物理模型试验或湍流模型验证仍然是必不可少的步骤,常用于对照物理模型试验结果与数值模拟计算结果在关键部位的水流流态特征是否存在相似性,假如某些特性相同或相近则认为数值方法是可靠的。但是往往在物理模型验证的过程中,如果数值结果被认为是准确的或者近似正确的,就直接被用在原型的数值计算中,却忽略了模型验证过程中数值结果与试验结果之间的误差。当然如果数值结果与对应的物理试验结果完全一致,那么原型的数值计算结果毋庸置疑可以真实地反应出模拟的水流特性,但是数值结果与对应的试验结果要达到完全相同是十分困难的,目前最精细的数值模拟手段 DNS(直接数值模拟)可能也无法做到与物理试验模型结果吻合。前文已经分别对有隔墩和无隔墩低扬程泵站物理模型试验结果与模型数值计算结果进行了对比，通过分析发现无隔墩泵站的物理模型试验结果与数值计算结果十分接近，但仍然还是存在着细微的误差，而有隔墩泵站的物理模型试验结果与数值计算结果相对而言存在明显的差别。由于无隔墩泵站模型的试验结果与数值结果十分接近，通常直接将无隔墩模型泵站中所采用的数值方法直接运用到无隔墩原型泵站的数值计算中，以预测原型泵站水流的内特性或外特性，这也是目前本研究领域数值模拟中常采用的方法，但显然通过这种方法预测的原型泵站中的水流特性势必与实际运行的水流特性之间存在误差。而泵站中隔墩的设置提高了水流特性预测的难度，绝对不能直接采用这种数值方法来预测原型泵站的水流特性。所以本节将提出一种根据物理模型试验和模型数值模拟共同约束原型数值计算精度的方法，既可以提高以无隔墩泵站为代表的简单体型的泵站低扬程水泵流量预测的精度，也可以使以有隔墩泵站为代表的复杂体型的泵站低扬程水泵流量的预测得以实现。

由于采用的物理模型试验都是在高精度水泵试验台上进行，泵站在试验过程中水位、流量或压强等数据的测量精度非常可靠，其中的差压变送器达到±1‰的精度，可以真实准确地反应出物理试验中水流特性，并且在原型泵站中采集压差使用的差压变送器的测量精度与物理模型试验中相同。而数值计算采用了云计算和大规模并行技术，保证了模型数值计算和原型数值计算的运算环境相同，此外在数值计算中模型和原型的网格尺寸和网格剖分方式相同，边界层网格处理方法相同，并且湍流模型、边界条件、离散格式等均保证相同，从而确保模型数值模拟和原型数值模拟计算结果达到较高的精度。所以，提出一种假设认为模型数值模拟与模型试验结果之间的相对误差和原型数值模拟与原型现场测试结果之间的相对误差相等，简称为“压差等相对误差修正公式”，其表达式为：

$$\frac{\Delta p_{mc}-\Delta p_{mt}}{\Delta p_{mt}}=\frac{\Delta p_{pc}-\Delta p_{pt}}{\Delta p_{pt}} \tag{4.7}$$

式中：Δp_{mc} 和 Δp_{mt} 分别为模型泵站数值计算和物理模型试验的进水流道两点压差，Pa；Δp_{pc} 和 Δp_{pt} 分别为原型泵站数值计算和物理模型试验的进水流道两点压差，Pa。

上述提出的压差等相对误差修正公式可以有效提高原型泵站中通过数值模拟预测水泵流量的精度。比如在计算域建模时，由于水泵叶轮和导叶在数值计算中对壁面压强预测的影响比较小，所以模型泵站和原型泵站的数值计算中并未考虑，但是并不能认为水泵叶轮和导叶的存在对测压点压强的测量没有影响，而“压差等相对误差修正公式”可以认为在原型泵站对水泵流量的预测中已经考虑了叶轮和导叶对水流的影响。

4.3.5.3 原型水泵流量与进水流道两点压差关系的预测

1. 有隔墩泵站肘形进水流道左进水侧

表 4.25 中包括了有隔墩模型泵站在不同流量条件下分别通过物理模型试验采集的和数值模拟计算获得的肘形进水流道两测压点压差、有隔墩原型泵站在不同流量条件下通过数值计算获得的肘形进水流道两测压点压差和通过“压差等相对误差修正公式”对原型泵站数值计算结果进行修正后得到的肘形进水流道两测压点压差。将有隔墩原型泵站在不同流量条件下直接通过数值计算获得的肘形进水流道两测压点压差与水泵流量进行最小二乘法拟合，得到直接通过数值计算预测水泵流量的函数关系式为：

$$Q = 52.95\sqrt{\Delta h_{pc}} \tag{4.8}$$

式中：下标“p”表示原型泵站；“c”表示数值模拟；Q 为流量，m^3/s；Δh 为压差，m。

同样对通过“压差等相对误差修正公式”对原型数值结果进行修正后得到的原型水泵流量与肘形进水流道两测压点压差进行最小二乘法拟合，其函数关系式为：

$$Q = 59.76\sqrt{\Delta h_{ptr}} \tag{4.9}$$

式中：下标“p”表示原型泵站；“t”表示现场测试(试验测试)；“r”表示原型修正结果；Q 为流量，m^3/s；Δh 为压差，m。

表 4.25 有隔墩泵站测压点压差值

工况	原型数值压差 ΔP(Pa)	模型试验压差 ΔP(Pa)	模型数值压差 ΔP(Pa)	原型率定压差 ΔP(Pa)
1	1 705.376	1 382.318	1 789.560	1 317.292
2	4 309.211	3 522.735	4 497.600	3 375.179
3	1 047.786	881.919	1 100.484	839.687

续表

工况	原型数值压差 ΔP(Pa)	模型试验压差 ΔP(Pa)	模型数值压差 ΔP(Pa)	原型率定压差 ΔP(Pa)
4	4 079.386	3 325.626	4 239.006	3 200.400
5	3 848.828	3 115.354	4 003.601	2 994.919
6	3 348.700	2 830.978	3 551.370	2 669.419
7	2 648.474	2 177.545	2 777.420	2 076.449
8	3 097.015	2 567.390	3 292.604	2 414.880
9	2 853.791	2 367.190	3 031.916	2 228.118
10	2 394.953	1 958.454	2 513.083	1 866.395
11	2 149.187	1 753.538	2 235.430	1 685.886
12	1 903.705	1 606.727	2 004.381	1 526.024
13	1 478.724	1 221.999	1 571.275	1 150.021
14	1 350.315	1 124.038	1 437.686	1 055.728
15	1 182.796	1 015.480	1 259.211	953.856

对比直接通过数值模拟预测获得的原型水泵流量与肘形进水流道两测压点压差之间的函数关系式(4.8)和通过“压差等相对误差修正公式”对数值模拟直接进行修正获得的原型水泵流量与肘形进水流道两测压点压差的函数关系式(4.9),如图4.58所示。对比发现在相同工况条件下,直接通过数值计算预测的水泵流量较小,进行修正后得到的水泵流量有所增大。

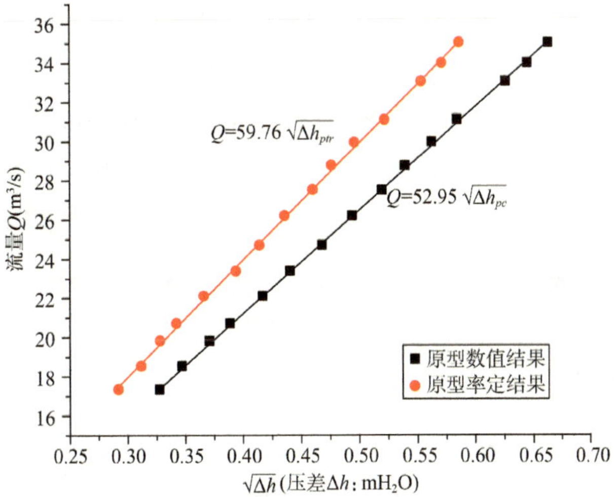

图4.58　有隔墩泵站原型水泵流量与压差关系

2. 无隔墩泵站肘形进水流道左进水侧

表 4.26 中包括了无隔墩模型泵站在不同流量条件下分别通过物理模型试验采集的和数值模拟计算获得的肘形进水流道两测压点压差、无隔墩原型泵站在不同流量条件下通过数值计算获得的肘形进水流道两测压点压差和通过“压差等相对误差修正公式”对原型泵站数值计算结果进行修正后得到的两测压点压差，将无隔墩原型泵站在不同流量条件下直接通过数值计算获得的肘形进水流道左进水侧两测压点压差与水泵流量进行最小二乘法拟合，得到直接通过数值计算预测水泵流量的函数关系式为：

$$Q = 18.49\sqrt{\Delta h_{pc}} \tag{4.10}$$

式中：下标“p”表示原型泵站；“c”表示数值模拟；Q 为流量，m^3/s；Δh 为压差，m。

对通过“压差等相对误差修正公式”对原型数值模拟结果进行修正得到的原型水泵流量与肘形进水流道左进水侧两测压点压差进行最小二乘法拟合，其函数关系式为：

$$Q = 18.65\sqrt{\Delta h_{ptr}} \tag{4.11}$$

式中：下标“p”表示原型泵站；“t”表示现场测试（试验测试）；“r”表示原型修正结果；Q 为流量，m^3/s；Δh 为压差，m。

对比直接通过数值模拟获得的原型水泵流量与肘形进水流道左进水侧两测压点压差的函数关系式(4.10)和通过“压差等相对误差修正公式”对数值模拟结果进行修正获得的水泵流量与肘形进水流道左进水侧两测压点压差的函数关系式(4.11)，如图 4.59 所示。修正后得到的水泵流量与肘形进水流道左进水侧两测压点压差的函数关系预测的流量略大于直接通过数值模拟预测的值。

表 4.26　原型无隔墩泵站进水流道左进水侧压差值

工况	左原型数值压差 ΔP(Pa)	左模型试验压差 ΔP(Pa)	左模型数值压差 ΔP(Pa)	左原型率定压差 ΔP(Pa)
1	5 528.115	5 178.4	5 340.593	5 360.227
2	5 420.562	5 122.4	5 225.284	5 313.833
3	5 286.274	5 006.4	5 108.133	5 180.993

续表

工况	左原型数值压差 ΔP(Pa)	左模型试验压差 ΔP(Pa)	左模型数值压差 ΔP(Pa)	左原型率定压差 ΔP(Pa)
4	4 851.187	4 700.4	4 690.818	4 861.097
5	4 540.510	4 368.2	4 394.547	4 513.288
6	4 324.145	4 143.0	4 184.416	4 281.346
7	4 220.290	4 117.0	4 081.578	4 256.916
8	4 112.064	3 931.6	3 979.274	4 062.799
9	4 011.279	3 802.4	3 880.405	3 930.643
10	3 886.558	3 719.0	3 756.318	3 847.946
11	3 757.044	3 556.8	3 633.919	3 677.312
12	3 612.436	3 417.8	3 491.603	3 536.079
13	3 369.146	3 207.4	3 258.930	3 315.874
14	3 162.072	2 976.0	3 056.786	3 078.504
15	2 824.284	2 682.8	2 734.587	2 770.799
16	2 410.704	2 265.2	2 331.861	2 341.789
17	2 082.507	1 909.0	2 014.687	1 973.262
18	1 899.657	1 766.4	1 839.255	1 824.409
19	1 436.974	1 348.0	1 390.509	1 393.044

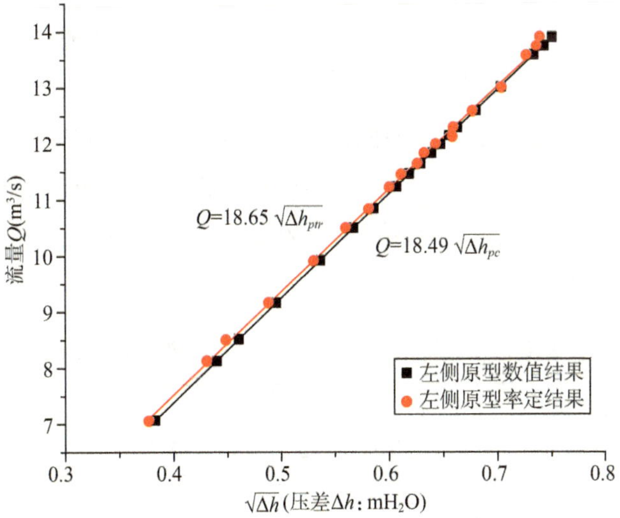

图 4.59　无隔墩泵站原型水泵流量与压差关系(左进水侧)

3. 无隔墩泵站肘形进水流道右进水侧

表 4.27 中包括了无隔墩模型泵站在不同流量条件下分别通过物理模型试验采集的和数值模拟计算获得的肘形进水流道右进水侧两测压点压差、无隔墩原型泵站在不同流量条件下通过数值计算获得的肘形进水流道右进水侧两测压点压差和通过"压差等相对误差修正公式"对原型泵站数值计算结果进行修正后得到的肘形进水流道右进水侧两测压点压差，将无隔墩原型泵站在不同流量条件下直接通过数值计算获得的肘形进水流道右进水侧两测压点压差与水泵流量进行最小二乘法拟合，得到直接通过数值计算方法预测水泵流量的函数关系式为：

$$Q = 18.50\sqrt{\Delta h_{pc}} \tag{4.12}$$

式中：下标"p"表示原型泵站；"c"表示数值模拟；Q 为流量，m^3/s；Δh 为压差，m。

对通过"压差等相对误差修正公式"对原型数值模拟结果修正后得到的原型水泵流量与肘形进水流道右进水侧两测压点压差进行最小二乘法拟合，其函数关系式为：

$$Q = 18.17\sqrt{\Delta h_{ptr}} \tag{4.13}$$

式中：下标"p"表示原型泵站；"t"表示现场测试(试验测试)；"r"表示原型率定结果；Q 为流量，m^3/s；Δh 为压差，m。

对比数值模拟获得的原型水泵流量与肘形进水流道右进水侧两测压点函数关系式(4.12)和通过"压差等相对误差修正公式"对数值模拟修正后获得的水泵流量与肘形进水流道右进水侧两测压点压差进行拟合得到的函数关系式(4.13)，如图 4.60 所示。与进水流道左侧规律相似，但修正后得到的水泵流量与肘形进水流道右进水侧两测压点压差的函数关系预测的水泵流量小于直接通过数值模拟预测的值。

表 4.27　原型无隔墩泵站进水流道右进水侧压差值

工况	右原型数值压差 ΔP(Pa)	右模型试验压差 ΔP(Pa)	右模型数值压差 ΔP(Pa)	右原型率定压差 ΔP(Pa)
1	5 524.834	5 744.0	5 639.983	5 626.727
2	5 404.282	5 673.0	5 517.467	5 556.624

续表

工况	右原型数值压差 ΔP(Pa)	右模型试验压差 ΔP(Pa)	右模型数值压差 ΔP(Pa)	右原型率定压差 ΔP(Pa)
3	5 283.361	5 570.0	5 396.351	5 453.374
4	4 848.126	5 182.4	4 952.752	5 072.923
5	4 537.746	4 853.6	4 639.468	4 747.183
6	4 321.545	4 573.4	4 418.631	4 472.913
7	4 217.516	4 489.6	4 310.243	4 393.014
8	4 109.598	4 363.2	4 203.317	4 265.916
9	4 008.634	4 234.0	4 096.895	4 142.785
10	3 884.176	4 118.4	3 966.829	4 032.589
11	3 754.482	3 969.0	3 838.196	3 882.433
12	3 610.216	3 837.0	3 687.099	3 756.991
13	3 366.782	3 581.8	3 441.627	3 503.907
14	3 159.953	3 345.4	3 228.217	3 274.658
15	2 822.281	2 988.0	2 887.191	2 920.824
16	2 408.785	2 540.4	2 461.914	2 485.577
17	2 080.800	2 189.0	2 127.691	2 140.764
18	1 898.243	2 027.2	1 942.152	1 981.369
19	1 435.786	1 545.0	1 467.979	1 511.110

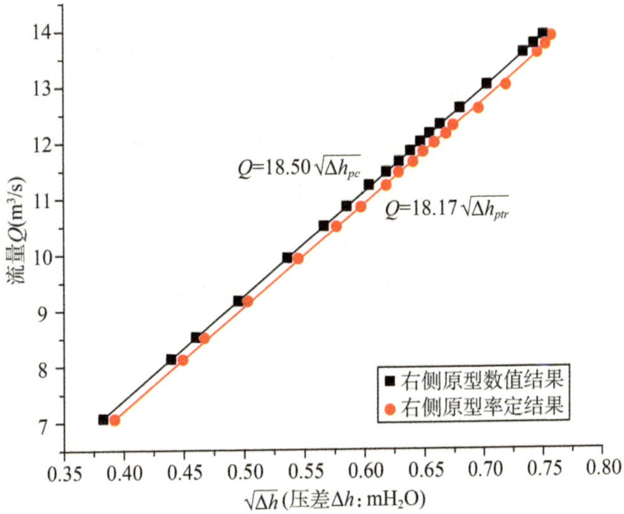

图 4.60　无隔墩泵站原型水泵流量与压差关系(右进水侧)

综上所述，研究在原型进水流道流场数值模拟中采用大规模并行计算和云计算技术使得其数值计算精度与模型流场数值计算精度相当，在原型泵站肘形进水流道两点压差量测中采用与物模试验中精度相同的差压变送器，从而提出了“压差等相对误差修正公式”。在计算流体动力学和传统进水流道差压测流法的基础上，用两测压点压差代替基于伯努利方程的断面平均压差，用 CFD 方法预测原型差压流量关系代替通过现场测试率定原型差压流量系数的方法，提出了肘形进水流道两点压差式测流法，为大型低扬程水泵现场流量测量提供了一条新的途径。

4.4 原型现场流量监测系统

瓜洲泵站工程是城市防洪规划治理的关键性工程，位于江苏省扬州市古运河南端的长江口门处。根据工程的功能，结合工程区域的地形、地貌，采用堤身式布置。瓜洲泵站设计流量为 170 m^3/s，选用 6 台 3 000ZLQ－28.4 立式全调节轴流泵，采用液压调节机构，配 6 台 TL1600－48 同步电动机，单机功率为 1 600 kW，主水泵叶轮直径 3 000 mm，转速 125 r/min，单机设计流量为 28.4 m^3/s，总装机功率 9 600 kW。水泵采用肘形进水流道、虹吸式出水流道。泵站运行特征水位及设计参数如下：内河侧设计（站下）水位 4.65 m，最高水位 5.06 m，最低水位 4.05 m；长江侧（站上）设计水位 6.53 m，最高水位 6.77 m，最低水位 4.80 m；设计扬程 1.88 m，最大扬程 2.72 m。此处结合瓜洲泵站对提出的大型低扬程水泵肘形进水流道两点压差式测流法进行检验，将有隔墩泵站中水泵流量与两测压点压差的函数表达式应用到瓜洲泵站上进行测流，结合水泵装置模型试验数据资料，分析应用肘形进水流道两点压差式测流法直接测量水泵流量的可靠性。

4.4.1 基于原型泵装置综合特性曲线推求水泵流量

4.4.1.1 原型泵装置综合特性曲线

在泵站工程中，原型泵装置综合特性曲线是通过模型泵装置综合特性曲线相似换算得到，那么就需要事先通过物理模型试验得到模型泵装置综合特性曲线。图4.61为有隔墩泵站泵装置模型测压断面示意图，模型泵装置进口测压断面设置在进水箱1-1位置，出口测压断面设在出水箱2-2位置，那么装置扬程 H 等于2-2断面和1-1断面的总能水头差。在物理模型试验中，差压变送器上两个测压管接头位于同一水平位置时，总能水头差等于两个断面静压差与动压差的代数和：

$$H=\left(z_2-z_1+\frac{P_2}{\rho g}-\frac{P_1}{\rho g}\right)+\left(\frac{u_2^2}{2g}-\frac{u_1^2}{2g}\right) \tag{4.14}$$

式中：$\left(z_2-z_1+\frac{P_2}{\rho g}-\frac{P_1}{\rho g}\right)$ 为静压差，单位kPa，扬程采用差压变送器测取需换算成 mH_2O；$\left(\frac{u_2^2}{2g}-\frac{u_1^2}{2g}\right)$ 为动压差，根据流量与1-1断面、2-2断面的过水断面面积计算而得，单位为 mH_2O。

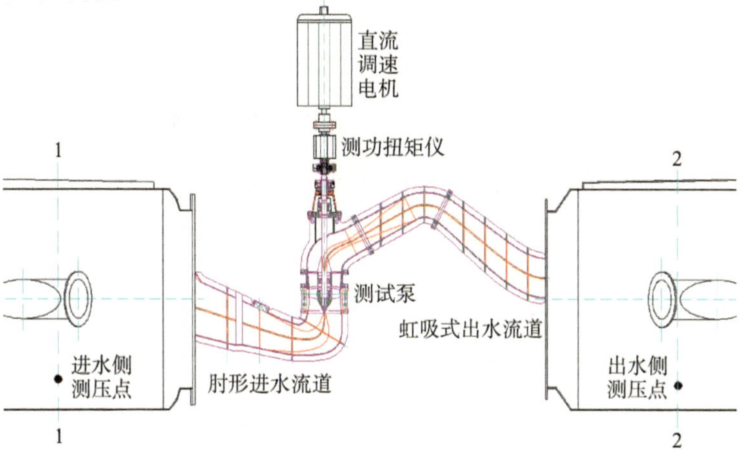

图4.61 有隔墩泵站泵装置模型测压断面示意图

泵装置的流量采用 DN400 电磁流量计测量，流量计水平布置，其前、后直管端长度均大于 4 m，安装长度均大于 10 倍直径。

流量和扬程根据以下公式进行原、模型之间的相似换算：

$$Q_p = Q_m \left(\frac{n_p}{n_m}\right) \left(\frac{D_p}{D_m}\right)^3 \tag{4.15}$$

$$H_p = H_m \left(\frac{n_p}{n_m}\right)^2 \left(\frac{D_p}{D_m}\right)^2 \tag{4.16}$$

式中：Q 为水泵流量，m^3/s；n 为水泵转速，r/min；D 为叶轮名义直径，m；H 为水泵扬程；下标 p 为原型；下标 m 为模型。

对有隔墩泵站模型泵装置进行−8°、−6°、−4°、−2°、0°、+2°、+4°和+6°共 8 个叶片安放角下的泵装置能量特性模型试验。对各个叶片安放角的测试数据进行相似换算得到有隔墩原型泵装置综合性曲线如图 4.62 所示，并且对其进行拟合得到各个叶片安放角下的扬程与流量的通用公式（$H \leqslant 5$ m）：

$$-8°: H = -0.008\,71Q^2 + 0.076\,17Q + 5.086\,29 \tag{4.17}$$

$$-6°: H = -0.008\,22Q^2 + 0.085\,06Q + 5.097\,57 \tag{4.18}$$

$$-4°: H = -0.008\,06Q^2 + 0.124\,63Q + 4.731\,54 \tag{4.19}$$

$$-2°: H = -0.007\,41Q^2 + 0.124\,11Q + 4.848\,04 \tag{4.20}$$

$$0°: H = -0.007\,25Q^2 + 0.163\,72Q + 4.282\,54 \tag{4.21}$$

$$+2°: H = -0.008\,84Q^2 + 0.308\,18Q + 1.840\,47 \tag{4.22}$$

$$+4°: H = -0.006\,26Q^2 + 0.164\,93Q + 4.253\,46 \tag{4.23}$$

$$+6°: H = -0.005\,65Q^2 + 0.151\,39Q + 4.391\,69 \tag{4.24}$$

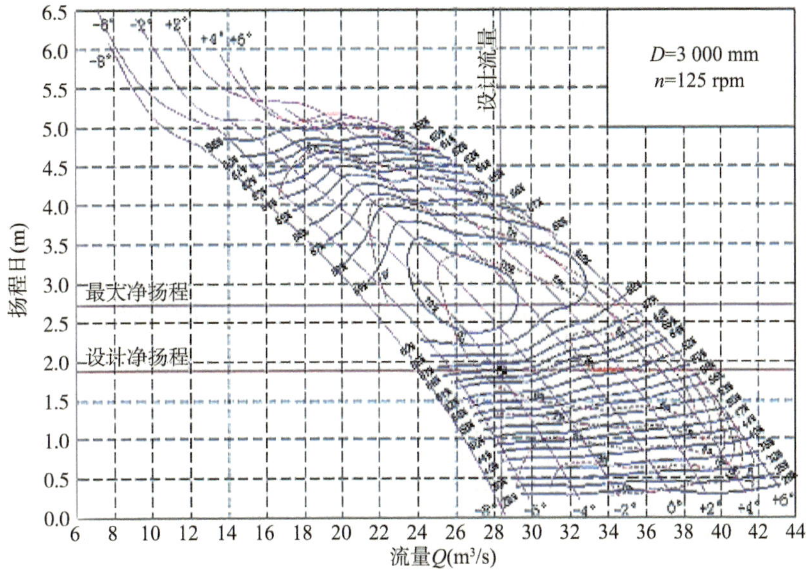

图 4.62　有隔墩原型泵装置综合特性曲线

4.4.1.2　任意叶片安放角的装置扬程与流量的关系式

前文得到了原型泵装置综合特性曲线，只需要根据现场实测的水泵运行叶片安放角判断其所在的工作区间，再通过实测进、出水池水位差得到扬程，就可以从原型泵装置综合特性曲线图上查到原型泵流量。由于水泵在运转时叶片安放角会发生变化，而且上下游水位是波动的，那么每得到一组实测的数据就需要在原型泵装置综合特性曲线图上找到对应的流量，这就导致推算原型水泵流量的工作非常烦琐，估算精度也不高。为了提高简便性，此处假设不同叶片安放角之间的流量为线性变化的，则两个叶片安放角之间的任意流量可以用这两个叶片安放角来表示，取叶片安放角的区间为[α,γ]，扬程为 2 m 时，α 的流量为 $Q_{\alpha2}$，γ 的流量为 $Q_{\gamma2}$，则 α 和 γ 之间任意角度 β 扬程为 2 m 时的流量为：

$$Q_{\beta2}=\frac{\beta-\alpha}{\gamma-\alpha}(Q_{\gamma2}-Q_{\alpha2})+Q_{\alpha2} \tag{4.25}$$

类似地，α 和 γ 之间任意角度 β 扬程为 3 m 时的流量为：

$$Q_{\beta3}=\frac{\beta-\alpha}{\gamma-\alpha}(Q_{\gamma3}-Q_{\alpha3})+Q_{\alpha3} \tag{4.26}$$

α 和 γ 之间任意角度 β 扬程为 4 m 时的流量为：

$$Q_{\beta 4}=\frac{\beta-\alpha}{\gamma-\alpha}(Q_{\gamma 4}-Q_{\alpha 4})+Q_{\alpha 4} \tag{4.27}$$

设 β 的扬程与流量的通用公式为：

$$H_{\beta}=k_1Q^2+k_2Q+k_3 \tag{4.28}$$

将扬程为 2 m、3 m 和 4 m 以及对应的流量带入式(4.28)可以得到：

$$\begin{cases}2=k_1Q_{\beta 2}{}^2+k_2Q_{\beta 2}+k_3\\3=k_1Q_{\beta 3}{}^2+k_2Q_{\beta 3}+k_3\\4=k_1Q_{\beta 4}{}^2+k_2Q_{\beta 4}+k_3\end{cases} \tag{4.29}$$

即可求得叶片安放角 β 的扬程与流量通用公式的系数为：

$$\begin{cases}k_1=\dfrac{1}{Q_{\beta 4}-Q_{\beta 2}}\left(\dfrac{1}{Q_{\beta 4}-Q_{\beta 3}}-\dfrac{1}{Q_{\beta 3}-Q_{\beta 2}}\right)\\k_2=\dfrac{1}{Q_{\beta 4}-Q_{\beta 2}}-k_1(Q_{\beta 4}+Q_{\beta 3})\\k_3=2-k_1^2Q_{\beta 2}{}^2-k_1Q_{\beta 2}\end{cases} \tag{4.30}$$

按照顺序分别求得系数 k_1、k_2 和 k_3，再将 k_1、k_2 和 k_3 带入式(4.28)即可得到任意叶片安放角的原型泵装置扬程与流量的关系式。在利用原型泵装置综合特性曲线推求水泵流量时，只需要通过水泵运行的叶片安放角判断其在原型泵装置综合特性曲线图中所在区间，找到对应叶片安放角区间的原型泵装置扬程与流量的关系式，再结合上、下游水位差得到的实际运行扬程，即可得到通过装置综合特性曲线推算的实际工程中水泵的运行流量。

4.4.2 现场实测流量及分析比较

在瓜洲泵站实际工程中应用本研究提出的两点压差式测流法，通过数据采集系统监测流量，将差压信号通过差压变送器传到 PLC 柜，再通过计算机监控系统显示和输出实际运行的流量值。图 4.63 为有隔墩泵站现场实测流量采集系统，其中(a)为差压变送器，(b)为 PLC 柜。

在瓜洲泵站肘形进水流道中安装精度为±1‰的差压变送器，其安装位置为前文中有隔墩泵站物模试验中采集压差的两测压点经过原、模型几何比尺相似换算后的测压点位置，利用现场实测流量采集系统对水泵2#、3#和4#进行了现场流量实测，其数据分别见表4.28、表4.29和表4.30，同时表中也给出了对应扬程和叶片安放角结合原型泵装置综合特性曲线推求的水泵流量，从表中可以看出在实际工程中应用两点压差式测流法实测的水泵运行流量比原型泵装置综合特性曲线推求的值大，当原、模型几何比尺为1∶10时两者之间的相对误差为7%。

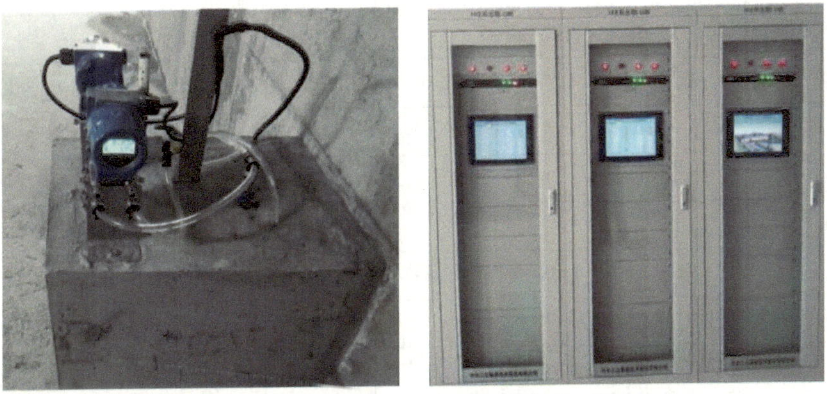

(a) 差压变送器　　(b) PLC柜

图4.63　有隔墩泵站现场实测流量采集系统

表4.28　水泵2#现场实测流量误差分析

进水池水位(m)	出水池水位(m)	扬程(m)	叶片安放角(°)	2#实测流量 Q_t(m³/s)	2#相似换算 Q_λ(m³/s)	$\frac{\lvert Q_t - Q_\lambda \rvert}{Q_\lambda}$(%)
4.69	5.51	0.82	−2.14	34.224	33.00	3.709
4.69	5.71	1.02	−2.14	33.879	32.45	4.404
4.69	5.79	1.10	−2.14	33.741	32.23	4.688
4.69	5.84	1.15	−2.14	33.603	32.09	4.715
4.69	5.80	1.11	−2.12	34.696	32.22	7.685
4.69	5.77	1.08	−2.12	34.788	32.31	7.669
4.69	5.71	1.02	−2.12	34.880	32.47	7.422

表 4.29 水泵 3#现场实测流量误差分析

进水池水位 (m)	出水池水位 (m)	扬程 (m)	叶片安放角 (°)	3#实测流量 Q_t(m³/s)	3#相似换算 Q_λ(m³/s)	$\frac{\lvert Q_t-Q_\lambda \rvert}{Q_\lambda}$(%)
4.69	4.95	0.26	−1.94	37.035	34.71	6.698
4.69	4.98	0.29	−1.94	36.548	34.64	5.508
4.69	5.24	0.55	−1.97	35.852	33.91	5.727
4.69	5.41	0.72	−1.99	35.809	33.43	7.116
4.69	5.41	0.72	−2.01	35.443	33.41	6.085
4.69	5.38	0.69	−2.01	35.896	33.49	7.184
4.69	5.34	0.65	−2.01	36.461	33.60	8.515
4.69	5.36	0.67	−2.01	36.278	33.54	8.163
4.69	5.32	0.63	−2.01	36.426	33.65	8.250
4.69	5.28	0.59	−2.02	36.609	33.75	8.471
4.69	5.26	0.57	−2.02	36.713	33.80	8.618
4.69	5.75	1.06	−2.13	34.843	32.35	7.706
4.69	5.76	1.07	−2.13	34.052	32.32	5.359
4.69	5.68	0.99	−2.14	34.791	32.54	6.918
4.69	5.64	0.95	−2.14	34.974	32.65	7.118
4.69	5.58	0.89	−2.13	35.200	32.82	7.252
4.69	5.41	0.72	−2.14	35.235	33.27	5.906
4.69	5.37	0.68	−2.14	35.348	33.38	5.896
4.69	5.26	0.57	−2.13	35.696	33.68	5.986
4.69	5.22	0.53	−2.13	35.783	33.79	5.898
4.69	5.21	0.52	−2.13	36.252	33.82	7.191
4.69	5.09	0.40	−2.18	36.270	34.08	6.426
4.69	5.13	0.44	−2.19	36.009	33.96	6.034
4.69	5.25	0.56	−2.19	35.548	33.65	5.640
4.69	5.35	0.66	−2.19	35.113	33.38	5.192
4.69	5.47	0.78	−2.19	34.783	33.06	5.212
4.69	5.46	0.77	−2.18	35.191	33.10	6.317

表 4.30　水泵 4#现场实测流量误差分析

进水池水位 (m)	出水池水位 (m)	扬程 (m)	叶片安放角 (°)	4#实测流量 $Q_t(m^3/s)$	4#相似换算 $Q_\lambda(m^3/s)$	$\frac{\lvert Q_t - Q_\lambda \rvert}{Q_\lambda}$ (%)
4.69	5.75	1.06	−1.99	35.030	32.50	7.785
4.69	5.76	1.07	−2.10	34.970	32.36	8.066
4.69	5.68	0.99	−2.10	35.010	32.58	7.459
4.69	5.64	0.95	−2.10	35.180	32.69	7.617
4.69	5.58	0.89	−2.10	35.200	32.85	7.154
4.69	5.41	0.72	−2.10	35.510	33.32	6.573
4.69	5.37	0.68	−2.10	36.030	33.42	7.810
4.69	5.26	0.57	−2.10	36.280	33.72	7.592
4.69	5.22	0.53	−2.10	36.330	33.82	7.422
4.69	5.21	0.52	−2.10	36.470	33.85	7.740
4.69	5.09	0.40	−2.10	36.800	34.16	7.728
4.69	5.13	0.44	−2.10	36.040	34.06	5.813
4.69	5.25	0.56	−2.10	35.690	33.74	5.779
4.69	5.35	0.66	−2.10	35.500	33.48	6.033
4.69	5.47	0.78	−2.10	35.310	33.15	6.516
4.69	5.46	0.77	−2.10	35.670	33.18	7.505
4.69	5.40	0.71	−2.10	35.780	33.34	7.319

下面将结合叶片泵相似理论对预测可靠性进行讨论，在进行物理模型试验时无法同时满足原、模型之间几何相似、运动相似和动力相似，假如原、模型之间的水力相似能严格地符合，那么原型参数就可以依据相似准则由模型试验测得的参数进行准确预测。就大型低扬程泵站中的水泵而言，其原、模型的相似准则为单位转速和斯特劳哈尔数。单位转速相似准则的另一种表示形式就是压力相似准则。当原、模型水流均处于第二自模区（紊流区域）时，且严格意义上满足几何相似，相当于说原、模型相对粗糙度相等 $(\Delta/D)_p=(\Delta/D)_m$ 或者满足谢才公式、曼宁公式分析求解得到的 $\alpha_\lambda=\alpha_D{}^{1/6}$，那么单位转速相似准则或欧拉准则自动满足。但在模型试验中完全水力模型相似很难实现，这是由于缩尺了的模型雷诺数远小于原型的，模型中水流很有可能处于水流光滑区、过

渡粗糙区或粗糙区，与原型中水流处在不同的自模区。即使原、模型水流都处在水流的第二自模区，模型水泵和原型水泵的材质也导致水流在粗糙区时糙率比尺要求不能满足，因为轴流泵模型的叶轮材质为青铜，而原型多为铸钢或不锈钢，两种材质糙率非常接近，所以摩阻系数 $\lambda=f(\mathrm{Re},\Delta/D)$ 的比尺 α_λ 很难达到阻力相似，即 $\alpha_\lambda=1$。而且，受加工条件件的限制，两台相似水泵进水流道表面相对粗糙度也不能严格按比尺放大或缩小，模型泵站的相对粗糙度较大，导致其进水流道的沿程水头损失也较大，那么水流中用来克服水力损失的能量较多，所以通过物理模型试验测得的水泵流量偏小，因此模型泵装置综合特性曲线相似换算得到的原型泵装置综合特性曲线推求得到的流量也会显得偏小，这种偏差会随着泵站原、模型几何比尺的增大而增大。

另外，在水电站中原型运转综合特性曲线也是根据其模型综合特性曲线通过相似换算后绘制出来的，由于水电站原、模型几何比尺很大，需要对流量作增加一个额外量的修正使换算后的原型运转综合特性曲线推算获得的性能参数与实际情况吻合。而本文在有隔墩原型泵装置综合特性曲线相似换算中并未对测得的流量作修正，那么模型泵装置综合特性曲线相似换算后的原型泵装置综合特性曲线预测的水泵流量必然偏小。综上可以看出，得出的结论"采用两点压差式测流法测量的现场水泵运行流量比原型泵装置综合特性曲线得到的水泵运行流量值大"是可靠的，由于模型的相对粗糙度比原型的大，在原、模型几何比尺为 1∶10 时，肘形进水流道两点压差测流法实测的流量比基于装置综合特性曲线推求的流量大 7%。

研究结合瓜洲泵站对提出的大型低扬程水泵肘形进水流道两点压差式测流法进行了检验，将有隔墩泵站中原型水泵流量与两测压点压差的函数表达式应用到了实际泵站工程上进行测流。依据瓜洲泵站模型泵装置综合特性曲线相似换算得到的原型泵装置综合特性曲线，推求得到了任意叶片安放角下的装置扬程与流量的关系式，结合实测的泵站扬程和水泵叶片安放角得到推算的水泵流量，将实测的水泵流量与原型泵装置综合特性曲线推算的水泵流量进行对比，发现前者比后者大 7%。由于原、模型相似换算中存在的比尺效应，原、模型水泵进水流道表面相对粗糙度不能严格按比尺放大或缩小，模型泵站的相对粗糙度较大导致其进水流道的沿程水头损失较大，造成模型泵装置试验推算的流量偏小，相应的原型泵装置推算的流量也偏小，所以结论"通过两点压差式测流法得到的水泵流量比通过原型泵装置综合特性曲线推算的流量大"是合理的。通过实际应用检验，当原、模型几何比尺为 1∶10 时，两点压差式测流法得到的水泵流量比通过原型泵装置综合特性曲线推算的流量大 7%。同时也表明了"压差等相对误差修正公式"对原型泵站数值计算结果起到了修正作用。

第5章

泵站箱涵式进水流道内流场CFD分析

箱涵式进水流道通常采用钢筋混凝土结构,具有流道高度低、基础开挖深度小、结构及断面形状相对简单、易于施工等特点,在泵站工程中得到越来越多的应用。但箱涵式进水流道内流态复杂,易引发附底涡、侧壁涡,而涡带对泵装置稳定高效运行有显著影响。因此,优化流道以消除旋涡、减少水头损失,从而提高泵装置效率是研究中值得关注的重点。CFD 方法在流道优化问题研究中已广泛应用,主流的是 RANS(雷诺时均)法和 LES(大涡模拟)法,两类方法各有所长,在提供瞬时流场信息、捕捉脉动速度方程、获取实验难以测量的物理量方面 LES 方法更具优势。本章拟在泵站箱涵式进水流道内流场分析中使用 LES 方法对进水流道内流场中的旋涡流动、消涡措施等问题进行研究。CFD 模拟结果表明应用 LES 方法可以很好地捕捉到箱涵式进水流道流场中的附壁涡和附底涡,在消涡措施的研究过程中,LES 方法对整流之后水流流态效果评估也是有效的。数值模拟结果显示导流锥相比 L 型隔板在箱涵式进水流道整流中表现更好。

5.1 泵站箱涵式进水流道内流场 CFD 计算模型构建

5.1.1 有压箱涵式进水流道流场模拟方法

泵站有压箱涵式进水流道内存在附壁涡和附底涡,采用大涡模拟 LES 方法可以有效捕捉进水流道中的旋涡流动。

LES 方法将湍流分解为大尺度运动和小尺度运动是通过滤波运算得到的。常用滤波函数有盒式滤波、高斯滤波和 Top-hat 滤波等,盒式滤波相对简单,应用较广,本章中采用盒式滤波。

代数涡黏模型是最常用的 SGS 模型,其中最典型的是 Smagorinsky 模型和动态 Smagorinsky 模型。动态 Smagorinsky 模型消除了 Smagorinsky 模型中选取经验常数的人为因素,能满足近壁区渐近行为,无需引入壁面衰减函数。本章在 CFD 模拟计算中采用动态 Smagorinsky 模型。

5.1.2 进水流道流场边界条件

5.1.2.1 进口边界条件

对不可压流而言，一般可采用"进口速度"作为进口边界条件，只需要定义在流动进口处的流动速度及流动属性相关标量，但精确地对进水口处的流速分布进行设置非常困难，本章中将进水流道沿进水方向反向延伸一定的距离，以保证水流在实际进水口处的流速分布符合物理规律。

5.1.2.2 出口边界条件

当数值计算时流速和压力分布均未知时，一般在出水管的某断面设置"出流(Outflow)"作为出口边界条件，该边界条件适用于出口流动充分发展的情况(总体质量平衡且所有速度梯度为零)。距喇叭管口3.5倍D_m长度以后的进水管的断面流速分布可以认为较为充分发展，这里将进水管的直线段进行计算区域延伸，选择距离进水管口5倍D_m长度的进水管断面为出口边界，此时认为出口边界的流动已成单向状态，满足零梯度条件。

5.1.2.3 自由表面

本章的流场计算中，进水池液面可以忽略风引起的切应力作用以及大气层间的热传递，认为自由表面可以保持稳定不变，因此自由液面采用"刚盖"假定的边界条件，在利用Fluent数值求解时只需要将自由表面设置为Symmetry即可。

5.1.3 网格剖分方式

随着网格生成技术的发展，出现了许多商业化的专业网格剖分软件，本章将采用ANSYS-ICEM对泵站箱涵式进水流道的计算域进行网格剖分。

本章中泵站箱涵式进水流道的流体域由泵站进水流道、进水管及消涡装置(L型隔板和导流锥)组成，为保证计算精度，运用ANSYS-ICEM对流体区域进行六面体结构化网格剖分，同时对过流部件壁面进行边界层网格剖分及局部加密。对于主要过流部件，边界层距离壁面第一层网格 $y^+ \approx 1$。

5.1.4 数值模拟计算方法

泵站箱涵式进水流道流场计算在时间域上采用二阶隐式格式对控制方程进行离散，时间步长取 0.01 s。在空间域上，扩散项采用二阶中心差分，对流项采用有界中心差分格式，速度压力解耦采用 SIMPLEC 算法。收敛残差设置为 1×10^{-5}，每个时间步内最大迭代 20 次。为了给瞬态计算提供合理的初始值，在进行 LES 瞬态计算前，先通过 SST k-ω 模型进行稳态流场计算。本章数值计算中，将 SST k-ω 模型计算 10 000 步所得流场作为 LES 瞬态计算的初始流场，有助于提高瞬态模拟的计算效率。

5.1.5 数值模型验证

5.1.5.1 几何模型构建

以某泵站开敞式进水池[11]（有 PIV 试验成果）作为研究对象，图 5.1 为进水池三维示意图。内径 d 为 0.075 m 的进水管（喇叭管口直径 D 为 0.115 m）垂

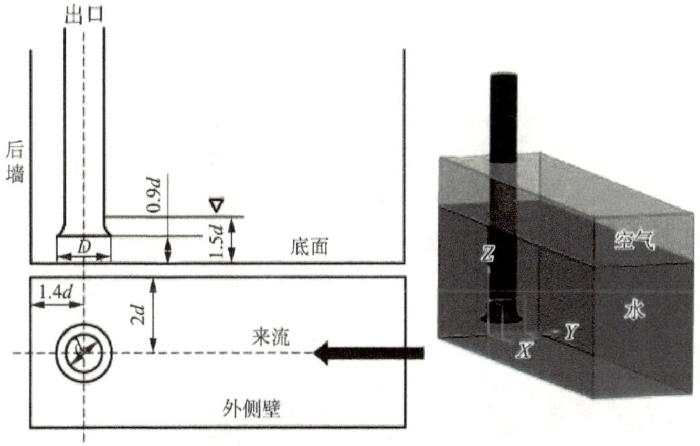

图 5.1 进水池三维示意图

直安装在矩形进水池中，进水池长为 1.22 m，宽为 0.3 m。喇叭管口到底部的距离为 0.9d，进水管轴线距后壁 0.9d，进水管从进水池中吸水，流量恒定为 0.004 m^3/s，进水管中的平均流速 $U_p=0.9$ m/s，进水池平均速度 $U_m=0.12$ m/s。图 5.2 为进水池计算模型图。

图 5.2　进水池计算模型图

5.1.5.2　网格剖分

图 5.3 为网格剖分结果，采用六面体网格剖分，水泵进水管采用 O 型拓扑结构。由于本章着重于通过数值模拟研究喇叭管口进口附近的附底涡和附壁涡的水力特性，所以网格剖分时主要对喇叭管口及附近边壁进行了网格加密，图 5.4 为喇叭管口及附近边壁网格的细节展示。对剖分的网格量进行网格无关性分析，数值计算中网格单元数取 200 万。

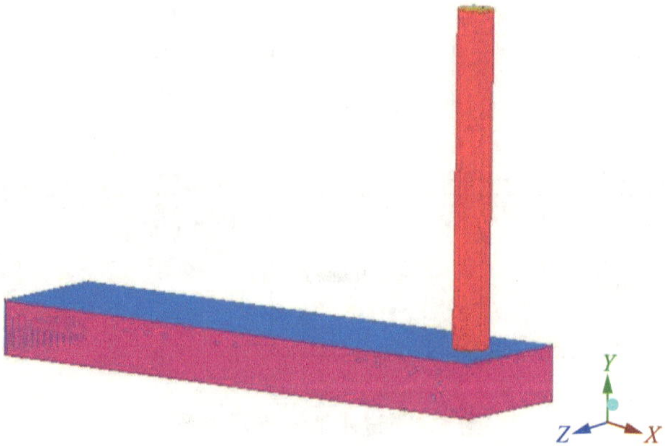

图 5.3　网格剖分图

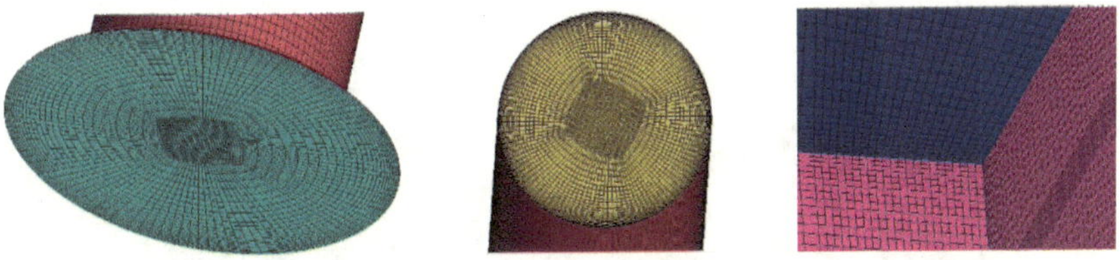

(a) 喇叭管口网格　　(b) 出水口网格　　(c) 边壁网格

图 5.4　主要过流部件网格细节

5.1.5.3　流场对比

将模拟结果与 PIV 试验结果作比较，包括自由表面涡和底涡的位置、形状、大小及涡核强度，通过比较发现模拟与试验具有良好一致性。当比较涡量场时，模拟结果与实验结果一致，如在底涡周围会存在一个二次涡，表面涡为两个旋向相反的涡。通过比较图 5.5 和图 5.6 底涡和表面涡发现模拟涡量要略大于实验值，模拟中涡量更加扩散，涡核极值区域较大，涡形状较试验略大，并且模拟中涡旋位置与试验中涡旋位置略有不同，这可能归因于几个因素。首先 LES 模型在极小涡核半径区域模拟计算会产生偏差，如果局部网格尺寸不够小，可能会对不准确的值进行建模，另外边界条件也存在不确定性，例如入口处速度为 PIV 拍摄时均速度而实际入口处流速是不断变化的，且缺乏入口湍流强度数据。因此，不可能在数值和试验之间获得完美匹配。但 LES 显示出较其他基于 RANS(雷诺时均)模拟更好的预测能力，如涡旋的位置、形状和大小。总体来说，大涡模拟(LES)方法模拟结果与实验结果基本一致，模拟结果可用于深入分析。

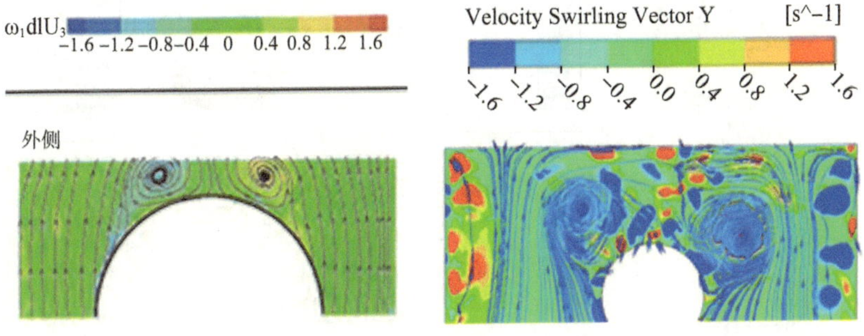

自由表面涡试验结果　　自由表面涡模拟结果

图 5.5　自由表面涡试验与数模结果对比

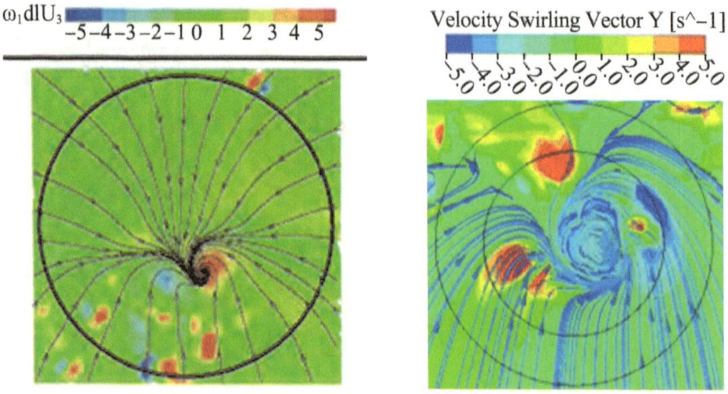

底涡试验结果　　　　底涡模拟结果

图 5.6　底涡试验与数模结果对比

5.1.5.4　涡旋三维可视化

基于 LES 精确求解的涡流速度场，通过等压面将涡旋可视化，如图 5.7、图 5.8、图 5.9 所示，从图中可以看出涡旋表现为 2 个表面涡旋并存、多个附底涡旋并存、1 个表面涡旋和 1 个附底涡旋并存三种形式。

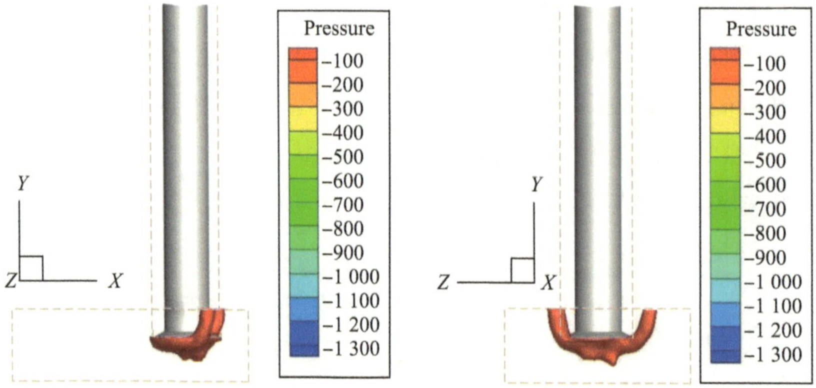

图 5.7　表面涡旋三维可视化

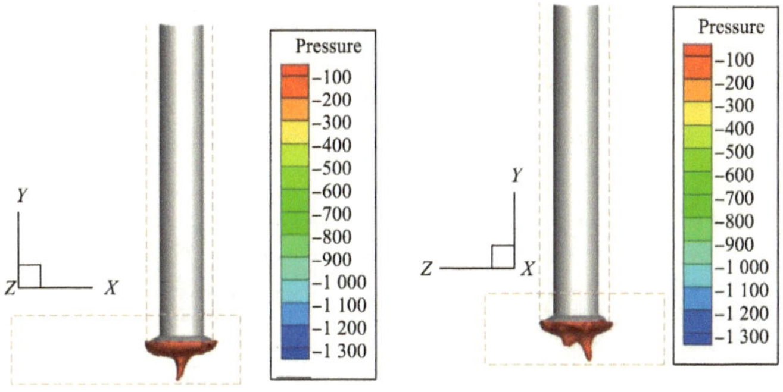

图 5.8　附底涡旋三维可视化

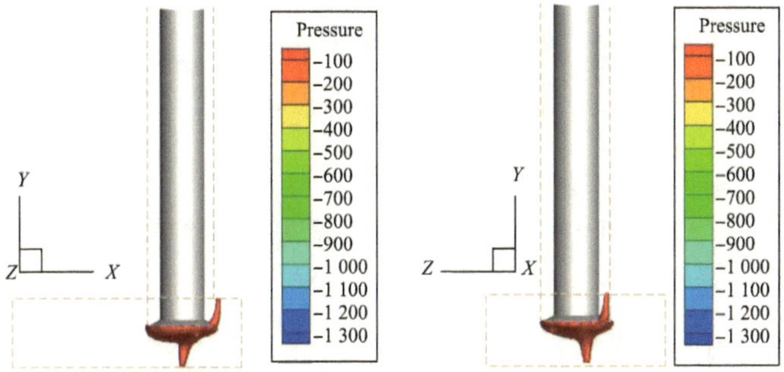

图 5.9　表面涡旋和附底涡旋三维可视化

5.2　L 型隔板整流的箱涵式进水流道内流场 CFD 分析

5.2.1　无消涡措施方案进水流道流动特性分析

5.2.1.1　无消涡措施进水流道计算模型

为深入揭示 L 型隔板整流箱涵式进水流道内涡流性态，本节首先对不含任何消涡措施（去掉 L 型隔板）的进水流道流场进行数值模拟研究。图 5.10 为箱涵式泵站无 L 型隔板进水流道的计算模型。数值模拟中进水流道总长 21.7 m，宽 4.85 m，高 5.32 m，喇叭管口进口直径为 1.75 m，喇叭管口高 0.7 m，进水管管径 1.4 m，喇叭管口与进水流道底部高差为 1.4 m，进水流道末端顶板距底板高差为 2.7 m，叶轮直径为 1.4 m，流量为 7.5 m^3/s，计算时的进口、出口及自由液面的位置如图 5.10 所示。

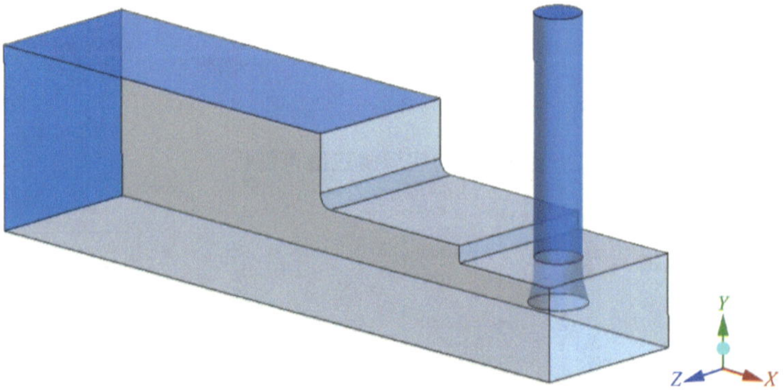

图 5.10　无消涡措施进水流道计算模型图

5.2.1.2　网格剖分及网格无关性分析

图 5.11 为进水流道的网格剖分，采用六面体网格剖分，水泵进水管采用 O 型拓扑结构。由于本章着重于通过数值模拟研究喇叭管口进口附近的附底涡和附壁涡的水力特性，所以网格剖分时主要对喇叭管口及附近边壁进行了网格加密，图 5.12 为喇叭管口及附近边壁等主要过流部件的网格细节。

图 5.11　进水流道整体网格示意图

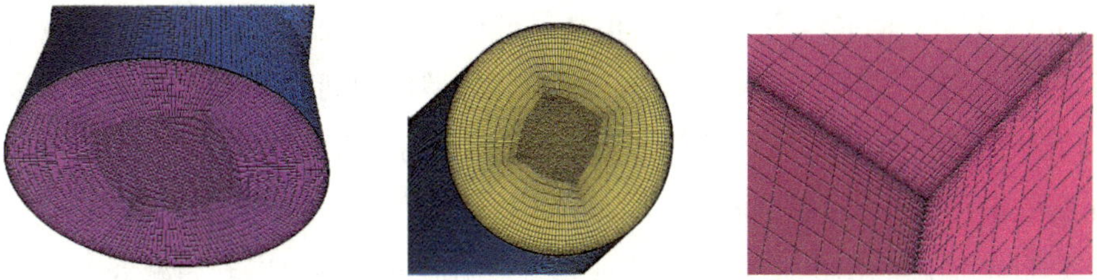

(a) 喇叭管口网格　　(b) 出水口网格　　(c) 边壁网格

图 5.12　主要过流部件网格细节

对剖分的网格量进行网格无关性分析，选取 30 万、50 万、120 万、230 万、480 万、670 万、950 万、1 300 万、1 700 万和 3 700 万共计 10 套不同网格单元数的剖分方案，对上述 10 套网格剖分方案采用相同的数值方法进行模拟，图 5.13 为网格无关性分析结果图，从图中可以看出网格单元数超过 1 300 万时两测压点(进水管附近)压差几乎不变，所以本章数值计算中采用网格单元数为 1 300 万的网格剖分方案。

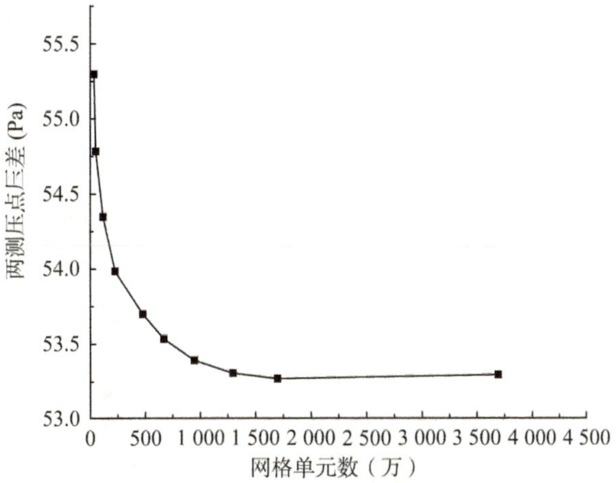

图 5.13　网格无关性分析

5.2.1.3　进水流道内流场 CFD 分析

1. 涡旋可视化分析

LES 模拟中的时间步长为 0.01 s，求解涡旋的瞬时结果，每 100 步保存一次，共计保存 400 步(400 s)。由于计算前期可能存在数值模拟的不确定性，遂将 160 s 至 400 s(共计 241 s)的模拟结果进行处理，通过 $P=-2\,000$ Pa 的等压面将涡旋可视化如图 5.14 所示(为节省篇幅，呈现图间隔 8 s)。从图中可以看出，160 s～168 s(共计 9 s)涡旋表现为明显的单附底涡；从 169 s 开始，除了附底涡之外又生成一个附后壁涡，直至 193 s(共计 25 s)，这之间附后壁涡的生成位置逐渐降低，附底涡也逐渐弯曲；194 s 开始附后壁涡的强度开始减弱，至 199 s 完全消失(减弱持续 6 s)，然后保持附底涡至 207 s(持续 9 s)；从 208 s 开始至 362 s(155 s)，间歇性发生单附底涡、双附底涡、多个弱附底涡共存等复杂流态，但是每种形式的流态持续时间都较短；363 s 开始，其中 1 个涡逐渐增强，形成明显的附后壁涡，至 384 s 时强度达到最大；385 s 开始附后壁涡强度逐渐减弱，直至 391 s；392 s 开始涡又转变成单附底涡直至 400 s(共计 9 s)。总之，进水流道内的涡形态不断地在发生变化。

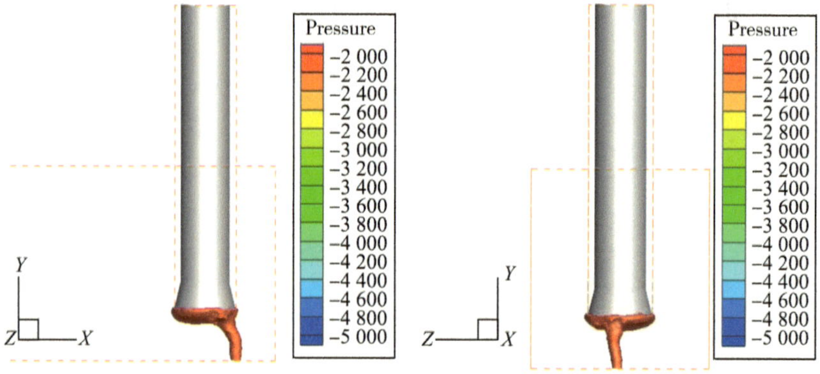

$t=160$ s

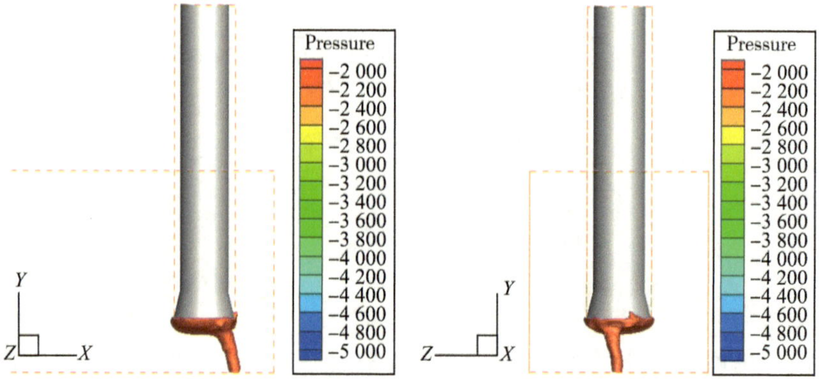

$t=168$ s

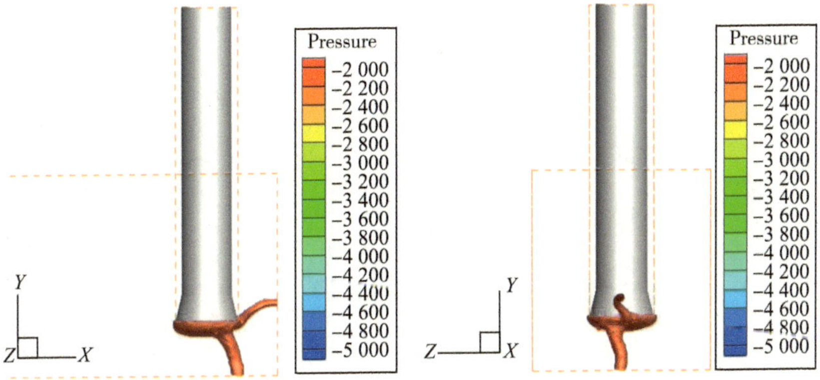

$t=176$ s

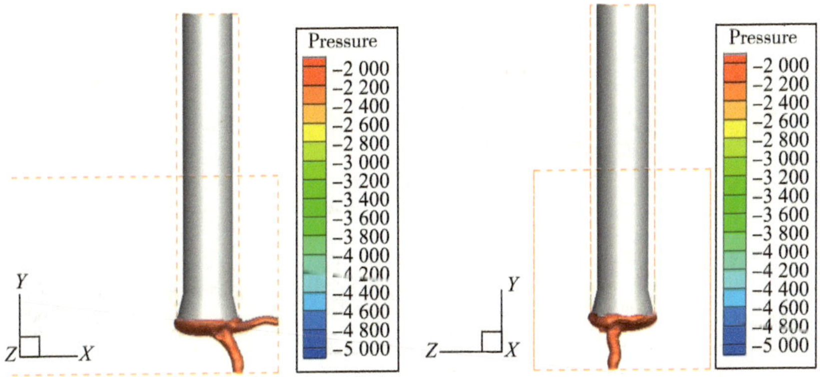

$t=184$ s

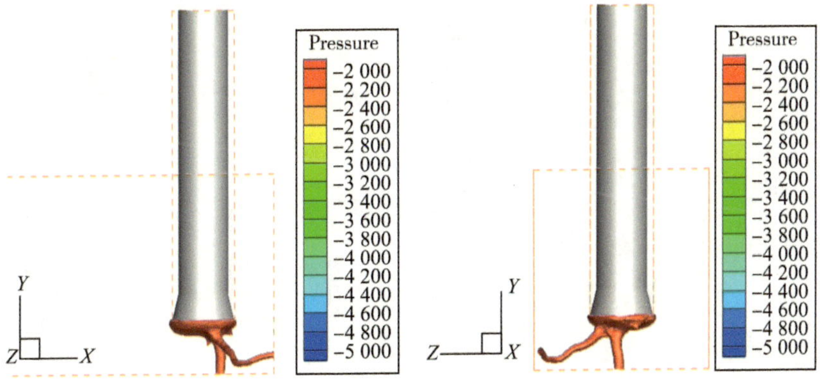

$t=192$ s

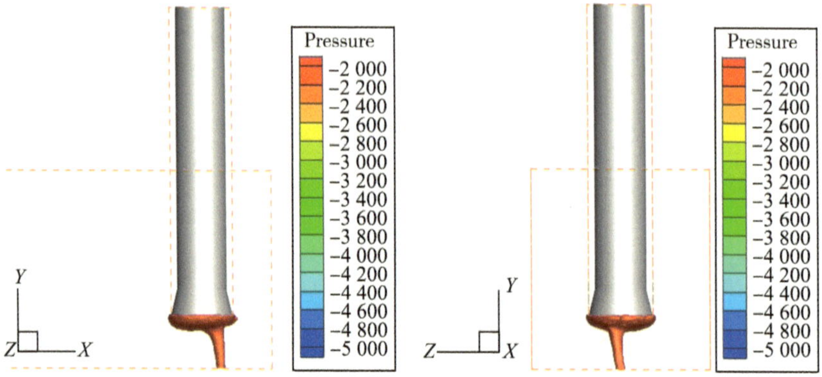

$t=200$ s

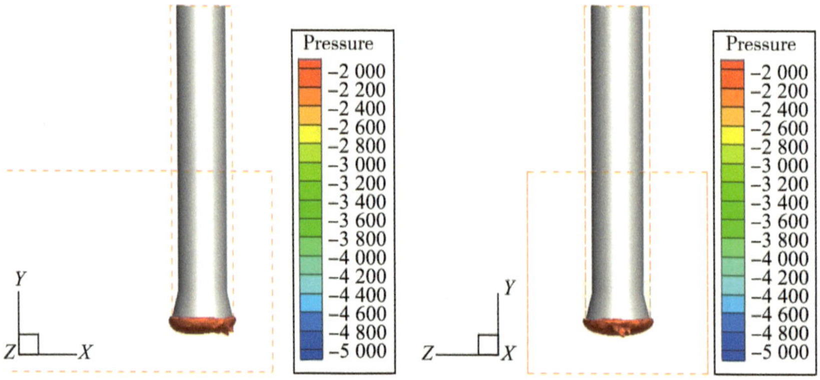

$t=208$ s

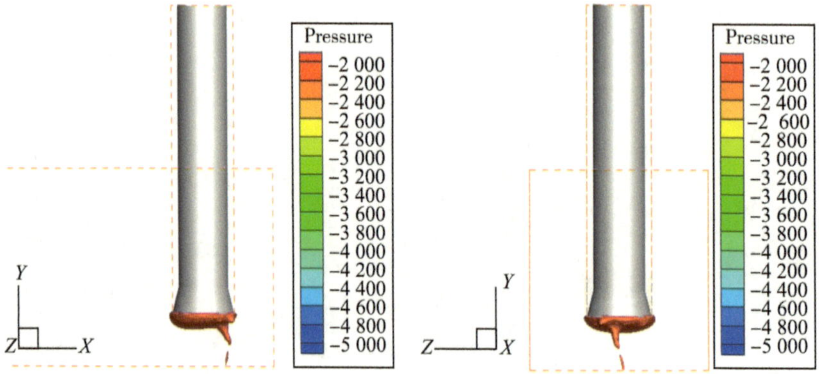

$t=216$ s

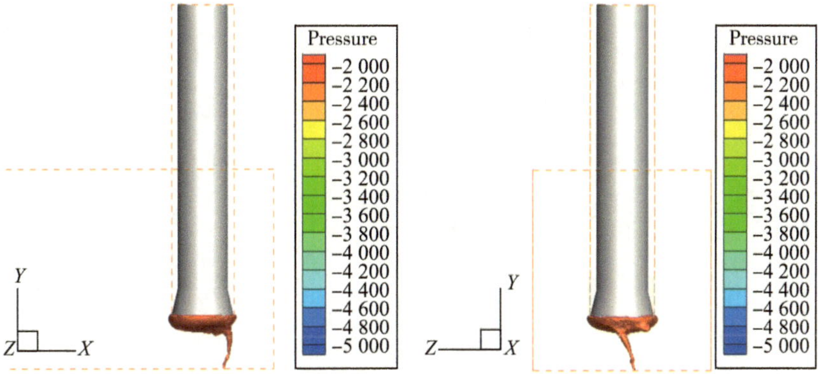

$t=224$ s

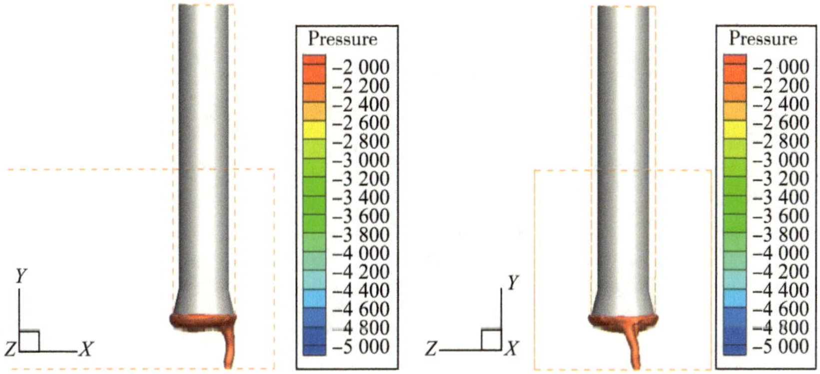

$t=232$ s

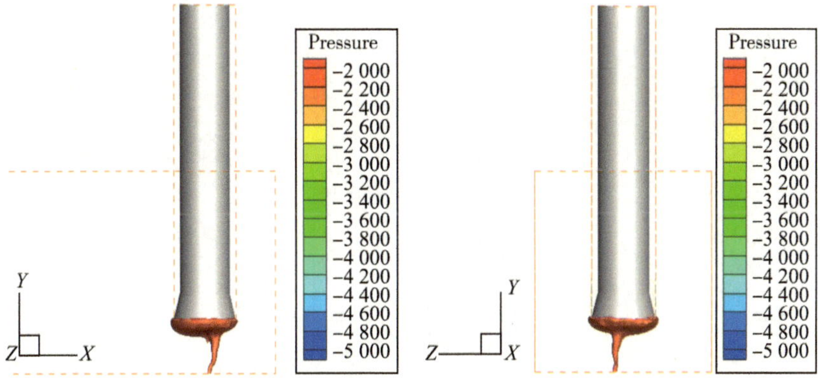

$t=240$ s

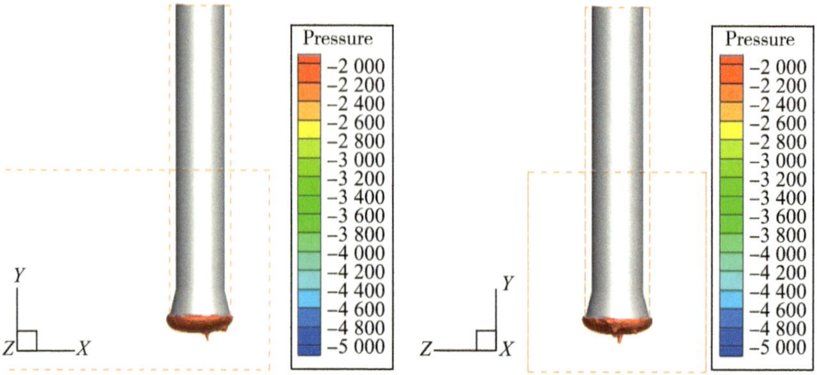

$t=248$ s

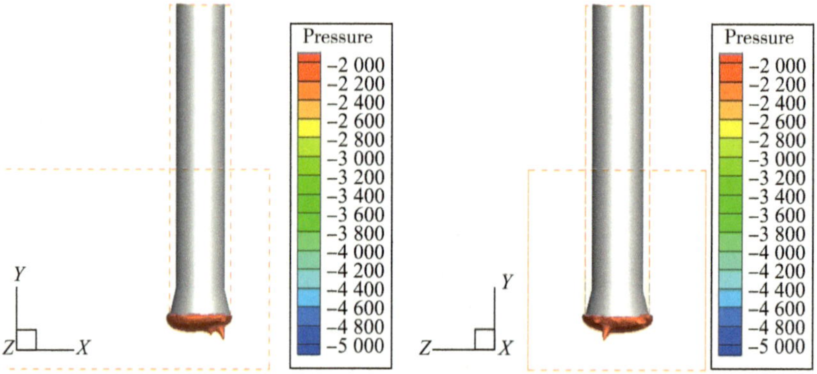

$t=256$ s

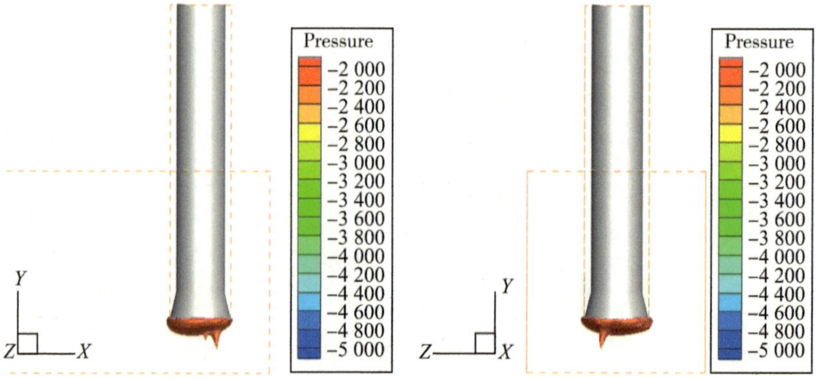

$t=264$ s

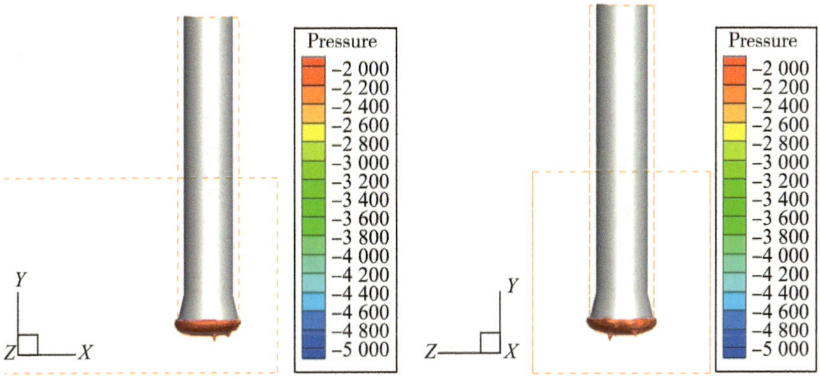

$t=272$ s

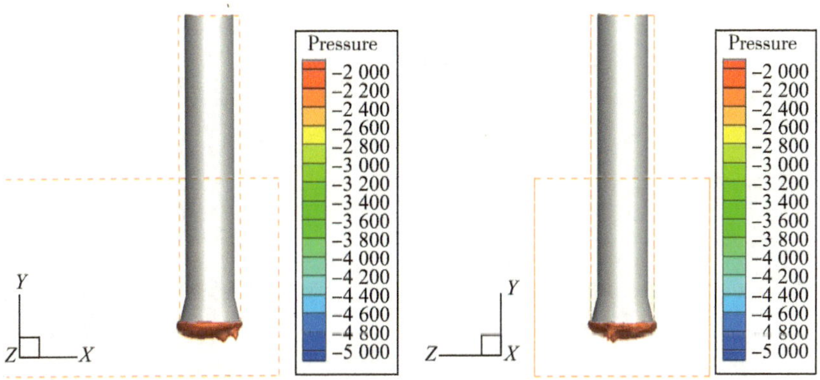

$t=280$ s

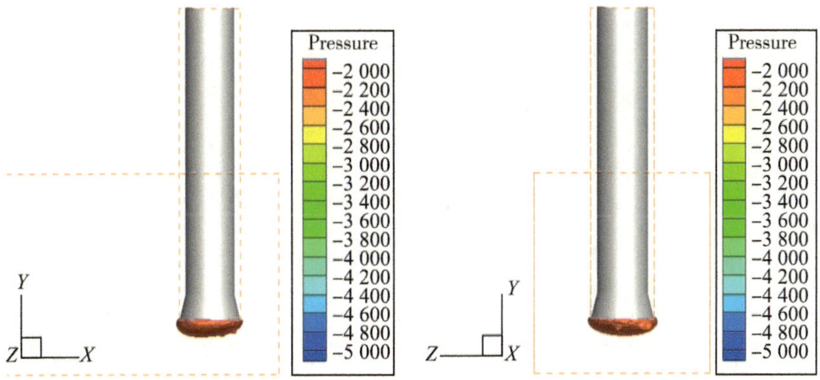

$t=288$ s

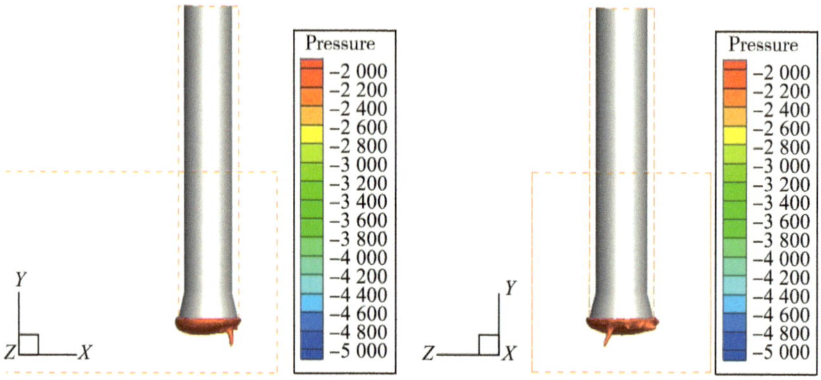

$t=296$ s

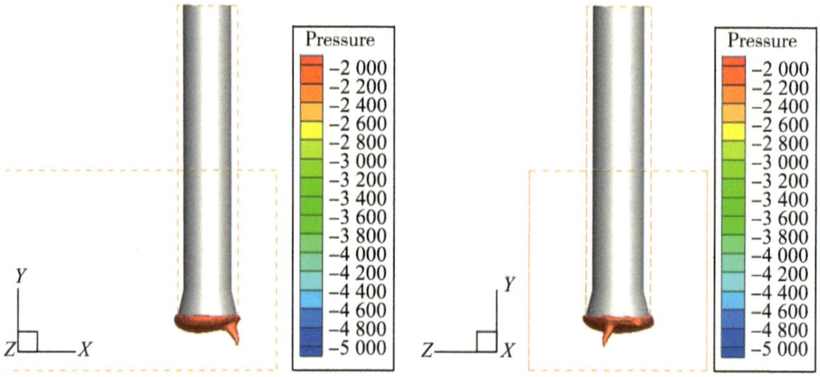

$t=304$ s

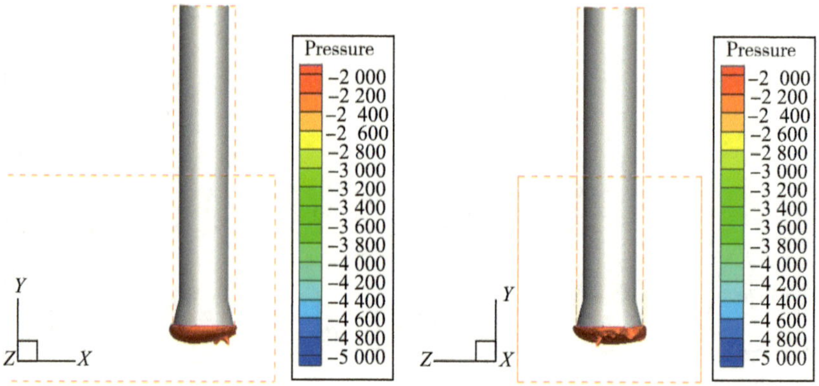

$t=312$ s

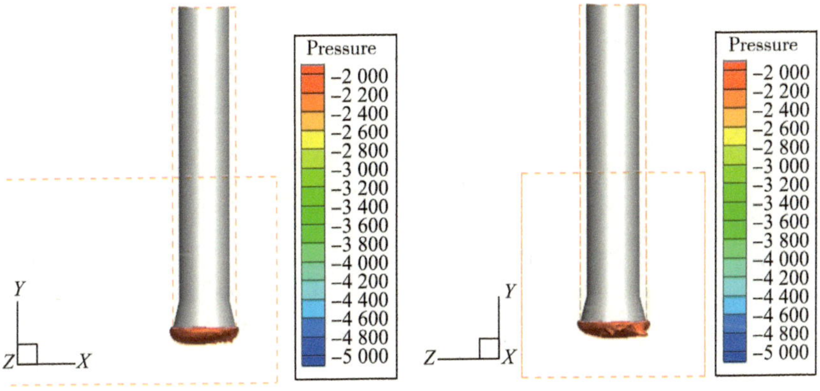

$t = 320$ s

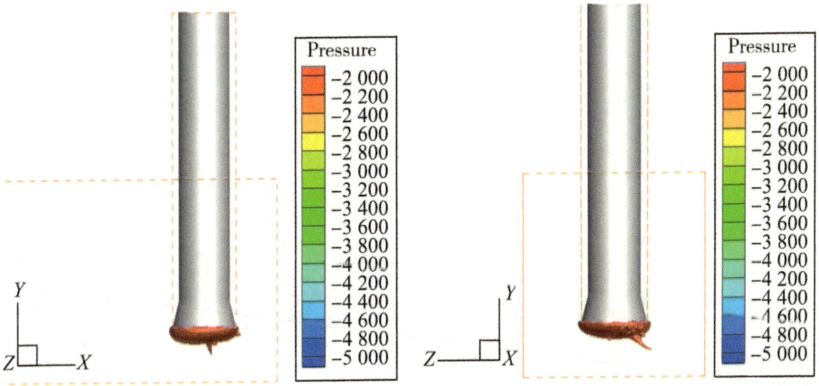

$t = 328$ s

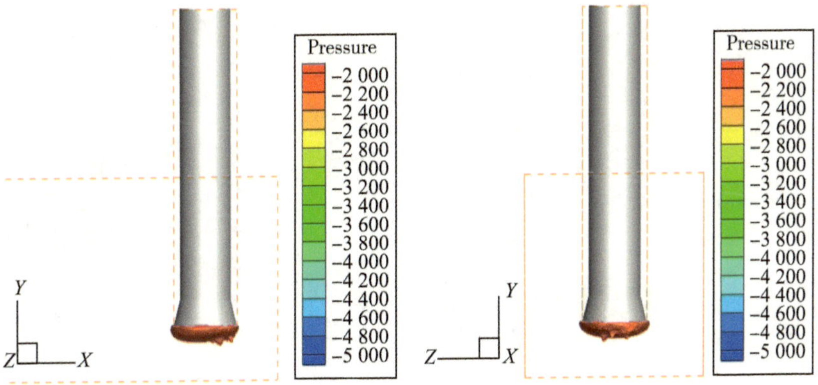

$t = 336$ s

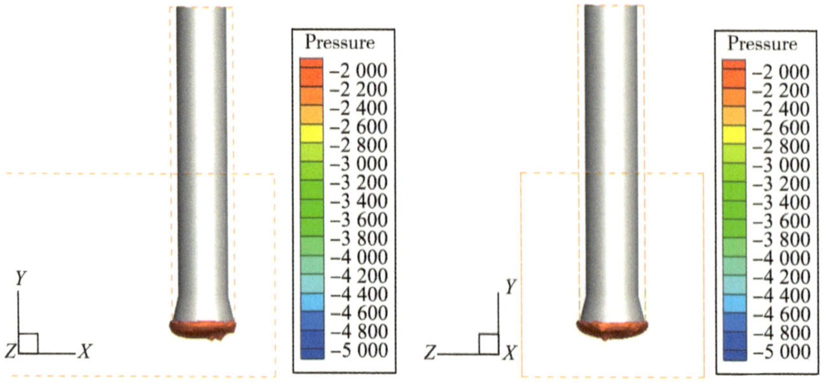

$t=344$ s

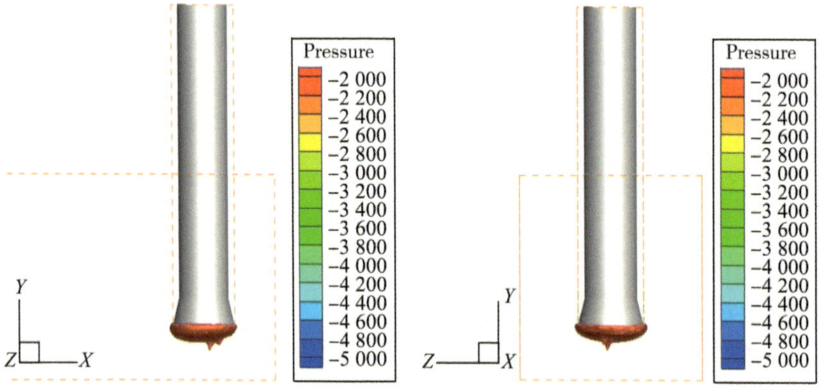

$t=352$ s

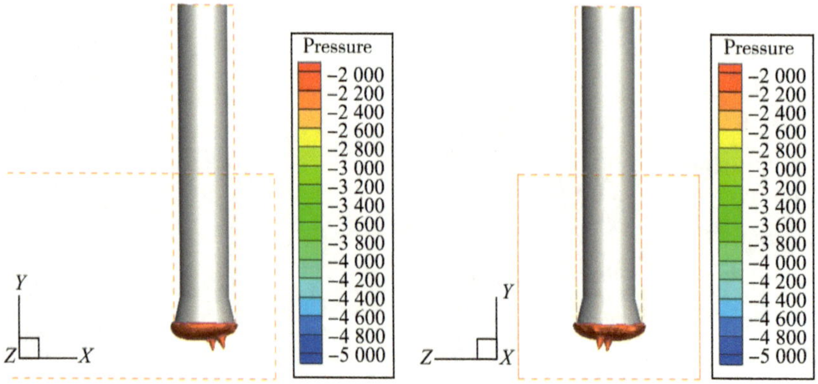

$t=360$ s

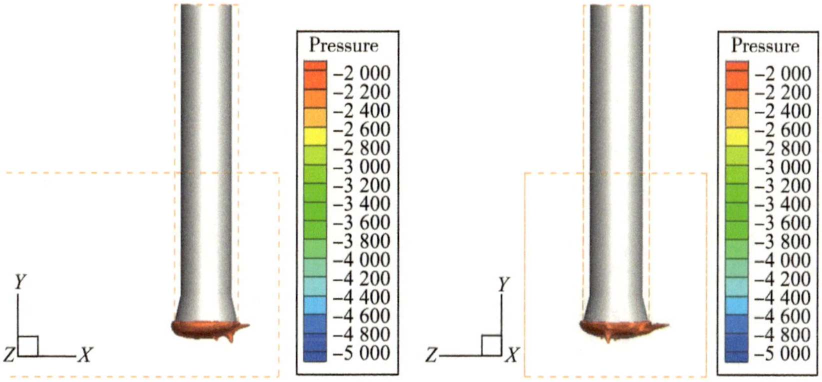

t=368 s

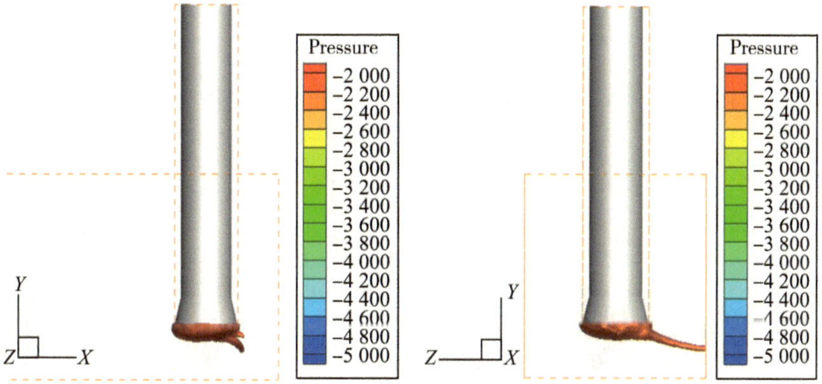

t=376 s

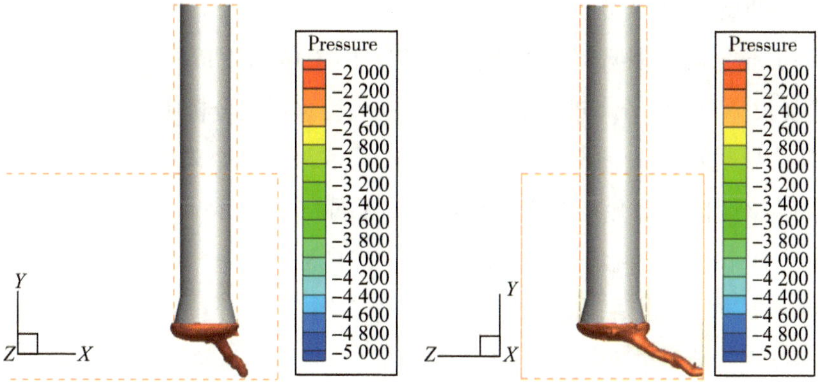

t=384 s

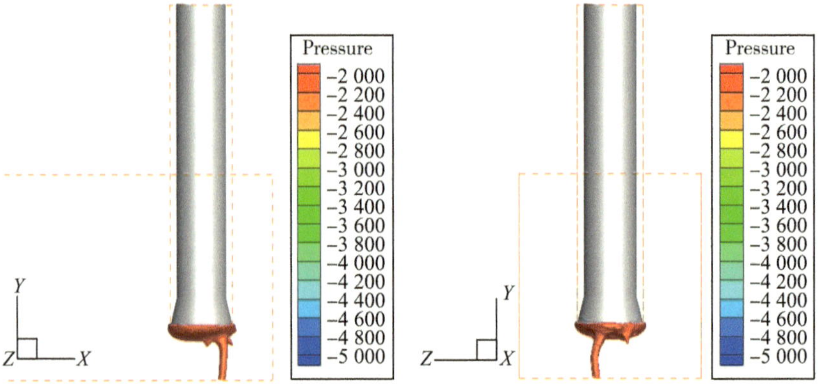

$t=392$ s

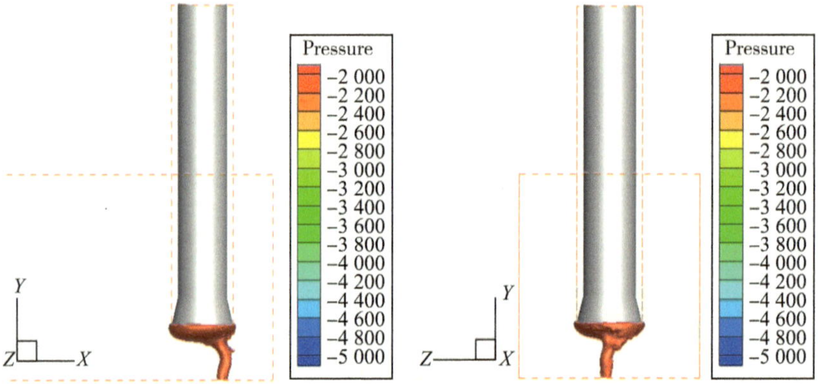

$t=400$ s

图 5.14　进水管喇叭管口附壁涡和附底涡随时间的变化

2. 喇叭管口流场分析

为了充分研究喇叭管口附近的流场分布，对喇叭管口的速度分布、压强分布、速度矢量和涡量分布进行对比分析。在涡旋可视化分析中发现，在 $t=160$ s 时涡旋为单附底涡、$t=180$ s 时涡旋为 1 个附底涡和 1 个附壁涡并存、$t=226$ s 时涡旋为 2 个附底涡并存以及 $t=249$ s 时无涡旋，所以取 $t=160$ s、180 s、226 s 和 249 s 四个时刻的流场分布，图 5.15～图 5.18 分别为 $t=160$ s、180 s、226 s 和 249 s 共计 4 个时刻的喇叭管口速度分布云图、压强分布云图、速度矢量图和涡量分布图。从图中可以看出，喇叭管口后侧存在旋涡，平均涡量达到 50 s^{-1}，最大涡量超过 100 s^{-1}。

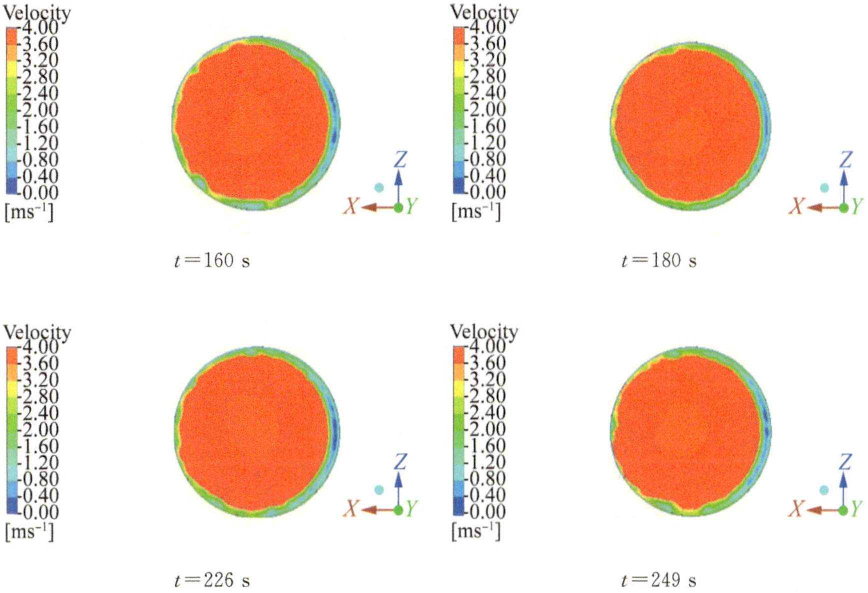

图 5.15 喇叭管口速度分布云图

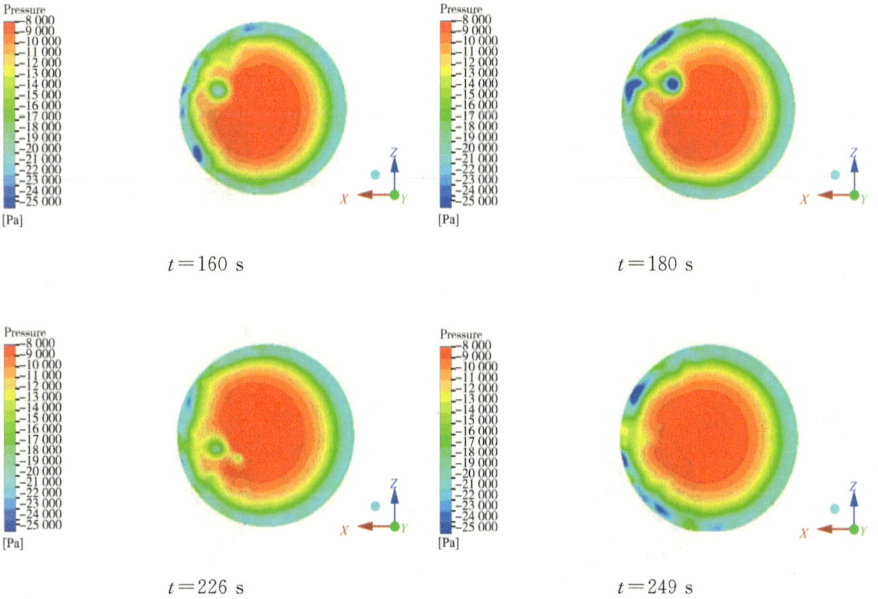

图 5.16 喇叭管口压强分布云图

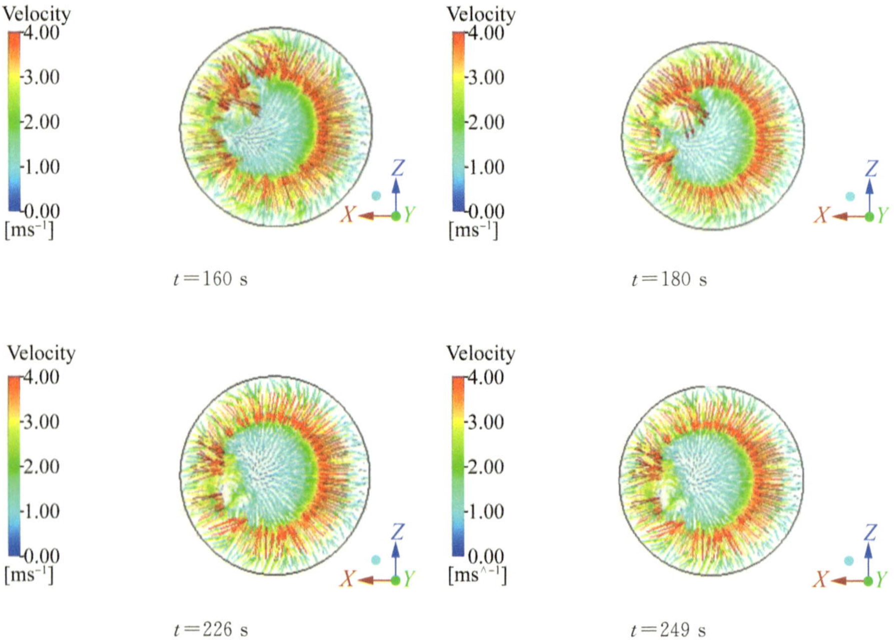

图 5.17　喇叭管口速度矢量图

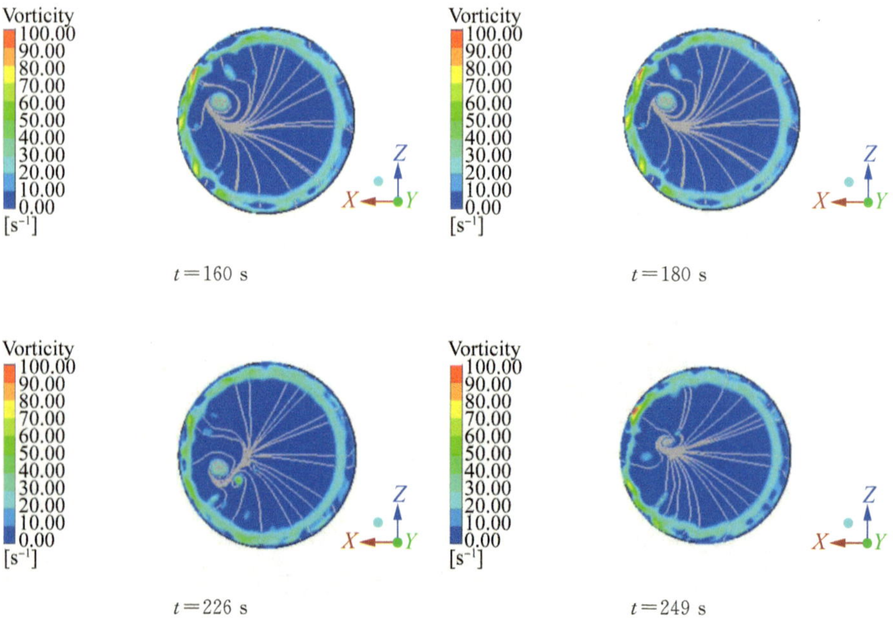

图 5.18　喇叭管口涡量分布图

5.2.2 L 型隔板进水流道流场特性分析

5.2.2.1 L 型隔板进水流道计算模型

为消除对比方案中进水喇叭管口附近的附底涡和附壁涡，在喇叭管口正下方底板上设置 L 型隔板。图 5.19 为 L 型隔板进水流道计算模型图，从图中可以看出 L 型隔板在进水喇叭管口的正下方。

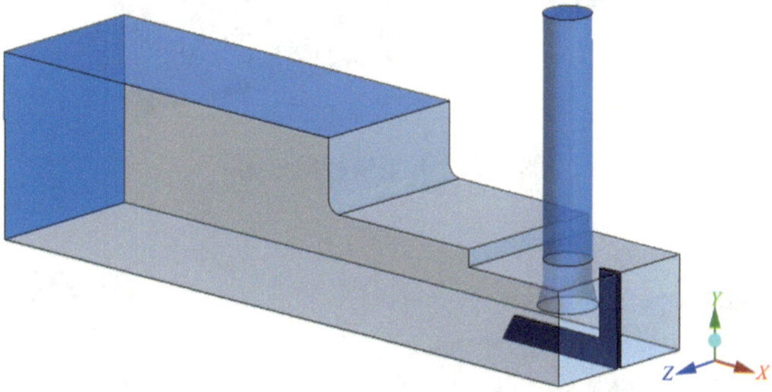

图 5.19 L 型隔板进水流道计算模型

5.2.2.2 网格剖分

图 5.20 为 L 型隔板进水流道整体网格示意图，采用六面体网格剖分，网格节点设置与原方案中基本相同，网格单元数为 1 800 万。此处仅展示 L 型隔板网格及其细节，图 5.21 为 L 型隔板的网格，图 5.22 为 L 型隔板 L1～L4 部位的网格细节。

图 5.20 L 型隔板进水流道整体网格示意图

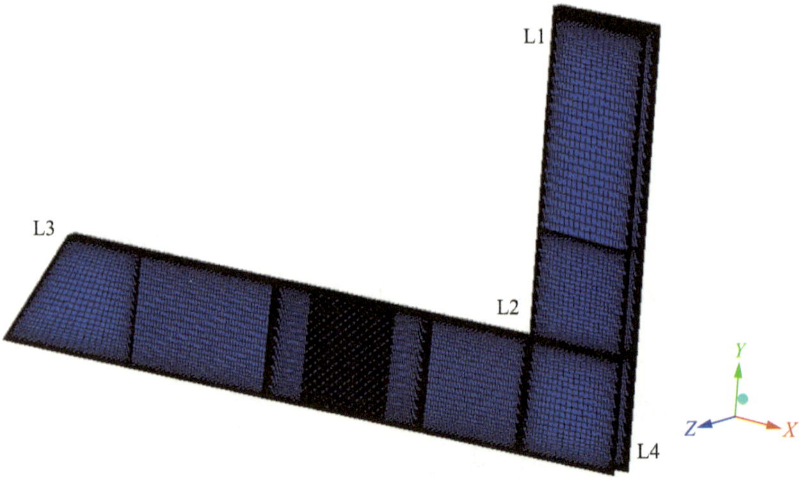

图 5.21　L 型隔板网格图

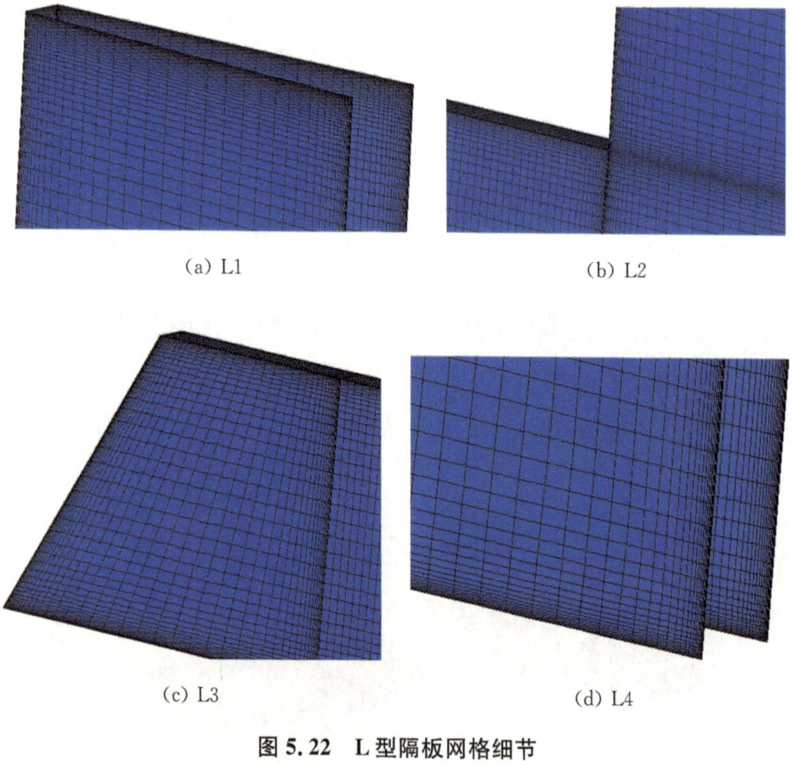

图 5.22　L 型隔板网格细节

5.2.2.3 进水流场分析

1. 涡型可视化分析

图 5.23 为 L 型隔板进水流道进水管喇叭管口附近涡型随时间的变化(t=1～40 s,为节省篇幅,呈现图基本间隔 4 s),从图中可以看出,在喇叭管口正下方和后壁设置隔板后未消除附底涡和附后壁涡。对附底涡而言,随着水流的运动附底涡的强度变化规律为弱→强→弱→趋于稳定,当 t=9 s 和 t=10 s 时附底涡的强度达到最大;无消涡措施进水流道中附底涡的表现形式为单通道涡,而 L 型隔板原方案中隔板基本阻隔了附底涡与流道底面的直接接触,使附底涡的表

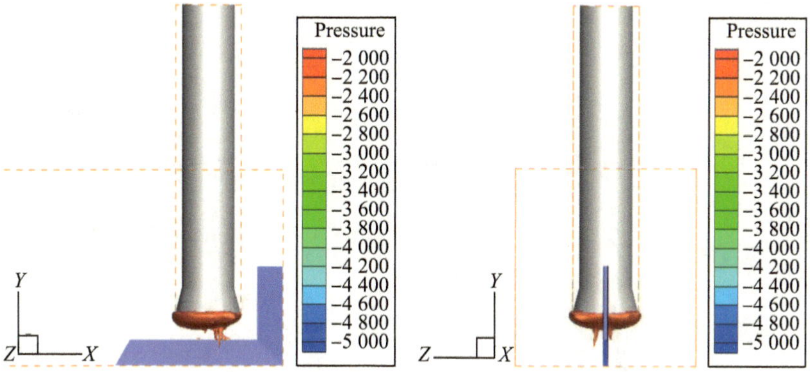

t=1 s

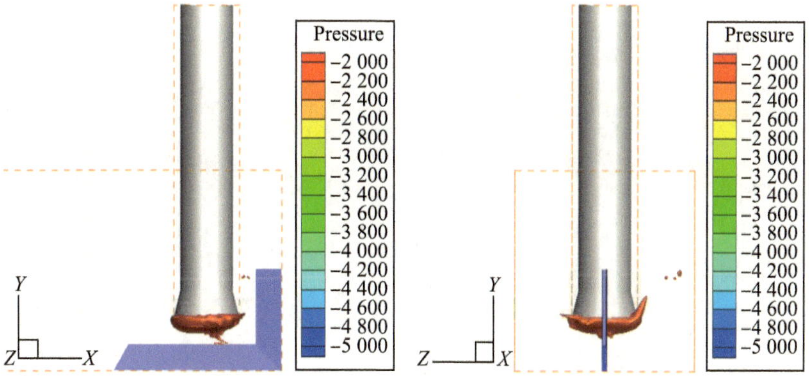

t=5 s

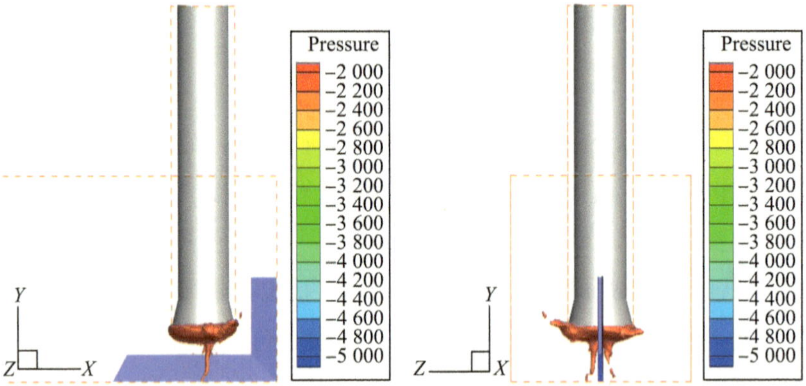

$t = 9$ s

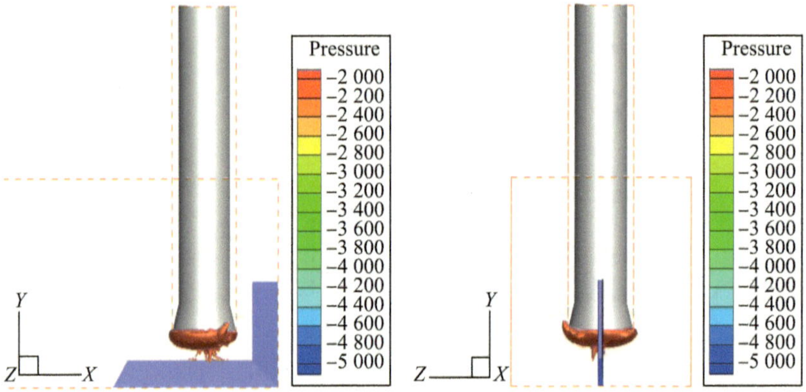

$t = 13$ s

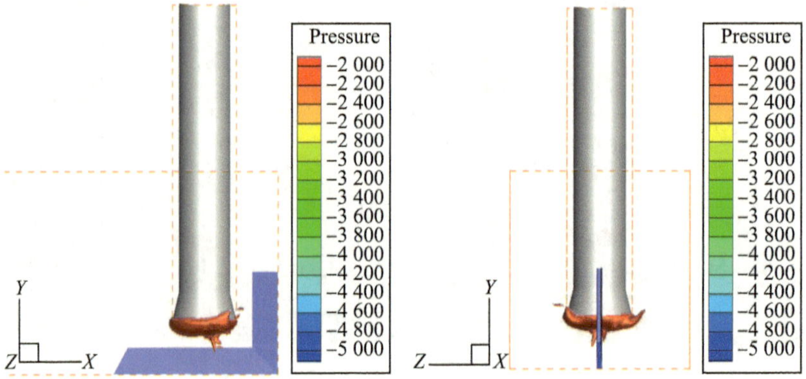

$t = 17$ s

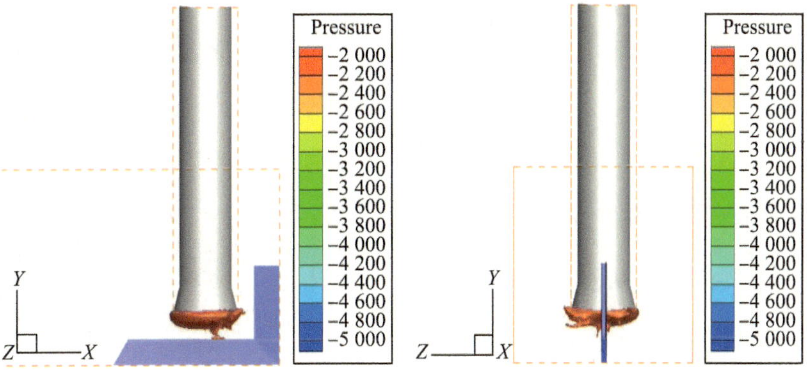

$t=21$ s

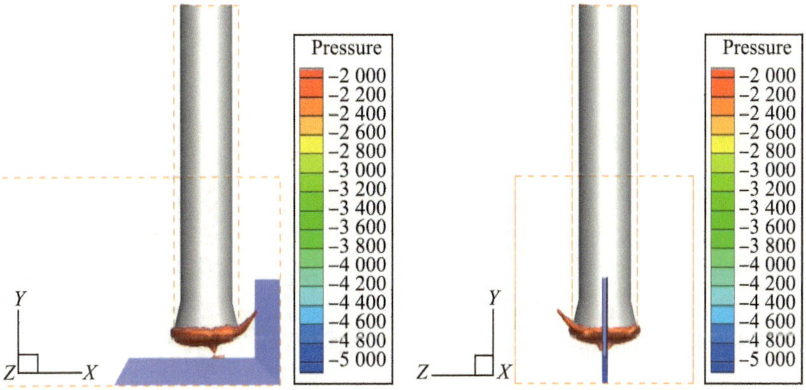

$t=25$ s

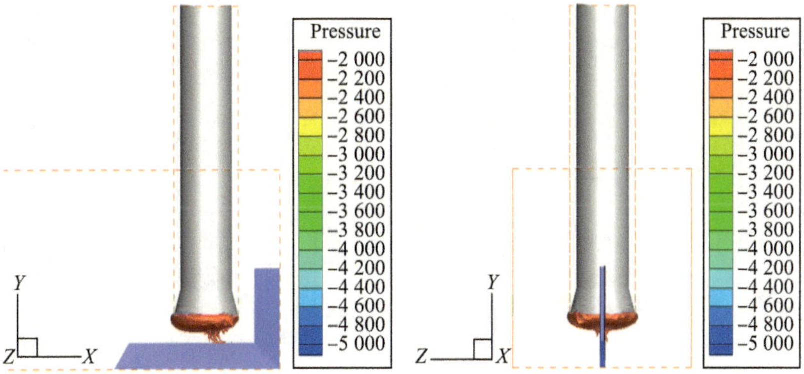

$t=29$ s

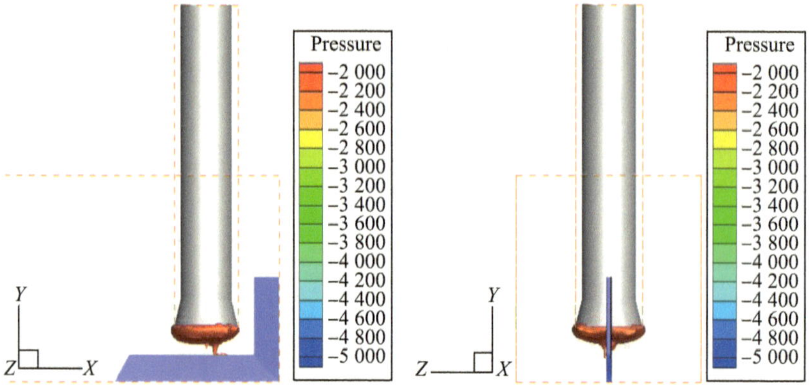

$t=33$ s

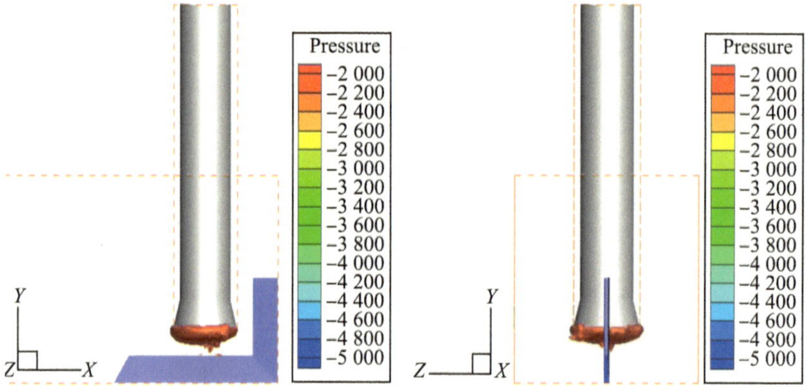

$t=37$ s

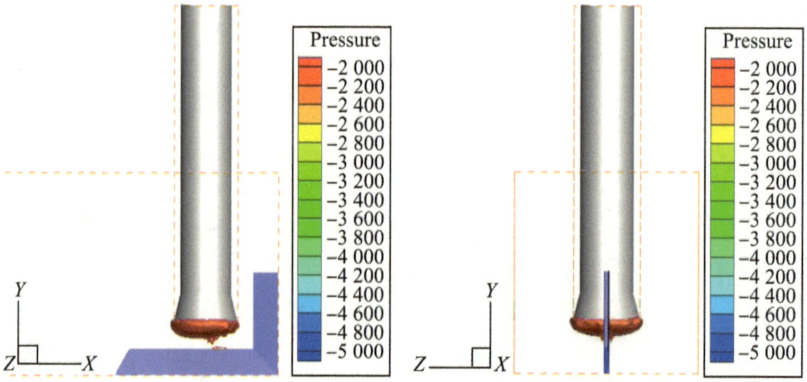

$t=40$ s

图 5.23　L 型隔板进水流道进水管喇叭管口附近涡型随时间的变化($t=1\sim40$ s)

现形式变为强度较弱的几个通道涡并存。对于附后壁涡而言，无消涡措施方案中只有一个涡通道，而设置了 L 型隔板后进水流道后壁处出现两个涡通道，但是相比无消涡措施方案，附后壁涡的强度有所减弱。总体而言，设置 L 型隔板不能消除附底涡和附后壁涡，但是有助于降低旋涡的强度。

2. 喇叭管口流场分析

为了充分研究 L 型隔板对喇叭管口水流的影响，对喇叭管口的速度分布、压强分布、速度矢量和涡量分布进行对比分析。图 5.24～图 5.27 分别为 $t=10$ s、20 s、30 s 和 40 s 共计 4 个时刻的喇叭管口速度分布云图、压强分布云图、速度矢量图和涡量分布图。从图中可以看出，旋涡集中在喇叭管口中心靠流道的后侧(沿水流方向)，主要由两个大涡和若干个小涡组成，旋涡中心涡量超过 100 s^{-1}。

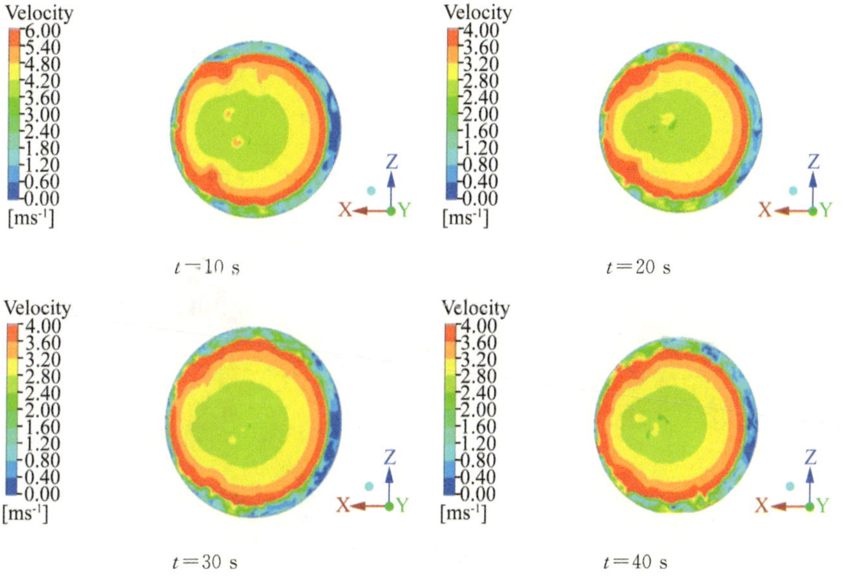

图 5.24 喇叭管口速度分布云图

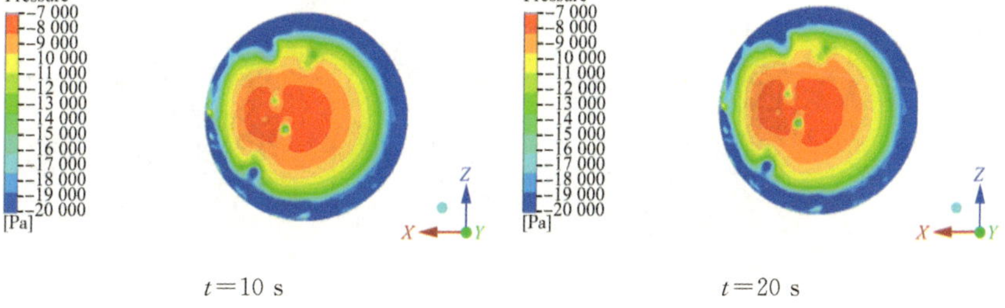

图 5.25 喇叭管口压强分布云图(a)

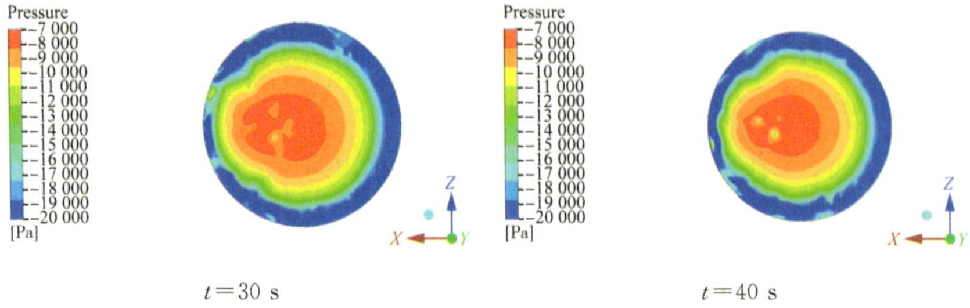

图 5.25　喇叭管口压强分布云图(b)

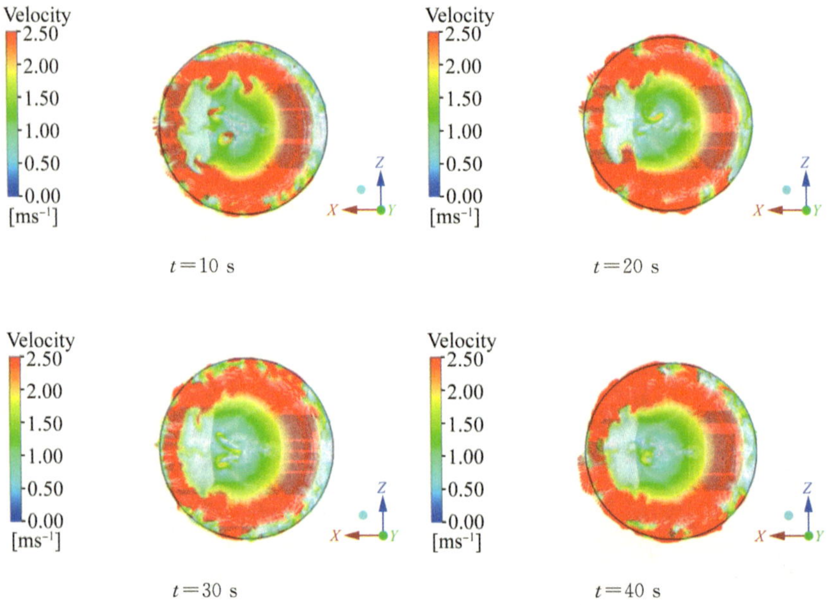

图 5.26　喇叭管口速度矢量图

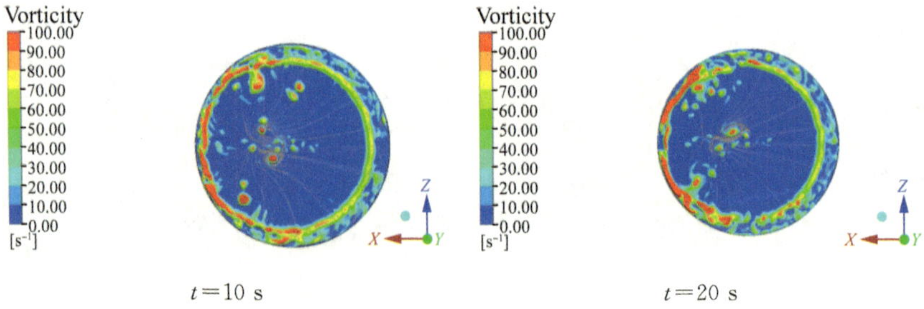

图 5.27　喇叭管口涡量分布图(a)

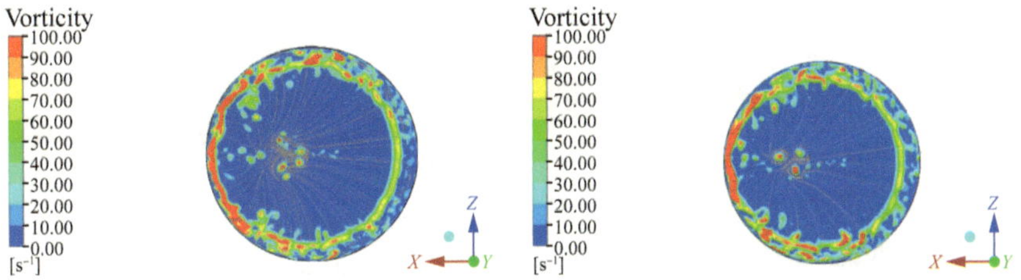

$t=30$ s　　　　$t=40$ s

图 5.27　喇叭管口涡量分布图(b)

5.3　喇叭管下导流锥整流的箱涵式进水流道内流场 CFD 分析

5.3.1　导流锥进水流道计算模型

图 5.28 为导流锥整流箱涵式进水流道计算模型，模型中导流锥的底部直径与进水喇叭管口的直径相等，导流锥顶高 1.35 m，导流锥顶点在喇叭管口中心的正下方；后隔板在原方案的基础上逆水流方向延伸 0.3 m，后隔板的沿水流方向总长度从原来的 0.7m 延长到 1 m。图 5.28 为导流锥、喇叭管口与后隔板的相对位置图。

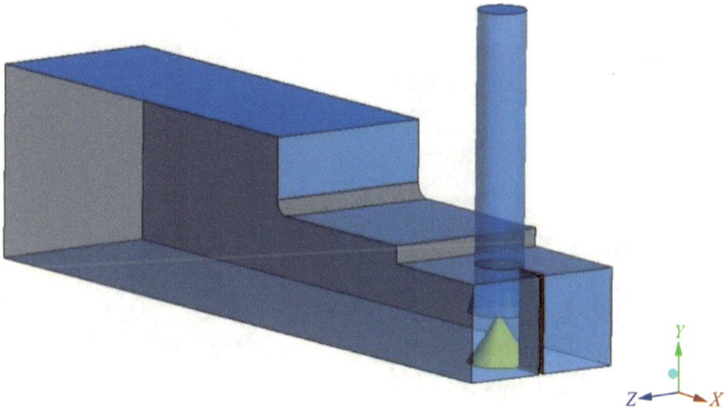

总体立体图

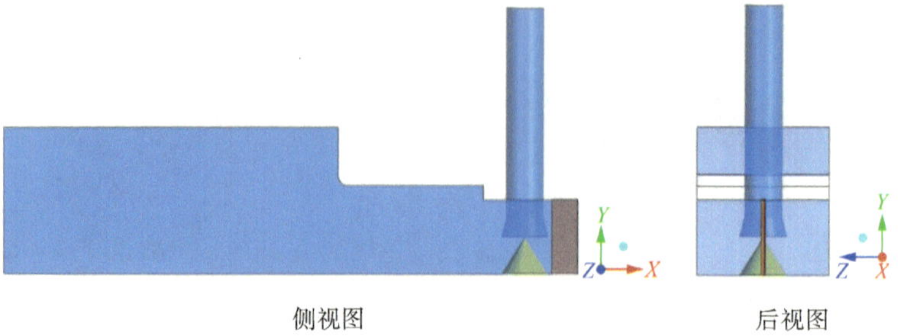

图 5.28　导流锥进水流道计算模型

5.3.2　网格剖分

导流锥箱涵式进水流道计算模型采用六面体网格剖分，图 5.29 为进水流道整体网格示意图，图 5.30 为导流锥和后隔板的网格，网格单元数为 1 500 万。

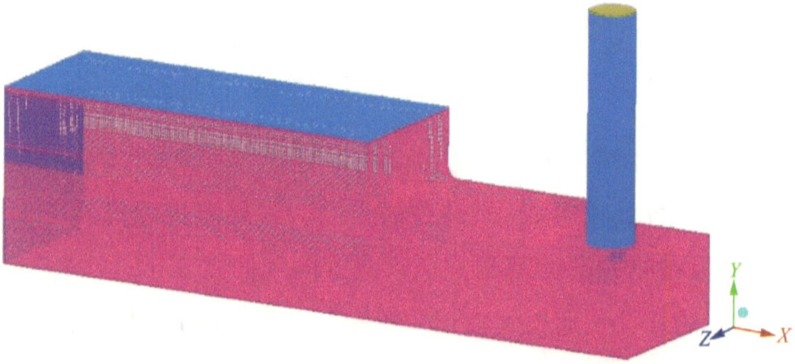

图 5.29　导流锥整流箱涵式进水流道整体网格示意图

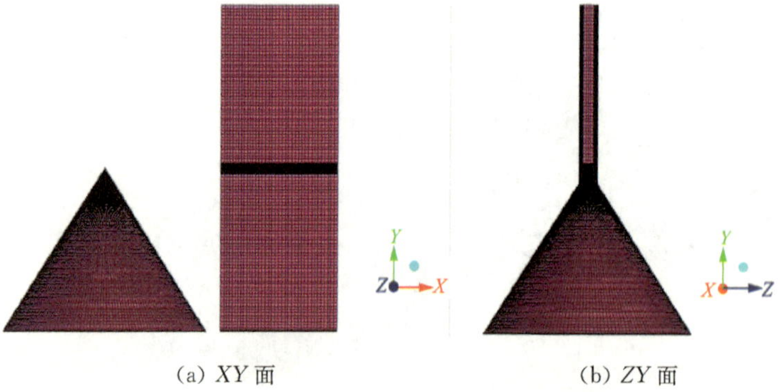

图 5.30　进水流道导流锥和后隔板的网格

5.3.3 进水流道流态分析

5.3.3.1 涡型可视化分析

图 5.31 为导流锥进水流道喇叭管口附近旋涡随时间的变化规律(t=1～40 s,为节省篇幅,呈现图基本间隔 2 s),从图中可以看出 t=1～12 s 时存在明显的附后壁涡,旋涡大小随时间越来越小,在 t=13 s 之后消失。由此表明导流锥的存在,有助于消除喇叭管口附近的附底涡和附壁涡。

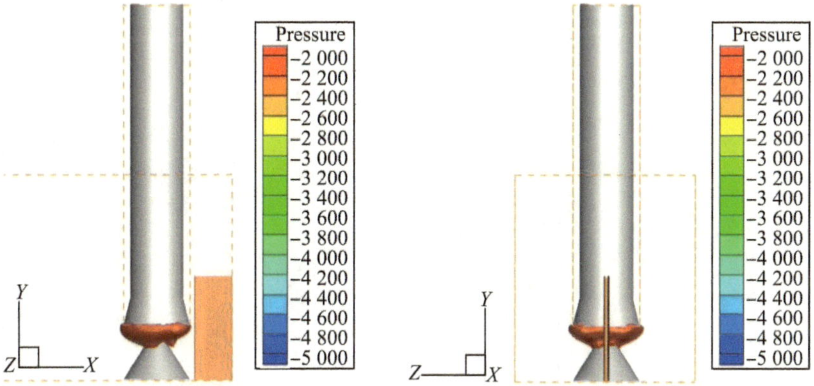

t=1 s

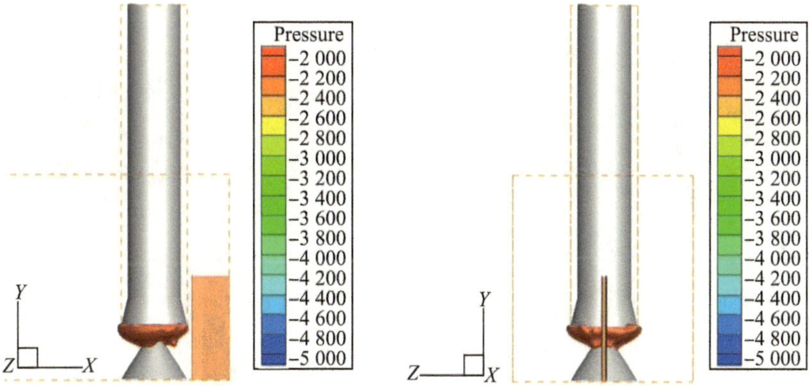

t=3 s

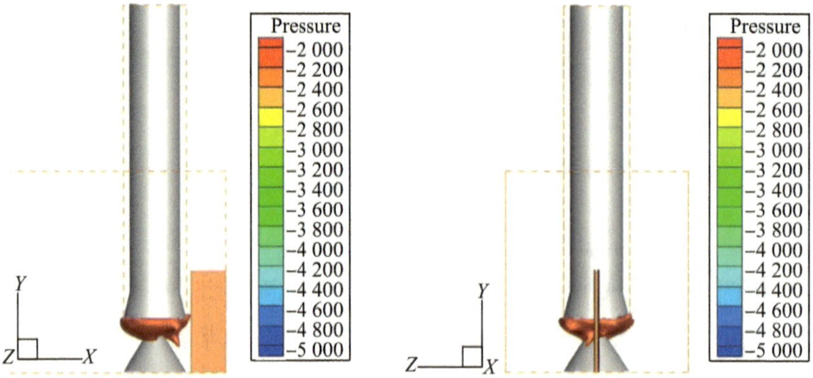
Y
Z
X
Pressure
-2 000
-2 200
-2 400
-2 600
-2 800
-3 000
-3 200
-3 400
-3 600
-3 800
-4 000
-4 200
-4 400
-4 600
-4 800
-5 000
Y
Z
X
Pressure
-2 000
-2 200
-2 400
-2 600
-2 800
-3 000
-3 200
-3 400
-3 600
-3 800
-4 000
-4 200
-4 400
-4 600
-4 800
-5 000

$t=5$ s

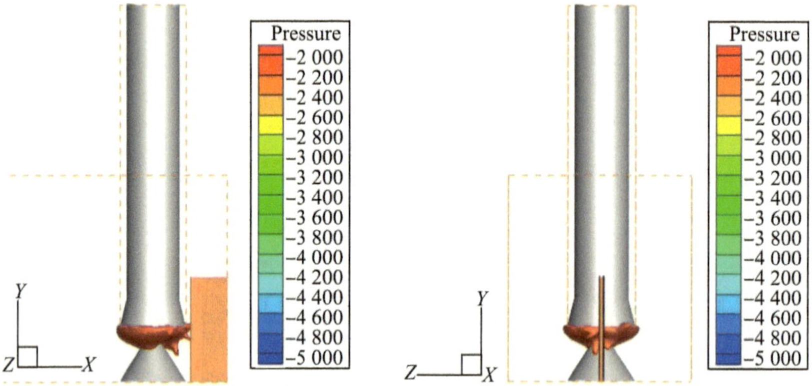
Y
Z
X
Pressure
-2 000
-2 200
-2 400
-2 600
-2 800
-3 000
-3 200
-3 400
-3 600
-3 800
-4 000
-4 200
-4 400
-4 600
-4 800
-5 000
Y
Z
X
Pressure
-2 000
-2 200
-2 400
-2 600
-2 800
-3 000
-3 200
-3 400
-3 600
-3 800
-4 000
-4 200
-4 400
-4 600
-4 800
-5 000

$t=7$ s

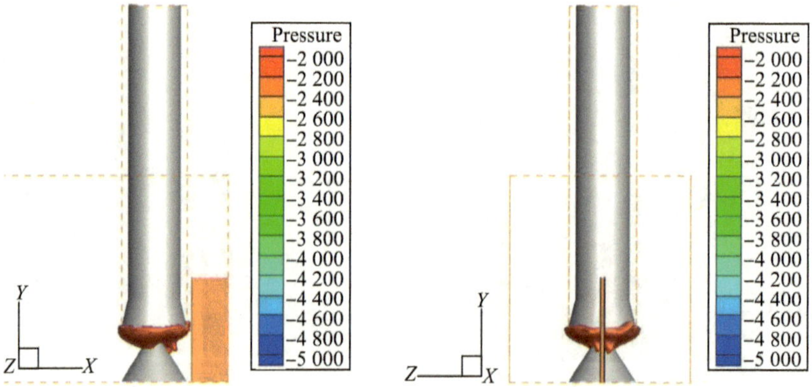
Y
Z
X
Pressure
-2 000
-2 200
-2 400
-2 600
-2 800
-3 000
-3 200
-3 400
-3 600
-3 800
-4 000
-4 200
-4 400
-4 600
-4 800
-5 000
Y
Z
X
Pressure
-2 000
-2 200
-2 400
-2 600
-2 800
-3 000
-3 200
-3 400
-3 600
-3 800
-4 000
-4 200
-4 400
-4 600
-4 800
-5 000

$t=9$ s

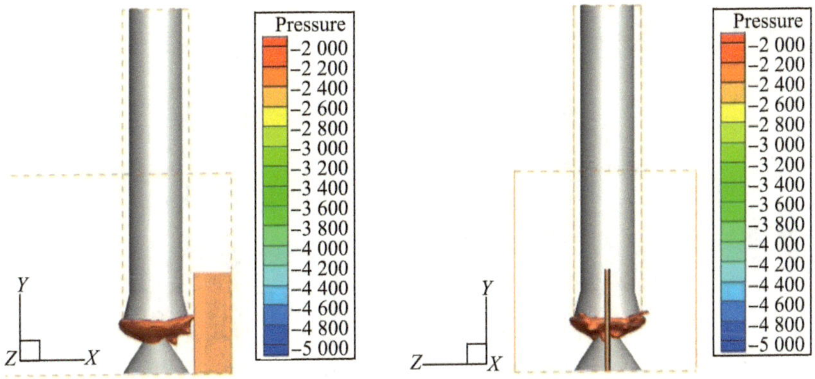

$t=11$ s

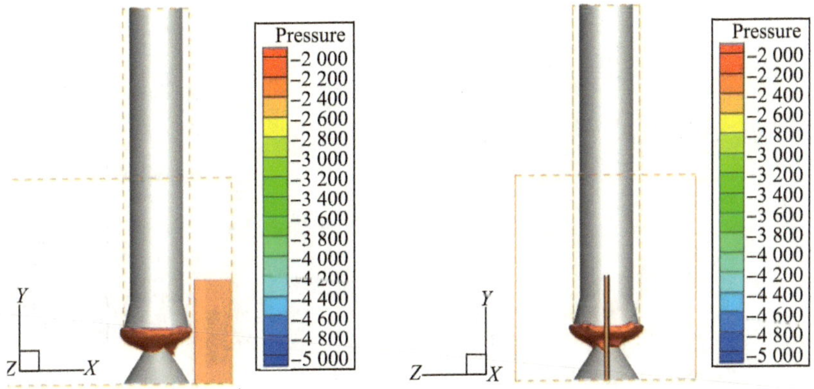

$t=13$ s

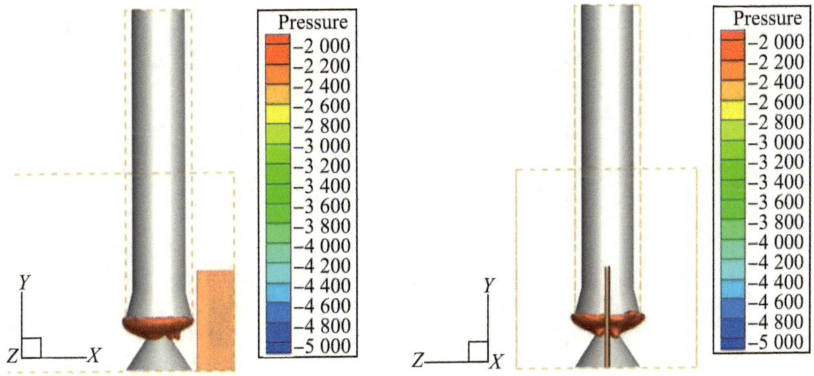

$t=15$ s

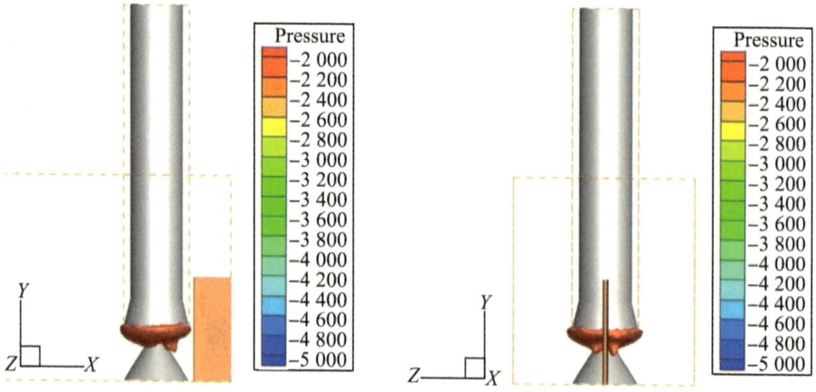

$t=17$ s

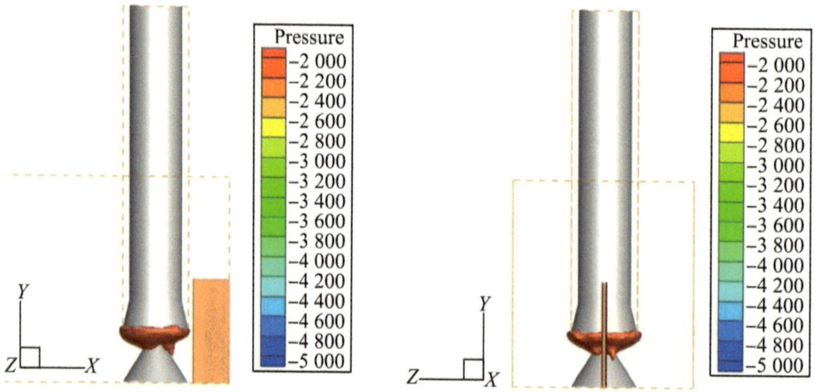

$t=19$ s

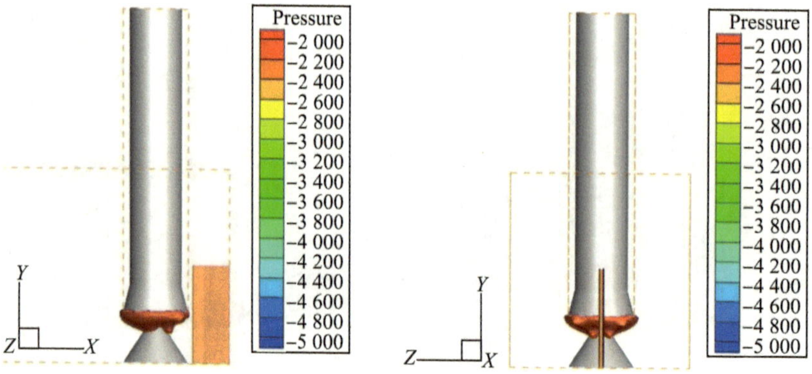

$t=21$ s

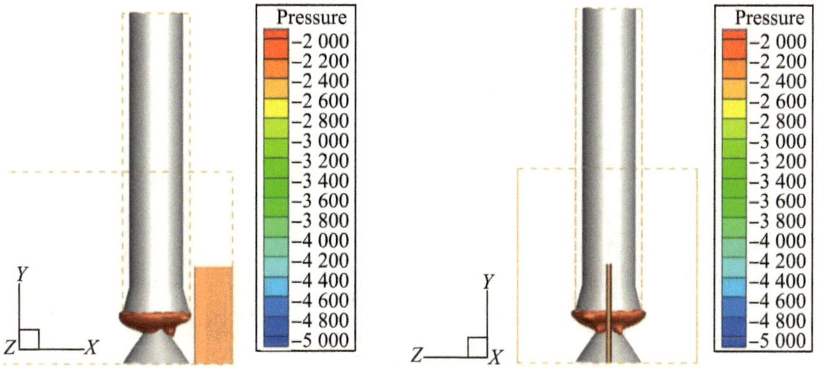

$t=23$ s

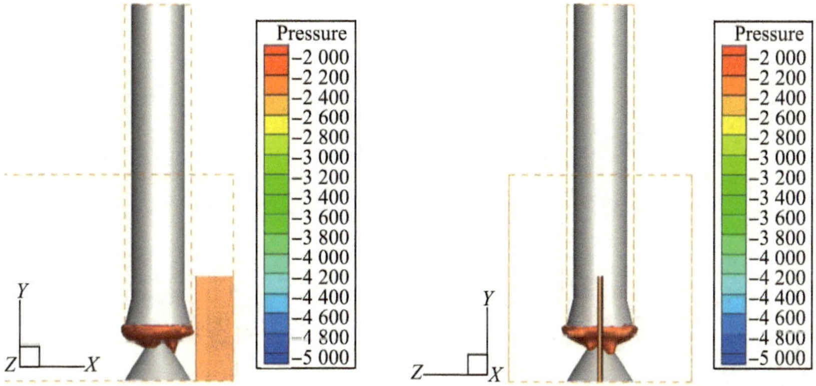

$t=25$ s

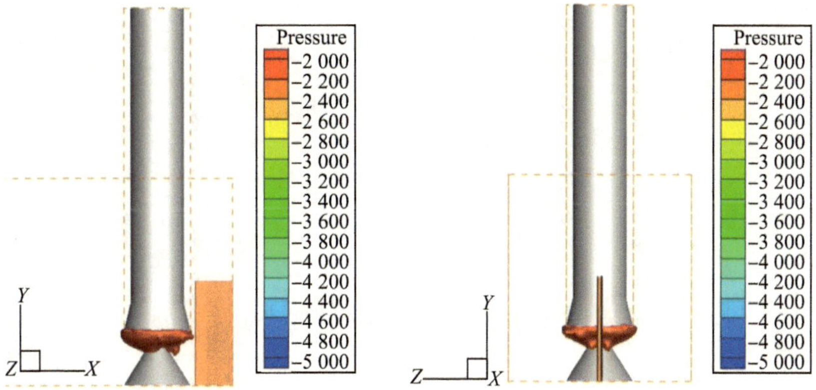

$t=27$ s

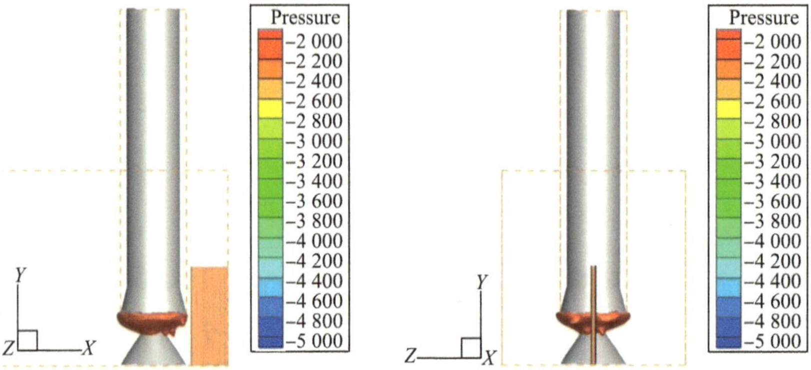

$t=29$ s

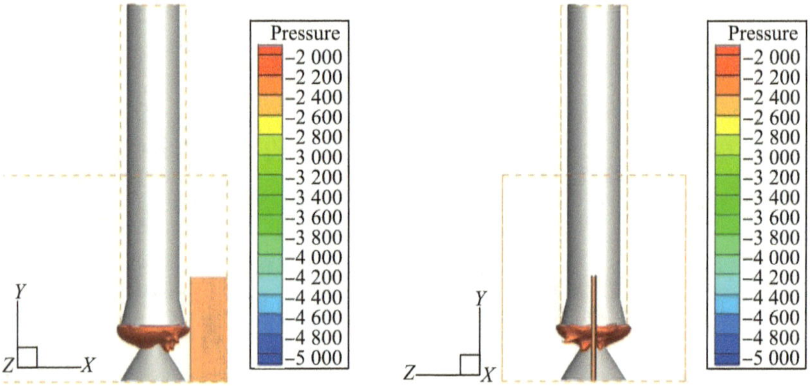

$t=31$ s

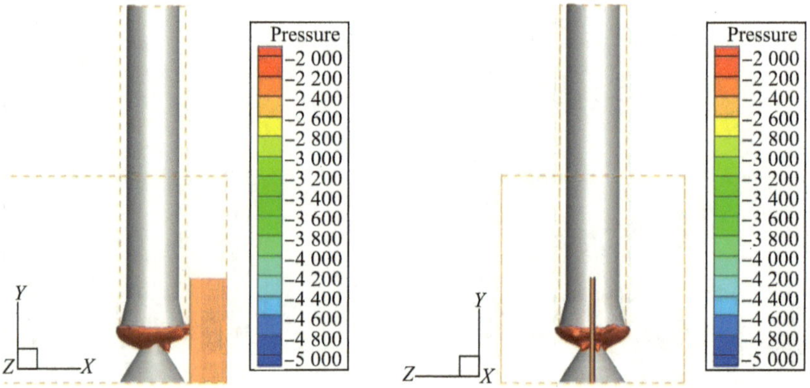

$t=33$ s